新世纪电工电子系列"十三五"规划教材

电子基础实训

主　编　施　琴

副主编　娄朴根

参　编　宋阿羚　许凤慧

　　　　侯　煜　徐韦佳

东南大学出版社

SOUTHEAST UNIVERSITY PRESS

·南京·

内 容 提 要

本书共分 5 章：第 1 章介绍了电子基础与工艺技能；第 2 章设计了常用实验设备的组网及技能训练；第 3 章介绍了 Multisim 仿真技术；第 4 章介绍了机器人技术；第 5 章介绍了元器件识别检测与典型运用，并安排了适量实验内容。

本书适合作为高等院校电子信息、电路设计等相关专业的教学参考书，也可供仪器仪表、自动化控制等相近学科的工程技术人员参考。

图书在版编目(CIP)数据

电子基础实训 / 施琴主编. — 南京：东南大学出版社，2019.11

新世纪电工电子系列"十三五"规划教材

ISBN 978 - 7 - 5641 - 8635 - 7

Ⅰ.①电…　Ⅱ.①施…　Ⅲ.①电子技术-高等学校-教材　Ⅳ.①TN

中国版本图书馆 CIP 数据核字(2019)第 255203 号

电子基础实训　Dianzi Jichu Shixun

主　　编	施　琴
出版发行	东南大学出版社
出 版 人	江建中
社　　址	南京市四牌楼 2 号
邮　　编	210096

经　　销	全国各地新华书店
印　　刷	虎彩印艺股份有限公司
开　　本	787 mm×1092 mm　1/16
印　　张	16.5
字　　数	422 千字
版　　次	2019 年 11 月第 1 版
印　　次	2019 年 11 月第 1 次印刷
书　　号	ISBN 978 - 7 - 5641 - 8635 - 7
定　　价	50.00 元

(本社图书若有印装质量问题，请直接与营销部联系。电话：025 - 83791830)

前　言

本书是编者在多年电子基础类实践教学经验的基础上,结合当前实验仪器设备发展趋势,总结梳理完成。目的是为了培养学生基本的电路设计技能,拓展新型元器件的使用能力,特别是在仪器设备组网应用上有所突破。

全书共分5章,既可作为独立的教学模块,也可结合使用。

第1章主要介绍了电子基础与工艺的相关知识。对电路设计过程中可能遇到的较为常见的电路连接技术、焊接技术、接地和布线、印制电路和电源等问题进行了阐述。

第2章介绍了常用实验设备的组网及技能训练,选用当前实验教学中使用频率较高的仪器设备进行组网示例,对挖掘实验设备的使用模式具有较好的启发价值。

第3章介绍了Multisim仿真技术,结合电子基础实训中经典教学案例,对Multisim的使用流程进行了详细说明。

第4章介绍了机器人技术,较为详细地介绍了机器人控制系统、机器人驱动系统、机器人感知系统与电源系统,同时完整介绍了轮式避障机器人的设计流程。

第5章介绍了元器件识别检测与典型运用,对常见元器件进行了基础知识普及,并设计了适量实验内容,对于初步接触电子基础学科的学生是很好的学习内容。

本书的编写得到了陆军工程大学基础部的大力支持,基础部汪泽焱主任提出了许多宝贵的意见和建议,在此表示深深的感谢! 由于编者学识水平有限,书中疏漏、错误和不妥之处恳请读者批评指正。

编者
2019 年 5 月

目 录

1 电子基础与工艺技能

1.1 电路连接技术

在把元器件构成有用的电子电路时,需要用到电路连接技术,电路连接方法通常有:面包板连接、万能板焊接、PCB板焊接。

1.1.1 面包板连接

面包板是实验室中用于搭接电路的重要载体,熟练掌握面包板的使用方法是提高实验效率、减少实验故障出现概率的重要基础之一。下面就面包板的结构和使用方法做简单介绍。

1) 面包板的外观

如图1.1.1所示,常见的最小单元面包板分上、中、下三部分,上面和下面部分一般是由一行或两行的插孔构成的窄条,中间部分是由一条隔离凹槽和上下各5行的插孔构成的宽条。面包板插孔所在的行列分别以数码和文字标注,以便查对。

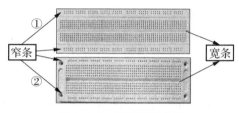

图 1.1.1 面包板的外观

2) 面包板的内部结构

窄条上下两行之间电气不连通。每5个插孔为一组(通常称为"孤岛"),通常的面包板上有10组。这10组"孤岛"一般有三种内部连通结构:

(1) 左边5组内部电气连通,右边5组内部电气连通,但左右两边之间不连通,这种结构通常称为5-5结构。

(2) 左边3组内部电气连通,中间4组内部电气连通,右边3组内部电气连通,但左边3组、中间4组及右边3组之间是不连通的,这种结构通常称为3-4-3结构。

(3) 还有一种结构是10组"孤岛"都连通,这种结构最简单。

5-5面包板窄条的外观和结构如图1.1.2所示。

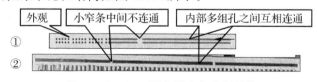

图 1.1.2 5-5面包板窄条内部结构

宽条是由中间一条隔离凹槽和上下各5行的插孔构成。在同一列中的5个插孔是互相连通的,列和列之间以及凹槽上下部分是不连通的。外观及结构如图1.1.3所示。

5-5面包板的整体结构示意图如图1.1.4所示。

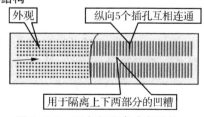

图 1.1.3 面包板宽条内部结构

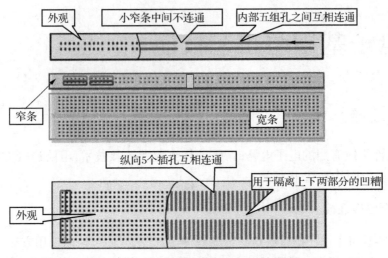

图 1.1.4　5-5 面包板的整体结构示意图

3）**面包板的使用**

使用的时候，通常是两窄一宽组成的小单元，在宽条部分搭接电路的主体部分，上面的窄条取一行做电源，下面的窄条取一行做地线，使用时注意窄条的中间有不连通的部分。

在搭接数字电路时，有时由于电路的规模较大，需要多个宽条和窄条组成的大面包板，但在使用时同样是两窄一宽同时使用，两个窄条的第一行和地线连接，第二行和电源相连。由于集成块电源一般在上面，接地在下面，如此布局有助于将集成块电源脚和上面第二行窄条相连，接地脚和下面窄条的第一行相连，减少连线长度和跨接线的数量。中间宽条用于连接电路，由于凹槽上下是不连通的，所以集成块一般跨插在凹槽上。

4）**面包板布线的几个原则**

在面包板上完成电路搭接，不同的人有不同的风格。但是，无论什么风格、习惯，完成的电路搭接必须注意以下几个基本原则：

（1）连接点越少越好，每增加一个连接点，实际上就人为地增加了故障概率。面包板孔内不通、导线松动、导线内部断裂等都是常见故障。

（2）方便测试，5 个孤岛一般不要占满，至少留出一个孔，用于测试。

（3）布局尽量紧凑，信号流向尽量合理。

（4）布局尽量与原理图近似，这样有助于同学们在查找故障时，尽快找到元器件位置。

（5）电源区使用尽量清晰。在搭接电路之前，首先将电源区划分成正电源、地、负电源 3 个区域，并用导线完成连接。

5）**导线的剥头和插法**

面包板宜使用直径 0.6 mm 左右的单股导线，根据导线的距离以及插孔的长度剪断导线，要求线头剪成 45°斜口，线头剥离长度约 6 mm，要求全部插入底板以保证接触良好。裸线不宜露在外面，防止与其他导线短路。

6）**集成块的插法**

由于集成块引脚间的距离与插孔位置有偏差，必须预先调整好位置，小心插入金属孔中,不然会引起接触不良,而且会使铜片位置偏移,插导线时容易插偏。此原因引起的故障占总故障的60%以上。

对多次使用过的集成电路的引脚,必须修理整齐,引脚不能弯曲,所有的引脚应稍向外偏,这样能使引脚与插孔可靠接触。所有集成电路的插入方向要保持一致,不能为了临时走线方便或缩短导线长度而把集成电路倒插。

7) 分立元件的插法

安装分立元件时,应便于看到其极性和标志,将元件引脚理直后,在需要的地方折弯。为了防止裸露的引线短路,必须使用带套管的导线,一般不剪断元件引脚,以便于重复使用。一般不要插入引脚直径大于0.8 mm的元器件,以免破坏插座内部接触片的弹性。

8) 导线选用及连线要求

根据信号流向的顺序,采用边安装边调试的方法,元器件安装之后,先连接电源线和地线,为了查找方便,连线尽量采用不同颜色,例如,正电源采用红色绝缘皮导线,负电源用蓝色,地线用黑色,信号线用黄色,也可根据条件,选用其他颜色。

连线要求紧贴在面包板上,以免碰撞弹出面包板,造成接触不良。必须使连线在集成电路周围通过,不允许跨接在集成电路上,也不得使导线互相重叠在一起,尽量做到横平竖直,这样有利于查线、更换元器件及连线。

9) 电源处理

最好在各电源输入端与地之间并联一个容量为几十微法的电容,这样可以减少瞬变过程中电流的影响,为了更好地抑制电源中的高频分量,应该在该电容两端再并联一个高频去耦电容,一般取0.01~0.047 μF的独石电容。

面包板的标准搭接样本展示如图1.1.5、图1.1.6所示。

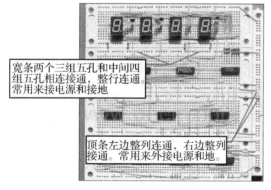

图 1.1.5 标准搭接样本展示一

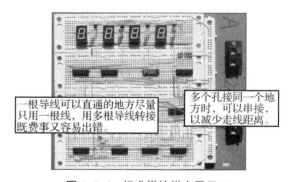

图 1.1.6 标准搭接样本展示二

10) 辅助工具与器材

在使用面包板连接电路时,需要使用:面包板、剥线钳、偏口钳、扁嘴钳、镊子、直径为0.6 mm的单股导线等工具与器材,如图1.1.7所示。

偏口钳与扁嘴钳配合用来剪断导线和元器件的多余引脚。钳子刃面要锋利,将钳口合上,对着光检查时应合缝不漏光。剥线钳用来剥离导线绝缘皮;扁嘴钳用来弯直和理直导

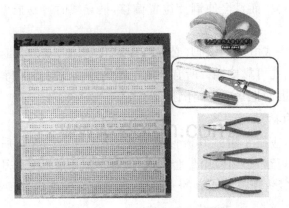

图 1.1.7　面包板及辅助工具

线,钳口要略带弧形,以免在勾绕时划伤导线;镊子是用来夹住导线或元器件的引脚送入面包板指定位置的。

1.1.2　万能板与 PCB 板焊接

1)万能板

在设计开发电子产品的时候,由于需要做一些实验,让厂家打印 PCB 板太慢,而且实验阶段经常改动也不方便,所以就诞生了万能板。

万能板是按照固定距离在一个 PCB 板上布满焊盘孔,每个焊盘孔之间没有连接。如图 1.1.8所示。

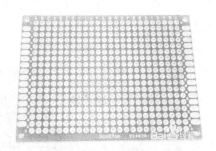

图 1.1.8　万能板

图 1.1.9　用万能板连接电路

使用的时候,把器件焊接在万能板上面,然后用电烙铁把需要连接的管脚连接起来,这样就组成了一个电路,如图 1.1.9 所示。

万能板焊接时,一般使用插件电子器件,使用贴片封装的电子器件,容易造成短路。另外,万能板只能作为临时实验测试使用,由于其容易老化、易折损,不能够作为真正产品使用。随着科技的进步,现在 PCB 打印很方便,价格也不贵,越来越多的人在使用打印的 PCB 电路板。

具体电路焊接方法见焊接技术一章。

2)PCB 板

为突出本实训教程重点,此处略去 PCB 板制作内容,需要的读者可自行查阅相关资料。

图 1.1.10 为 PCB 板示例,可以看到,上面焊接了
大量的贴片元件,像这种精密焊接通常需借助机
器焊接技术。

　　3) 实训引导

　　使用与面包板连接一样的电路原理图进行
焊接练习,分析、比较、体会两种电路连接方式的
不同,总结各自的优缺点。

图 1.1.10　PCB 板示例

1.2　焊接技术

1.2.1　电烙铁

在电子线路焊接中电烙铁是专用的焊接工具,具体可以从以下几个方面进行分类。

（1）机械结构类:外热式电烙铁、内热式电烙铁;

（2）温度控制类:恒温式电烙铁、调温式电烙铁;

（3）功能类:吸锡式电烙铁、无吸锡电烙铁。

电烙铁的功率应由焊接点的大小决定,焊点的面积大,选用的电烙铁功率也应该大些。
一般电烙铁的功率有 20 W、25 W、30 W、35 W、50 W 等等(见图 1.2.1)。

　　烙铁头安装在烙铁芯外面的,为外热式电烙
铁。烙铁头安装在烙铁芯里面的为内热式电烙
铁。内热式电烙铁发热快,热利用率高,20 W 内
热式电烙铁相当于 40 W 左右的外热式电烙铁。
外热式电烙铁的优点是容易更换烙铁头。

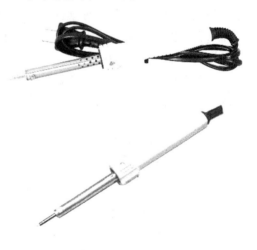

　　在实际应用焊接过程中,当使用功率过小的
电烙铁并且焊接温度过低时,元件与线路间易产
生假焊虚焊,而使用功率较大的电烙铁并且焊接
温度过高时,易引起电路印刷板上走线及元件过
热而损坏,同时会带来烙铁头容易被氧化烧死的
问题。所以,选用 30 W 左右的内热式电烙铁比
较合适。

图 1.2.1　外热式与内热式电烙铁

　　对焊接点间距离稍大的元件,烙铁头呈斜坡
形状较合适;对焊接点间距离较窄小的元件时,采用尖头状烙铁头较合适灵活。如集成模
块、排列状微动开关等。

　　夏天,烙铁头的长度可调长些,冬天可调短些。

　　比较好的烙铁头是铜做的,它导热性好,易镀锡,发现不亮时能用砂纸打亮。但是,比
较贵。

　　另一种烙铁头,称为长命电烙铁,不是铜做的,只要使用得当,一样好用。

长命电烙铁的烙铁头是由一种经过处理的特殊材料制成的,使用过程中,不能用砂纸磨,不能用锉刀锉,不能浸在松香里。通电烧热时,迅速镀锡,使得烙铁头与空气之间隔开,保护烙铁头不被氧化。

电烙铁要用 220 V 交流电源,使用时要特别注意安全。应认真做到以下几点:

(1) 烙铁头上焊锡过多或较脏时,可用湿抹布擦掉。不可乱甩,以防烫伤他人。焊接过程中,烙铁不能到处乱放。

(2) 不焊时,应放在烙铁架上,长时间不用,需要拔下电源线。

(3) 电源线不可搭在烙铁头上,以防烫坏绝缘层而发生事故。

(4) 使用结束后,应及时切断电源,拔下电源插头。

(5) 冷却后,再将电烙铁收回工具箱。

1.2.2　焊锡丝与助焊剂

目前普遍采用的电子线路专用焊锡,是一种呈空芯管状的焊锡丝条,在其焊丝的空芯管腔内含有松香及活性物质,它能确保在焊点凝固后的足够机械强度和可靠的导电性能。焊锡丝内一般都含有助焊的松香。焊锡丝使用约 60% 的锡和 40% 的铅合成,熔点较低。铅是对人有危害的重金属,因此焊接完成后需要洗手。

松香焊锡丝的直径也较多,一般有 0.5 mm、0.8 mm、1.2 mm、1.5 mm、2.0 mm、2.5 mm、3.0 mm 等多种规格型号,选用时可根据实际焊点的大小需求和焊接面积而决定,焊接一般常用电子元器件时,选用 1.2 mm 左右直径的焊锡丝为宜,当然实际使用中可灵活选择。而一些五金类焊锡条、焊锡块因内含的杂质物太多,不宜在电子线路焊接中使用,以确保焊接焊锡质量的绝对可靠。

助焊剂的作用是防止元件金属面(点)在高温状态下,因互相吻合处产生氧化而不易被焊接的一种填充剂料。助焊剂目前常用的类别有松香、松香水、焊锡膏、焊锡油等。在电子线路焊接使用中,要尽量避免采用焊锡膏之类有腐蚀性的酸碱性焊剂,虽然有时采用焊锡膏焊接可相应减少虚焊假焊,但日久会发生腐蚀元件与线路板的问题。松香、松香水是最佳的电子线路助焊剂,其特点无腐蚀性并有良好的电气绝缘性能,松香选用色泽呈浅黄色,透明度越高越好。松香水一般均是松香粉末与酒精的混合液剂,可自行加以调试配制,其配制的比例为 1:3 左右,在使用中为防止酒精挥发过快,可适当加入少许煤油效果更好。

最好采用含有松香的焊锡丝,使用起来非常方便。焊锡要选亮的,含锡量在 60% 以上较好,若发黑,说明含铅较多,不好。

1) 焊接前对线路板及元件的清洁除污

在一些产生虚焊、假焊点的故障中,有的是元件处脱焊,有的是线路板处脱焊,这都是在焊接前没有做好前期清洁除污处理工作所致。

印刷电路板铜箔焊点装面处均有一层氧化物,而几经焊拆的铜箔焊点处会存在油污物,一旦不处理干净就急于上锡焊接元件,就容易产生虚焊假焊的故障,所以在上锡前应对印刷板用酒精揩擦干净,残留油污物处应用小刀或砂纸刮磨干净。在具体焊接中掌握的要点是,应将烙铁头沿元件引线脚根部环绕一圈,并停留片刻后移离烙铁,这样焊出的焊点既圆无毛刺又很光亮。同时应重视对各种电子元器件引线脚的处理,在焊接前,应用金刚细砂纸打磨去污后镀上少许锡,再插入印刷板中焊接,这是相当必要的操作环节。有些电子元器件在出厂时其元件的引线脚已被镀锡,但因为存放时间的原因,元件引线脚表面易产生氧化层,所以焊接前也应重新去污上锡为好,从而确保焊接质量的绝对可靠。

在对一些较细的线包引线、漆包线引线、纱包线引线等焊接时,对引线绝缘漆层若采用削刮擦方法,很容易将细引线削刮断或损坏引线。为此,可将待焊接的细引线头平放在一块玻璃板上,然后烙铁头沾少许松香,压在线头上来回拖动,由于热量和松香的作用,线头的绝缘层很快被擦去并能快速上好锡。

在焊接多股纱包线引线时,往往先用细砂纸将线外面包裹的纱层打磨掉才能上锡,但由于纱包线径很细,打磨时易将线磨断。最好的方法是把纱包线头先放在打火机上瞬间烧一下,速度要快,然后放在玻璃板上,用烙铁头沾松香朝线头处拖拉上锡,这样就能保证多股线头不断股又能充分上锡得均匀光洁。

焊接前,元件必须清洁和镀锡,电子元件在保存中,由于空气氧化的作用,元件引脚上附有一层氧化膜,同时还有其他污垢,焊接前可用小刀刮掉氧化膜,并且立即涂上一层焊锡(俗称镀锡),然后再进行焊接。经过上述处理后元件容易焊牢,不容易出现虚焊现象。焊盘表面镀有助焊剂,因此不容易被氧化。

1.2.3 焊接方法

(1) 右手持电烙铁。左手用尖嘴钳或镊子夹持元件或导线。焊接前,电烙铁要充分预热。烙铁头刃面上要吃锡,即带上一定量焊锡。

(2) 将烙铁头刃面紧贴在焊点处。电烙铁与水平面大约成60°角。以便于熔化的锡从烙铁头上流到焊点上。烙铁头在焊点处停留的时间控制在2~3 s,这要根据实际情况,如焊点大小、焊接材料、环境温度等。

(3) 抬开烙铁头。左手仍持元件不动,待焊点处的锡冷却凝固后,才可松开左手。

(4) 用镊子转动引线,确认不松动,然后可用斜口钳剪去多余的引线。

焊点不要太大也不要太小,焊接时间不要太长,否则容易烧坏元器件和破坏板上的铜线。焊接顺序基本上是从内到外,先低后高。

1.3 接地与布线

毋庸置疑,电子电路中的地线是非常重要的,然而,并不是每位电路设计者都能够合理设计地线,甚至在电路无法正常工作时,很多读者仍然怀疑是不是电路设计出了问题,而很少去关注地线的问题。设置本章的目的,是为了帮助学生初步学会正确设计地线与连接。

1.3.1 接地

任何电子电路都有一个基本特性,即其内部存在的电压都是参照一个公共点来测定的,习惯上,将这一点称为"地"。

从字面上看,这个参照点是指将铜销钉连接到大地来实现的。这个点也可以被定义为电源接入到电路的连接点,这条连接线被定义为"零线",因为它上面的电压为 0 V,这样,地线和零线又经常被视为同义或混用。在这种情况下,当我们指定 +5 V, -12 V 或 +3.3 V 供电时,它们的电压都是相对于这个零线来说的。

但是,地线与零线并不完全相同。地线是出于安全原因,负责将设备的外壳连接到大地的"地",在通常的使用中它并不承载电流。

也许,在电子电路中,最可能造成众多问题的原因,就是将零线和地线进行混用。因为,在一个正常的工作电路中,只可能有一个点是真正的零电压。这是因为,任何一个实际的导体,都会有一个有限的、非零的电阻或阻抗。欧姆定律告诉我们,当电流通过任何一个阻抗不为零的物体时,都会在其上产生一定的电压。在一个

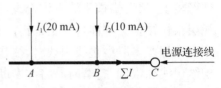

图 1.3.1　沿零线上的电压

正常工作的电路中,必然会有一定的电流流过那些被定义为零电压的导线,因此,在这条导线上,只有一点是真正的零电压,这一点就是在电源输出的连接点上。这条线上的其他部分将不可能再是零电压。如图 1.3.1 所示。

假设此零线导体的电阻为 10 mΩ/cm,并且 A、B、C 都相互间隔 1 cm。这样,在点 A 和点 B 参照于点 C 的电压是:

$$U_B = (I_1 + I_2) \times 10 \text{ m}\Omega = 300 \text{ } \mu V$$
$$U_A = U_B + I_1 \times 10 \text{ m}\Omega = 500 \text{ } \mu V$$

可见,当零线的阻抗为毫欧级,并且流经它的电流为毫安数量级时,它们共同作用形成的电位差只有数百微伏,通常情况,这不会对电路的正常工作产生任何影响。于是,我们很轻易地忘掉了零线的这个特点,并简单地假设在任何条件下零线都是 0 V,于是,当电路发生振荡或不工作时,我们对此会感到十分惊讶。

那么,使零线表现出问题的条件是:

(1) 当流经零线的电流不再是毫安或微安的数量级,而是变成为几安时。

(2) 当零线的导体阻抗不再是毫欧数量级,而是变成了数欧时。

(3) 当电流与电阻的共同作用造成足够大的电位差,而影响电路的正常工作时。

作为一名电路设计人员,应该知道什么时候需要认真考虑上述可能出现的问题,什么时候可以安全地忽略掉这些因素。需要强调的是,必须清楚地知道返回电流将会流经哪些地方,以及它在回流时可能带来的问题。至少要确保不管这些返回电流会从哪里流过,它可能造成的影响都将是最小的。上述讨论只是针对零线和接地连接,同样也可以应用到任何有电流通过的导体中,问题的描述和解决机理都是通用的。

1.3.2　单元内部的接地

这里"单元"可以定义为一个电路板或一组电路板,并且这些电路板又通过导线连接到一个公共外壳上的所谓"本地"接地点上,例如,电源地的接入点。

在图 1.3.2 中,给出了一个示例,假设 PCB1(印制电路板)中包含有信号整形电路,

PCB2 中包含有一个用于信号处理的微处理器,PCB3 中包含有一个大电流的输出驱动,例如为继电器和指示灯提供驱动。也许需要将这些功能设计在一块电路板上,如果将这些功能分开来考虑,从原理上讲,这样的设计更容易被接受和采纳。电源供给单元(PSU)为前面的两个电路板提供了一个低电压的供电电源,为输出电路板提供了一个大功率的电源。下面从图 1.3.2 出发,来讨论一下,什么是好的和不好的设计方案。

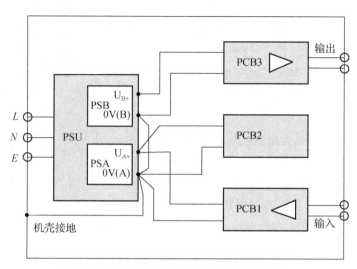

图 1.3.2 典型的内部连接单元的布线方案

首先要注意到,这里的连接都是只连接到金属机壳或外壳的一个点上。所有需要连接到机壳的导线都引到了这个点上,这个点是一个为这一目的而设置的金属接线柱。这个连接可以是主电源的安全地,即 0 V 电源地线,以及任何可能需要的屏蔽和过滤的连接,包括电源自身所需要的屏蔽。

使用单一机壳接地的目的是为了防止在机壳中出现循环电流。如果使用多个接地点,即电流在返回时有另外一个途径,则电流的一部分将流经机壳,如图 1.3.3 所示。这部分电流的大小将取决于对频率非常敏感的阻抗比。这样,这些流经机壳的电流大小将很难被掌握,并且它会随着电路结构的不同而不同,因此,这些电流会造成一

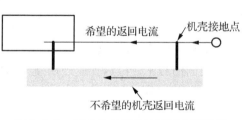

图 1.3.3 带有多点接地的返回电流路径

些意想不到的影响。比如,在对一个振荡和干扰全力跟踪了若干小时之后,才发现当将一颗看上去无关紧要的螺丝钉再拧紧到机壳上时,问题竟然解决了。这些机壳上的连接点都会受到腐蚀的影响,因此单元电路的性能会随时间下降,并且会受到机壳材料表面氧化的影响。如果在设计中使用了多点机壳接地,那么,对机壳的电气结构就需要格外注意。

1.3.3 接地回路

采用机壳单点连接的另外一个原因是防止机壳上的环流,当多点机壳连接与其他的

地线进行组合时,就会形成所谓的"地回路",这个回路会孕育出一个低频的电磁干扰。磁场会在一个环形的、封闭的电路中,感应出一个感应电流。通常,这些磁场会出现在电源变压器附近,它们不仅在常规的50 Hz 市电电源变压器和开关电源线圈处出现,也在其他一些电气设备周围出现,如电源开关、圆筒形状线圈和风扇等设备处。此外,外部的磁场也可能是经常存在的。图 1.3.4 给出了地回路的产生机制。

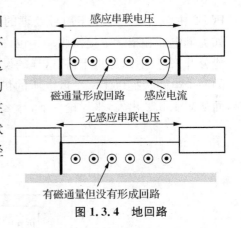

图 1.3.4　地回路

楞次定律告诉我们,包含在此回路中的电动势为:

$$E = -10^{-8} An\,dB/dt$$

式中:A——以 cm² 为单位的面积;

　　　B——垂直于它的磁通量密度(μT),假设磁场是一个均匀场;

　　　n——线圈匝数(对于单圈回路,n=1)。

作为一个示例,假设在一个大小合适的电源变压器、接触器或马达附近发现了一个 10 μT、50 Hz 的磁场,并且该磁场是以直角穿过一个大小为 10 cm² 的回路平面,这个回路平面位于底板上方 1 cm 处,10 cm 长 1 cm 宽,并由其两端的端点连接到地而形成。那么它所感应出的电动势为:

$$E = -10^{-8} An\,dB/dt$$

$$E = -10^{-8} \times 10 \times d[10\sin(2\pi \times 50t)]/dt$$

$$= -10^{-8} \times 10 \times 10 \times 100\pi \times \cos(100\pi t)$$

$$= 314\ \mu V(最大值)$$

通常,磁感应现象都表现为较低的频率,除非碰巧电路非常靠近一个大功率的无线电发射机附近,也正如上例所表明的,在大多数情况下,磁场的感应电压是很小的。但是,在小信号的应用中,特别是音频或精密仪器的设计应用中,这些小的感应电压也会产生很大的影响。如果在输入电路中包含有一个地回路,那么这个感应电压就会直接以串联的方式加入所需要的信号中,并且,在此之后就不可能再将这些感应信号从真正的信号中分离出来。解决这一问题的方法是:

(1)只在一端进行接地,打开接地的环路。

(2)重新布置那些直接到接地点或机壳的线,或者直接缩短这些线,以减少封闭环的面积(上面等式中的 A)。

(3)重新定位或重新调整已构成的环或干扰源的位置,以减少垂直于环路的磁通量。

(4)使用螺旋管形变压器代替传统变压器,以减少干扰源。

1.3.4　接地回馈

在图 1.3.2 中,输出电源的 0 V(B)与 0 V(A)是分隔开的,它们只在电源供给处连接在一起。假设考虑到布线的节省,不按照这个方案进行布线,而是采用图 1.3.5 所示的将 PCB3 和 PCB2 的 0 V 接地线共用,情况又会怎样呢?

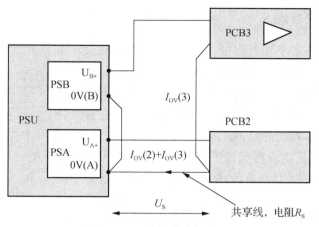

图 1.3.5 公共的电源地线

现在,电源的返回电流 I_{OV},是由来自 PSB/PCB3 的电流和来自 PSA/PCB2 的电流所组成的,它们共同使用同一长度的导线。这条线会拥有某个非零的阻抗,由于讨论的是直流,假设这一阻抗为 R_S。在原来的电路中它只是 $I_{OV}(2)$,而由它产生的电压为:

$$U_S = R_S I_{OV}(2)$$

但是,在现在这个节省的电路中:

$$U_S = R_S(I_{OV}(2) + I_{OV}(3))$$

可见,这个电压是两块电路板电源回路电压的串联,因此,削弱了实际的供电电压。

在这个等式中代入一些典型的数值:

$I_{OV}(3) = 1.2$ A 由于它是为一个大功率的电源输出电路供电,假设它的 U_{B+} 为 24 V。

$I_{OV}(2) = 50$ mA 由于它是为一个微处理器及一些 CMOS 逻辑电路供电,假设它的 U_{A+} 为 3.3 V。

现在假设,由于某种原因,电源与电路板之间有一段距离,在这中间可能会出现问题,于是随便使用了一条室温电阻为 0.2 Ω,7/0.2 mm 的 2 m 设备线。这时,电压 U_S 将是:

$$U_S = 0.2 \times (1.2 + 0.05) = 0.25 \text{ V}$$

在其他因素造成电源电压所允许的公差或电压值降低之前,这个设备线上的电压就使 PCB2 的电源供给电压下降到了 3.05 V,小于 3.3 V 逻辑电路的工作下限。一个错误的线路连接就会造成电路工作的异常!当然,这个 0.25 V 的电压降也需要从 24 V 的供电电压中减去,但是这只会造成这个电源大约 1% 的电压损耗,它对电路的正常工作不会产生太大的影响。

如果在 PCB3 上 1.2 A 的负载是一直不停地变化的,假设有几个大电流的继电器在不同的时间里不断切换,从全闭到全开,这样 PCB2 上的 U_S 电压降也将是随之变化的。比起恒定的电压降,通常,这样的变化是非常有害的,因为它会在零线上形成噪声。这个影响可以造成处理器工作的不稳定,以及临界电压设定值的不断修改和产生导致继电器工作振荡的不确定性反馈,或者是在音频电路中引发低频的"汽船声"振荡。

1.3.5 输出信号接地

出于相反的原因,对于输出信号,也需要采用同样的设计策略。输出对外部干扰的反应是不同的,输出是产生干扰的根源。在电子电路中,涉及输入和输出之间的干扰通常存在于功率放大的部分,由于输出电路的工作电流要比输入电路的电流大许多,因此会产生某些不希望的反馈。

输出对输入的间接耦合所形成的典型问题,是输入到输出共享了一个公共的阻抗,它与电源线上的公共阻抗问题是一样的。比如图1.3.6中,输出电流的回路流经了同一个连接有输入信号返回路径的导体。

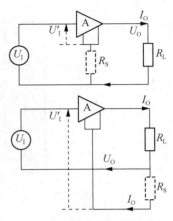

图1.3.6 输出对输入的耦合

通过R_S,被耦合的反馈机制被插入到这个电路中。假设这个放大器输入端的输入电压为U_I,而实际的输入是:

$$U_I' = U_I - (I_O R_S)$$

参照放大器接地端重画这个电路,就可以将这个问题说明得更加清楚。当我们计算这个电路的增益时,其结果为:

$$\frac{U_O}{U_I} = A/\{1 + [AR_S/(R_L + R_S)]\}$$

其中,A为放大器增益。如果表达式$[AR_S/(R_L+R_S)]$的取值小于-1时,上面所描述的电路将会进入到振荡状态。换言之,对于一个反相放大器,负载阻抗与公共阻抗之比必须小于增益,这样才可以保证电路的稳定工作。即使电路工作在稳定状态,由于R_S所引入的外部耦合会扰乱预期的结果。需要注意的是,上面的表达式的结果是随频率而变化的,通常它会是一种复数的表达形式,因此,当频率升高时,响应结果将会是不可预料的。注意,这个结论虽然是应用于模拟系统中的(如在音频放大器中),但是它对于存在有输入—输出增益的任何系统也都会适用。当然,它也适用于数字系统中,即那些带有模拟输入和数字输出的系统。

完善的解决方案是通过认真地进行输入和输出接地布局来避免使用公共阻抗。前面对输入接地进行了讨论,输出的接地方案与之类似:让输出接地直接指向电流形成的位置,并保证在这中间没有其他的连接(至少没有其他敏感的连接)。通常,输出电流是来自电源的供给,因此,最佳的解决方案是让这个电流直接返回到电源。

1.4 连接测试线

连接测试线可以粗略地分为导线与电缆两类。

导线是指单回路的导体,分为有屏蔽的或没有屏蔽的;电缆是指一组相互独立的导体,相互绝缘且被机械地安装在一个整体的护套中。

1.4.1 导线

导线的最简单形式是镀锡的铜线,根据传送电流大小的需要,可以将导线制成各种规格。元件管脚的引线几乎都是镀锡铜线,但是,这种导线并没有在电子行业中形成大规模的应用。它的主要应用只是在印制电路板上用于跳线,但是这一应用也随着双面板和多层带有金属化过孔电路板应用的增加而逐渐减少。镀锡铜线还可以用于需要反复连接的熔丝线路。绝缘化处理的铜线主要被用于电感线圈和变压器的制作。它的绝缘涂层是聚氨基甲酸乙酯化合物,这种物质在加热时具有自熔化的特性,这样,使它易于焊接,特别是对于少量的导线。

1) 导线阻抗

正如我们前面提到过的,任何长度的线材都会有一定的阻抗。长的直圆型导线在高频时的电感近似公式为:

$$L = kl[2.3\lg(4l/d) - 1](\text{mH})$$

式中:l 和 d 分别是长度和直径,$l \gg d$;k 的取值以 in(1 in = 2.54 cm)表示时为 0.005 1,当以 cm 为单位时,其取值为 0.002。

在几千赫兹的频率上,无论多大尺寸的导线,只通过增加截面积以及阻抗中的电抗成分,都不能容易地得到较低数值的自感值。一个实用的规则是,在一个 1 英尺(1 ft = 0.304 8 m)长的常规设备导线上,其自感量大约为 20 nH,而对于一条长为 1 m 的导线,其自感量约为 7 nH。对于那些被物理间距限制的高速数字传输电路以及 RF 电路,这个特性就很重要了。它也同样会影响那些电流变化速率(di/dt)很高的电路。

2) 设备导线

设备导线主要是以需要的绝缘性能来分类的。这个分类决定了导线使用时的额定电压值和环境温度,特别是它适用的温度范围以及它对化学品和溶剂侵蚀的防护能力。标准的导线类型(应用最广泛的)是 PVC,其绝缘标准为 BS4808。它的最高温度额定值为 85 ℃。与在 25 ℃一样,同样也可以查找到导线在 70 ℃时工作的额定电流;在这时,还允许在同一指定电流工作的情况下,有 15 ℃的温度上浮,以达到最高的工作温度额定值。对于那些额定温度为 70 ℃时用于开关设备的粗导线,美国和加拿大的 UL 和 CSA 标准的额定温度为 105 ℃的导线,它们也都是 PVC 类型。PTFE 材料可以适用于高达 200 ℃或更大的温度变化范围,但加工起来也更加困难。另外还有一些更为特殊的绝缘材料,包括用于测试目的的具有特别韧性的 PVC,以及适用于较高温度(150 ℃)和恶劣环境的硅橡胶。有许多导线是通过了军事、通信和安全授权批准的,它们可以用来完成这些用户的特定目的。

1.4.2　电缆

忽略掉更专业化的种类,电缆可以粗略地划分成 3 个类别:电源类、数据类、RF 类。

1) 电力电缆

由于用于供电的电力电缆是用来传送危险电压的,它们需要符合严格的标准,国际标准使用 PVC 绝缘的为 IEC60227,使用橡胶绝缘的为 IEC60245。

BS6500 定义了额定电流的范围和基于不同应用所允许的外皮材料。最主要的是橡胶和 PVC;由于橡胶的价格大约是 PVC 的两倍,并且也更有韧性,因此更适用于便携设备,同时也可以在更高温度下达到 HOFR(稳定的加热、润滑和阻燃性能)等级。表 1.4.1 中给出了针对直流和单相交流的电流承载量和电压降,以及可支撑的质量等参数的性能。

表 1.4.1　BS6500 电源电缆的性能(摘自:IEE 线缆规则第 15 版)

横截面的面积(mm²)		0.5	0.75	1	1.5	2.5
电流承载量(A)		3	6	10	16	25
每安培米的电压降(mV)		93	62	46	32	19
最大的支撑质量(kg)		2	3	5	5	5
环境温度校正因数						
60 ℃橡胶和 PVC 电缆	温度	35 ℃	40 ℃	50 ℃	55 ℃	
	CF	0.92	0.82	0.58	0.41	
85 ℃ HOFR 橡胶电缆	温度	(35~50) ℃	55 ℃	65 ℃	70 ℃	
	CF	1	0.96	0.67	0.47	

随着信息技术和电信设备的广泛应用,使用一种称为“wall-wart”的插头电源供给,为国际上不同市场的不同连接方式提供了通用性,以便电缆可以承载较低电压的直流电流。

2) 数据电缆和多芯电缆

多芯电缆常用于在同一个源和目的地之间需要传输多个信号的场合。它们决不会被用于电源的传输,因为其中一条电缆的故障会波及其他的线路,同时,也不允许将大功率电流和信号在同一电缆中传输,因为那些会产生很大的干扰。常规的多芯电缆包含多种不同数码的导线,如 7/0.1 mm,7/0.2 mm 和 16/0.2 mm。并且这些导线可以带有或不带有整体的编织网状屏蔽。多芯电缆有与其他导体一样的额定电流和电压的特性,只是由于这些导线是被束在一起的,对于每个个体的导线它的额定值要小于整个电缆的值,并且内部导体间的电容将会是一个需要被重点考虑的参数,特别是在计算线间串扰时。虽然对于常规的导线到屏蔽层的电容时常被视为 150~200 pF/m,但对于标准的多芯电缆通常没有专门的规定。对于更多完整的说明可以参考数据电缆的描述。

3) 数据通信电缆

数据电缆是一类特殊的多芯电缆,传送数字数据需要解决特定的问题,特别是以下几种情况:

(1) 同时需要通过几个并行通道进行通信,通常是短距离的传输,从而产生了扁平电缆。

(2) 需要在少量的信道中传输长距离高速率并要求较高的数据可靠性的串行数据,产生了在一个总的护套中容纳多个独立屏蔽的导线对电缆,它可以带有或不带有整体屏蔽。

(3) 对于数字数据的传输来说,导线间电容和特性阻抗是很重要的,大多数的这类线材都会涉及这个问题。

4) 结构化的数据电缆

组成数据通信的一个重要的特殊电缆应用是所谓的“结构化”或者“非专用”的电缆。这是一个多用途的数据通信电缆,它可用于建筑物或校园建设过程中的结构化预布线,这些电缆为建筑物或校园投入使用后的各种数据通信以及其他网络的应用提供了方便,这些应用可以是语音、数据、文本、图像和视频。这些电缆以及所附带连接器的性能,一定要满足布线配置的需求和规则。这些规则在 ISO/IEC 11801 中有明确规定。

5) 屏蔽和颤噪效应

有三种类型的数据和多芯屏蔽:

(1) 铜编织网:它可以提供很好的多用途的电气屏蔽,但是它不能提供 100% 的屏蔽覆盖(通常为 80%~95%),并且它还会增加电缆的尺寸和重量。

(2) 金属带或箔:最常见的是铝聚酯薄膜。排流线是工作在金属化的屏蔽中用于提供到终端的连接,当使用螺旋排列时可以进一步减少到屏蔽层的电感。虽然这种方式只能提供很一般的屏蔽效果,但它基本上没有改变电缆的尺寸、重量和柔软性的性能。

(3) 金属箔和编织网复合:它们可以为要求苛刻的环境提供非常好的静电屏蔽,但是它的价格更高,大约为金属箔电缆的两倍。

对于小信号应用,特别是要求低噪声的音频处理,需要注意电缆的另一个特性:静电感应的颤噪信号。当任何一个绝缘体与不同性质的材料进行摩擦时都产生一个静电电压,当电缆在移动或振动时,这个静电电压会在导线和屏蔽层之间形成一个噪声电压。这时可以使用一种专门的低噪声电缆,它减少这种噪声的机制是通过在编织网和绝缘体之间添加一个低电阻的介质材料来消除对静电的积累。在连接这种类型的电缆时,要注意将这个低电阻的层剥到编织网的后面,否则将会在内层与外层之间形成短路。

6) RF 电缆

用于传输无线电频率信号的电缆几乎总是同轴电缆,除了少数的特殊应用,例如可能需要使用平衡传输线的高频天线馈线。同轴电缆的一个显著特点是信号被限定在电缆内部(见图 1.4.1)进行传输,因此,外部环境对信号的影响被降低到了一个最小的程度。另一个有用的特性是同轴电缆的特性阻抗很容易设定和管理。对于 RF 应用来说,这一点很重要,特别是当这些应用的电缆长度常常会超出信号的工作波长。

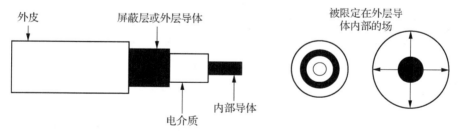

图 1.4.1　同轴电缆

在同轴电缆规范中经常可以查到的参数如下:

(1) 特性阻抗(Z_t):通用的标准是 50 Ω。这是由于这样的取值可以更好地在机械特性和电路易用性之间进行平衡。75 Ω 和 93 Ω 的电缆是用于视频和数据系统中的标准。而任何其他取值的特性阻抗都必须被规定为专用电缆。

(2) 介质材料:它的选择几乎会影响到电缆的每个属性,包括特性阻抗、衰减、电压传输、物理变化和温度范围。固体聚乙烯和聚乙烯都是标准的介质材料;泡沫聚乙烯可以用在通过空气间隙来提供电气绝缘部分,它具有更轻的重量和更低的损耗,但是与固体聚乙烯相比,它更容易发生物理变形。这两种材料都具有一个 85 ℃ 的额定温度。PTFE 可以适用于更高的温度(200 ℃)和低损耗的应用,但是它的价格要贵许多。

(3) 导体材料:铜是最常用的。镀银常用于提高在出现趋肤效应时的高频传导能力,而将铜镀在钢线上是为了增加导线的强度。同轴内部的导线可以是单根的或者是绞合线;当电缆需要经常被弯曲时使用绞合线会更合适。而外层导体一般就是铜编织网,也有很好的可曲张性。这个编织网的覆盖程度会直接影响高频的衰减,甚至也会影响到屏蔽的效果。对于那些不需要弯曲电缆的特殊应用,也可以使用固体的外层导体。

(4) 额定电压:电缆可以具有较高的额定电压和较低的衰耗。不能简单地将额定电压与对功能的传输能力关联起来,除非电缆拥有适当的特性阻抗。如果与电缆的阻抗不匹配,将会导致驻波的出现,它会沿电缆在不同位置上形成多个峰值电压,而这些电压值将会高出功率/阻抗关系所限定的值。

(5) 衰减:在介质和导线中的损耗会随着频率和距离的增加而增加,因此,衰减被描述为在离散频率下每 10 m 的衰耗,可以通过这个方式来计算在工作频率下的衰减。电缆的衰耗可以很容易观察到,特别是在一个长的电缆中对一个宽频带信号的传输,这时就可以忽略掉在端头上存在的几个额外分贝的衰耗。

经常使用的同轴电缆有两个标准,即 RG/U(Radio Government,Universal)系列的 USMIL-C-17 和 URM(Uniradio)系列的 UKBS2316。国际标准为 IEC60096。表1.4.2给出了一些常见的 50 Ω 电缆的比较数据。

绝对不要将屏蔽的音频电缆与 RF 同轴电缆混淆。它们的编织网和介质材料都是不同的,并且音频电缆的 Z_t 是没有限定的而且在高频时它的衰减也是非常大的。如果将 RF 信号输入到其中,那么在另一端将不会得到有效的输出! 但另一方面,RF 同轴电缆却可以用来传送音频信号。

表 1.4.2　50 Ω 同轴电缆的特性

电缆类型	URM43	URM67	RG58C/U	RG174A/U	RG178B/U
总直径(mm)	5	10.3	5	2.6	1.8
导线材料	Soll/0.9	Str7/0.77	Str19/0.18	Str7/0.16	Str7/0.1
介质材料	聚乙烯固体/聚四氟乙烯				PTFE
电压额定值	2.6 kV(峰值)	6.5 kV(峰值)	3.5 kV(峰值)	1.6 kV(均方根值)	1 kV(均方根值)
衰减(dB/10 m,在 100 MHz 时)	1.3	0.68	1.6	2.9	4.4
衰减(dB/m,在 1 GHz 时)	4.5	2.5	6.6	10	14
温度范围(℃)	−40~+85				−55~+200

7）双绞线

双绞线使用了特别有效并且简单的方式来减少磁及电容性干扰。双绞起来的线对可以保证电容的均匀分布。到地和到外部干扰源的电容,两者是平衡对称的。这意味着共模的电容耦合也是平衡对称的,因此它具有更高的共模抑制。

在减少低频率的磁干扰方面双绞线是最为有效的,因此它可以将磁回路区域减小到几乎为零。对于一个统一的外部场,每半个双绞就会颠倒一次感应的方向,因此两个连续的半双绞就会抵消这个场在导线上的影响。

双绞线的一个更为优秀的特点是,它提供了一个相当稳定的特性阻抗。当它与整体屏蔽相结合以获利更优的共模抑制时,这种组合电缆的性能在传送高频率的数据信号时表现得非常稳定,它可以将辐射噪声和感应干扰降低到最小值。

8）串扰

当有不止一个信号在同一束电缆中传输任一长度的距离时,在线材间的互耦合会将某个信号的一部分加到其他的信号中,反之亦然。这个现象被定义为串扰。严格地说,串扰并不只是存在于电缆中,它也可以表现为在常规非去耦信道间的任一互扰。这种耦合既可以是电容性、电感性的耦合,也可以视为传输线现象。

当电缆工作在低到中频范围时其电容耦合的等效电路可以被视为一个集中元件(对应在高频时它必须被视为一条传输线)。

在较恶劣的情况中,电容耦合阻抗会远小于电路阻抗,这时串扰的电压将唯一决定于电路的阻抗系数。

（1）数字串扰

串扰在长途通信和音频应用中很常见,例如,当不同的语音信道在一起传输时,一个通道中的信号会进入到另一个信道中,或者在彼此分隔的立体声信道中,当信号频率高时也会相互干扰。虽然数字数据可以被视为是第一个对串扰免疫的信号,但事实上,信道中串扰也同样严重威胁着被传送数据的完整性。电容耦合存在于所有的传送快速边缘跳变信号的电路中,特别是

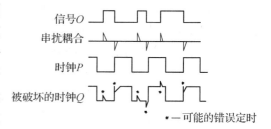

图 1.4.2　数字串扰的影响

对时钟信号的影响尤为严重。图 1.4.2 中给出了这个影响的说明。如果对这种逻辑噪声的免疫很差,将会导致严重的时钟混乱。下面示例中的耦合将会说明问题的实质。

① 某音频电路,源阻抗为 5 kΩ,负载阻抗为 5 kΩ,连接电路的多芯电缆长 2 m,串扰电容为 150 pF/m,问信号频率为 10 kHz 时,串扰电容对电路性能的影响如何?

根据题意,串扰电容值为 $2 \times 150 = 300$ pF,由 $Z_C = \dfrac{1}{j\omega C}$ 得:

$$Z_C = \frac{1}{j2\pi f C} = \frac{1}{j \times 2 \times 3.14 \times 10 \times 10^3 \times 300 \times 10^{-12}}$$
$$= 53 \ \text{k}\Omega$$

所以，串扰电容在 10 kHz 时的阻抗为 53 kΩ。

由于这个电容的存在，使得负载获取的信号被衰减了 22 dB。

计算过程：

$$20 \lg[5\ k\Omega/(15\ k\Omega + 5\ k\Omega + 53\ k\Omega)] = -22\ dB$$

② 两条 EIA-232(RS232)串行数据线，使用了一个 16 m 长的数据电缆（非独立的双绞线对），它的芯/芯电容为 108 pF/m。这里的发送器和接收器都符合 EIA-232 所要求的 300 Ω 输出阻抗、5 kΩ 的输入阻抗、+10 V 漂移和 30 V/μs 的上升时间等参数。这时一条电路对另一条电路可能形成的毛刺串扰的大小将会是多少？

这里的耦合电容是 16×108 pF=1 728 pF

在一个 RC 电路中，经 t 秒后由斜率为常量 dU/dt 的电压所形成的电流将是：

$$I = CdU/dt[1 - \exp(-t/RC)]$$

在这一示例中，0.66 μs 中的 dU/dt 为 30 V/μs，而流经 267 Ω 电阻上的电流为 25 mA。这将形成一个经过负载电阻（300 Ω//5 kΩ//5 kΩ）的峰值电压为：

$$25 \times 10^{-3} A \times 267\ \Omega = 6.8\ V$$

这就是为什么 EIA-232 不适于进行长距离和高速率数据传输的原因！

通过①、②示例，我们知道有许多办法可以克服串扰影响，它们是：

a. 减少电路源和负载的阻抗：理论上，不良电路的源阻抗将会很高，因此，它的输出性能将会很低。对于给定的耦合量，较低的阻抗需要更大的电容。

b. 减少互耦合电容：使用较短的电缆，或者选择在单位长度上具有较低的芯到芯电容的电缆。但要注意，这样对于那些快速或高频信号并不会有太大的效果，因为这个耦合电容的阻抗是要低于电路阻抗的。如果使用扁平电缆，则需要牺牲一些空间以使每个传输信号的导线之间都设置一个连接到地的导线，或者使用带有整体到地平面的扁平电缆。而最好的方式是为每个电路使用一个独立的屏蔽。注意：这个屏蔽必须要接地。

c. 减少信号电路的带宽到数据速率或系统频率响应所需的最小值：从上面的示例②中，可以了解到，耦合的大小直接取决于干扰信号的上升时间。较慢的上升时间意味着较少的串扰。如果通过在输入负载电阻上以并联方式附加电容来达到这一效果，对于芯到芯的电容这样做可以起到一个能量分配器的效果，并且降低了高频噪声的输入阻抗。

d. 使用不同的传输：形成串扰的一个主要原因，是不同数据标准的广为流行，通过使用成对的导线，那些耦合电容并不需要被减小，因为目前的串扰都是以共模的方式进入到传输线中的，而输入缓冲器共模抑制则可以很好地解决这个问题。影响抑制实现效果的限制因素是线对每条线上的耦合电容不均衡。这也就是为什么双绞线会被指定用于不同的数据传输。

1.4.3 传输线

电子学可以被划分为多个不同的领域：模拟的、数字的、电源的、RF 和微波的。这个划分是在实践应用中形成的，因为这些不同的领域会需要使用不同的数字工具。对于任何一个设计者来说，不可能完全精通这其中所有的或大部分的内容。所有的电子运动都是遵循相同的物理定律，而不关心到底是谁在研究它们以及因它们运动的速度而导致的不同。

当信号的频率较低时,它可以被视为电路的运行是遵循电路理论的基本定律,如戴维南定律、基尔霍夫定律等。而实际上并不是这样。电子的运动并不会依照电路图的设计那样,它们的运动是依据电磁场中更基本、更通用的法则,但是对于低频电路,电路理论的推导与实际情况直接的不同表现得非常少,以至于不易被察觉出来。

然而随着电路运行速度的提升,这一理论便出现了问题。在较高频率中,电子的运动表现为不同的方式,这里高频与低频的不同并不存在一个明显的临界点。它只简单地表现为电路理论的推算结果与电磁场理论的结果有所不同,而后者更符合自然规律,因而它更正确。通过电磁场理论,我们能够为传输线中所需要的导线和电缆计算出保证实际应用的长度。

1) 传输线效应

应该在什么时候考虑传输线性能? 这个问题没有一个明确的答案,最好的回答是,当传输线的影响变得很重要时。有关电的一个最简单的法则是用光的传播速度将频率和波长关联在一起:

$$\lambda = 3 \times 10^8 / f$$

由于一个(无损)电介质中,都会包含有一定的介电常数或电介质系数,这时信号的传播速度就会受到一定的限制,上面这个关系就需要进行一些修改:

$$\lambda d = \lambda / \sqrt{\epsilon_r}$$

一个经验法则是,当一条电缆中所传输信号的最高频率的波长小于电缆长度的 10 倍时,这条电缆可以被视为是一条传输线。如果正在处理一个精密度很高的高速信号,当所使用的传输导线的长度为最高信号的 1/40 波长或更短时,这一传输线效应会极大地干扰信号的传输,只有当传输导线的长度达到了 1/4 波长时,这一影响才会消除。

2) 脉冲输送的临界长度

当最短的上升时间小于沿电缆传播时间的三倍时,就应该按照传输线的理论来进行这个设计。因此,对于上升时间为 10 ns 的同轴电缆,其速度因素 $1/\sqrt{\epsilon_r}$ 为 0.66,则其临界长度将是 2/3 m。

3) 特性阻抗

对任何一个传输线来说,特性阻抗(Z_t)都是一个非常重要的参数。它是一个与传输线的几何形状以及制作材料的相关函数,并且它是一个动态的且不受长度影响的值;它也不能使用万用表来测量。它与电缆或导线的常规分布电路参数的关系为:

$$Z_t = \sqrt{\left[\frac{R + j\omega L}{G + j\omega C}\right]}$$

式中:R——单位长度上的串联电阻(Ω/m);

　　　L——串联电感(H/m);

　　　G——旁路电导($m\Omega/m$);

　　　C——旁路电容(F/m)。

L 和 C 与速度因素相关,其关系为:传播速度$= 1/\sqrt{LC} = 3 \times 10^8 / \sqrt{\epsilon_r}$。

理想情况下,无损线路中,$R = G = 0$ 并且 Z_t 减小为 $\sqrt{L/C}$。而实际的线路中存在有一些削弱信号的损耗,对于特定的长度和工作频率这些损耗被量化为衰减因子(表 1.4.2 给出了同轴电缆的这些参数),表 1.4.3 汇总了不同形状的特性阻抗的近似值,表 1.4.4 给出一些常见介质材料的速度因素。数值 377(120π)将会多次出现,因为在电磁学中,它是一个重要的数值,它是自由空间的阻抗(以欧姆为单位),它通过自由场的条件式将电场与磁场关联起来。

在传输线上传送信号,是常规电路理论(用于电压驱动)应用的一个特例,常规电路会要求产生信号源的阻抗比较小,而接收负载的阻抗应该比较高。当信号被发送到传输线上时,只有源和负载双方的阻抗都相同,并且与传输线的特性阻抗一致,这时,传输的信号才会不失真地接收。也就是说,将达到匹配状态。两种分析匹配与不匹配最为简单的方式是:对于数字应用使用时域分析,而对于模拟的射频应用则应使用频域分析。

表 1.4.3　特性阻抗、几何结构

(1) 并行的平行带 $$Z_t = \frac{120}{\sqrt{\varepsilon_r}} \ln \left\{ \frac{h}{w} + \sqrt{\left[\left(\frac{h}{w} \right)^2 - 1 \right]} \right\}$$	
(2) 面对面的平行带 $$Z_t = \frac{337}{\sqrt{\varepsilon_r}} \frac{h}{w}, h > 3t, w \gg h$$ $$Z_t = \frac{120}{\sqrt{\varepsilon_r}} \ln \frac{4h}{w}, h \gg w$$	
(3) 并行线 $$Z_t = \frac{120}{\sqrt{\varepsilon_r}} \ln \left\{ \frac{h}{d} + \sqrt{\left(\frac{h}{d} \right)^2 - 1} \right\}$$ $$Z_t = \frac{120}{\sqrt{\varepsilon_r}} \ln \frac{2h}{d}, d \ll h$$ 典型的 PVC 绝缘线对和双绞线对的 Z_t 大约是 100 Ω	
(4) 与无限金属板平行的线 $$Z_t = \frac{60}{\sqrt{\varepsilon_r}} \ln \left\{ \frac{2h}{d} + \sqrt{\left(\frac{2h}{d} \right)^2 - 1} \right\}$$ $$Z_t = \frac{60}{\sqrt{\varepsilon_r}} \ln \frac{4h}{d}, d \ll h$$	
(5) 与无限金属板平行的带 $$Z_t = \frac{337}{\sqrt{\varepsilon_r}} \frac{h}{w}, w > 3h$$ $$Z_t = \frac{60}{\sqrt{\varepsilon_r}} \ln \frac{8h}{w}, h > 3w$$	
(6) 同轴电缆 $$Z_t = \frac{60}{\sqrt{\varepsilon_r}} \ln \left(\frac{D}{d} \right)$$	

表1.4.4 不同材料的介电常数(ε_r)及速度因数($1/\sqrt{\varepsilon_r}$)

材 料	介电常数(ε_r)	速度因数($1/\sqrt{\varepsilon_r}$)
空气	1	1
聚乙烯高频电缆绝缘材料/聚乙烯	2.3	0.66
聚四氟乙烯	2.1	0.69
硅橡胶	3.1	0.57
TR4玻璃纤维PCB	4.5(typ)	0.47
聚氟乙烯	5	0.45

3）时域

假设正在从一个发生器中将信号的一个波形发送到一条传输线上,这个信号发生器阻抗与传输线的特性阻抗 Z_t 是相匹配的。我们可以在这条线的两端来观察传送信号的波形,由于这条传输线存在有限的传播速度,这两个波形将会是不同的。图1.4.3给出了在传输线终端接阻抗开路、匹配和短路三种不同情况下的观察结果。如果有一个能产生较快脉冲的信号发生器,一个宽带的过滤器和一条同轴电缆,那么就可以在5 min内完成这个实验。

一条匹配的传输线实际上是一个简单的延迟线形式,比实际长度延迟大约10 ns。分立元件延迟线要小一些,但工作原理是相同的,这里分布的 L 和 C 的值是用实际元件来代替的。

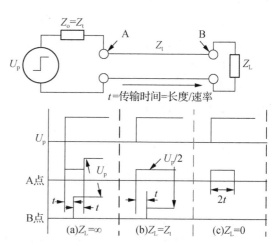

图1.4.3 电压边缘沿传输线的传播

在所有情况下,长时间的观测结果是与常规电路理论所推导的结果相一致:电路开路其输出为 U_p,短路则输出为0 V,而介于这两个状态之间的电路其输出将会由 $Z_L/(Z_t+Z_L)$ 决定,在传输匹配时其输出为 $U_p/2$。传输电压跳变时,传输中的波形是不同的。

4）前向波和反射波

传输线理论是根据前向波和反射波的相互作用来解释这些结果的,在每端点上这两个成分的叠加满足边界条件;开路为零电流,短路为零电压。因此,在短路情况下,当振幅为 $U_p/2$ 前向波到达短路端时会产生一个振幅为 $-U_p/2$ 的反射波,这时它会返回到发送端并与已经存在的 $U_p/2$ 相叠加从而导致零电压。通常反射波与前向波振幅的比为:$U_r/U_i=[Z-Z_t]/[Z+Z_t]$

当处理两端阻抗不匹配的情况时,这个理论很有用。前进波与反射波将会在每个不匹配的端点处持续回弹。

5）阻尼振荡

当来自开路端的反射波到达非匹配驱动端时,将再次形成振幅减小的反射波,当这个反射波返回开路端时它将再次产生幅度更小的反射波……最终反射逐渐消失并趋于稳定。

在这两个端上的波形就是"阻尼振荡"。如果处理的是数字电路,那么当使用快速示波器在一个几英寸长的印制线路板上观察上面的信号时,就会经常看到这个阻尼振荡。阻尼振荡的振幅完全取决于不同部分阻抗之间的不匹配程度,这些阻抗之间的关系通常很复杂,并且也无法了解具体阻抗值设计的实际目的,而阻尼振荡的周期取决于从驱动电路到终端的传输时间以及传输线路的长度。

6) Bergeron 图表

对传输线两端所形成反射波振幅的精确测定可以使用 Bergeron 图表来进行。图表将传输线的特性阻抗视为由一连串的具有输入和输出特性的线路发送器和接收器的负载线阻抗所构成。每个负载线都起始于与前一个负载线相连接并具有适当输入、输出特性的点上。由于阻尼振荡是在这些点外部来加载信号的,为了能恰当地使用 Bergeron 图表,需要了解设备的内部及外部的电源性能。许多高速逻辑 IC 制造商都是在他们的应用说明书中描述它的使用方式。

通常,在数字电路中,人们并不希望看到阻尼振荡,因为它会导致寄生振荡,但是如果它的振幅只是在可以被去除的逻辑噪声带内,或者是振荡的持续时间快于电路的响应速度,阻尼振荡的存在也是可以被容忍的。要完全避免阻尼振荡的唯一办法是,将每个相互的连接都视为是一个传输线,并且在每个连接端上都配置正确的特性阻抗。设计高速电路要严格按照这个方式来进行;而对于低速电路的设计者,将只会在使用长距离电缆时遇到这样的问题。

7) 不匹配的用途

阻抗的不匹配并不总是件坏事。例如,要得到一个高速、稳定的脉冲发生器,就可以通过在具有一定长度且远端短路的传输线上产生一个快上升沿的信号来得到,输出信号可以从传输线的入口处得到。从速度因子为 0.66 的 1 m 长的同轴电缆上可以得到一个 10 ns 的脉冲。

8) 频域

如果关注的重点是射频信号而不是数字上升沿,那么传输线在频域的表现是怎样的呢?

假设在图 1.4.3 中的传输线上施加了一个频率为 f 并与线路 Z_t 相匹配的连续正弦波振荡器。那么,能量会以波的形式沿传输线传播并到达负载端;如果负载阻抗也与 Z_0 相匹配,那么就不会有反射产生并且所有的能量都会被传输到负载上。

如果负载是不匹配的,那么就会有一部分的入射功率被反射回传输线中,这与脉冲应用中的情况非常相似。短路或开路都将反射回所有的功率。被反射回来的信号也是一个连续波,而不是脉冲波;因此沿传输线上任何一点处的电压和电流都是前向波和反射波的电压与电流的向量和,其值决定于它们相应的振幅和相位。沿传输线整个长度分布的电压和电流形成了所谓的"驻波"。

图 1.4.4 中给出了在四种不同的传输线终端作用下驻波的形态。可以使用一定长度的有均匀缝隙的同轴电缆,与一个连接到 RF 电压表上的检测探针,通过靠近并沿同轴电缆移动来验证这个结论。

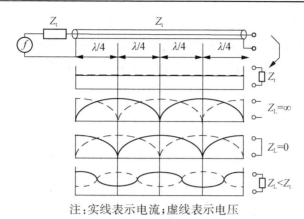

注:实线表示电流;虚线表示电压

图 1.4.4　沿传输线的驻波

9) 驻波的分布及频率

注意,驻波的分布是取决于所施加信号的波长及频率的。在沿给定长度传输线上形成的某一频率下的驻波,将不同于位于同一传输线上的其他频率的驻波。驻波会在沿传输线的多个 $\lambda/2$ 处重复自己的形状。驻波的振幅取决于不匹配的程度,这个程度由反射系数 Γ 来描述,它是反射电流或电压与入射电流或电压的比值。驻波比 SWR(Standing Wave Ratio)是指驻波的最大值与最小值之比,它也可以由下式给出:

$$SWR = (1+|\Gamma|)/(1-|\Gamma|) = R_L/Z_t \quad 用于纯电阻终端$$

因此,1∶1 的驻波比就描述了一个完美匹配的传输线;而取值为无限的驻波比,描述了传输线以短路或开路连接的情况。信号发生器的源阻抗不会对驻波比产生影响。驻波比的取值只决定于传输线远端负载的连接属性。

10) 阻抗变换

无线电发射机的设计者及使用者非常关心不匹配传输线上各点电压和电流的分布情况,因为它将影响从发射机通过馈线到天线的功率传输效率。对于高频电路的设计者,能了解这一分布也是很有用的,因为通过它可以实现阻抗变换。大家都知道,阻抗是电压与电流之比,传输线上任何一点的阻抗取值的变化都要与它同传输线端点间的距离有关。在每 1/4 波长的距离范围内,这个阻抗取值的变化就会出现一个从最小到最大的过程。事实上,对于一个 1/4 波长传输线阻抗变换器,阻抗变换由下式给定:

$$Z_i = Z_t^2/Z_L$$

当然,这个有用的性质是与频率密切相关的;它只出现在 $\lambda/4$ 或其整数倍的位置上。如果频率发生了变化,那么传输线的 $\lambda/4$ 波长和 Z_i 也将发生改变。与其相关的性质是,在偶数倍的 $\lambda/4$(相当于任意倍数的 $\lambda/2$)的位置上可以得到原始的负载阻抗,即这一点的阻抗取值为 Z_t。因此,被短路的传输线在距短路点 $\lambda/2$ 处将会有一个虚零的阻抗,这个性质可以用于设计一个分布式的调谐电路。

11) 有损传输线

前面讨论的都是建立在使用零损耗线的假定上,在实际使用中这是不可能的。较短长度传输线的损耗是可以忽略的。表 1.4.3 给出了常见的同轴电缆的损耗。注意这些数值只是适用于匹配条件下的情况。如果传输线上有驻波,由于驻波的出现会使电压及电流的强度都得到增加,因此线路上的损耗将会大于匹配的情况,并且平均的热损耗也会大于同等功能输出的情况。在较长传输线上由于不匹配的影响会在两个方向上形成衰减,而这一衰减会改善驻波比的影响。在极端情况下,长的电缆非常适合做功率衰减器。

1.5　印制电路

每一个电子电路基本上都在使用印制电路板(PCB)作为其相互连接的介质和机械基板。PCB 是专为所运行的电路而定制设计的,印制电路板板基的选择是电路设计者的重要工作之一,当然这个任务也是可以由计算机布线软件的前期程序来完成的。PCB 的设计对最终产品的机械和电气性能的实现具有重大的影响。

1.5.1　板的类型

没有加工处理过的电路板通常是由导电材料和绝缘介质基板所组成的多层板。不同基板材料的使用、导电层之间不同的压合和相互连接的方式,决定了板子的类型。

1) 材料

大多数的导电层都使用了铜箔膜,借助于热压工艺被牢固地黏结在基板上。铜箔膜的厚度由其每平方英尺(1 ft^2≈0.09 m^2)的质量来规定,最常见的是 1 oz(1 oz=28.349 5 g)或 2 oz,其他板子的厚度可以是0.25 oz、0.5 oz、3 oz 和 4 oz。1 oz 铜的厚度通常在0.035 mm±0.002 mm 之间,其他的质量按比例比这个更厚或更薄。选择铜质量的主要决定因素是它的电阻系数。图 1.5.1 给出了不同覆铜质量的线路宽度及其对应的电阻值。

最普通的多层板是以环氧玻璃和酚醛纸为基板。酚醛纸(或合成树脂粘合纸)比较便宜并且很容易打孔,因此,它主要应用于数量众多的普通电路和一些要求不高的电路单元。它是使用环氧玻璃之前的早期电

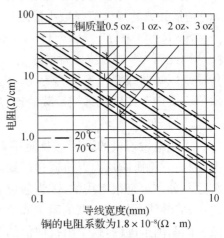

图 1.5.1　铜布线的电阻

气产品,易碎,工作温度范围小,易吸潮并且不适用于金属化过孔的结构工艺。通常只在价格非常低廉、性能较差的产品中应用。至于环氧玻璃,除了专家级的应用之外,如 RF 电路,它是普遍适用的。

2) 环氧玻璃

环氧玻璃是一种使用玻璃纤维加固了的环氧树脂,可用于金属化过孔(PTH)和多层板的工艺。它也可以用于对机械强度和电气性能要求较高但又相对简单的电路结构中。它比酚醛纸具有更大的尺寸、更好的稳定性,而且也更加牢固,但是这也意味着,对于大规模生产,其用于板子的费用也更加昂贵,因为它的打孔工艺只能是钻孔,而不能是冲压。而对于布局更为稠密、尺寸要求更大的板子,使用环氧—芳族聚酰胺材料就更为适合。表 1.5.1 给

出了一些常用板材类型的材料说明。

那些可弯曲的板子的基板材料通常是聚酯或聚酰亚胺。聚酯比较便宜,但不宜焊接,因为它的软化温度比较低,它主要用于可弯曲的"尾部"设计。聚酰亚胺比较昂贵,但可以在上面安装元器件。

3)结构类型

大多数电路对板子结构的要求都可以在下列的板子类型中得到满足,这些板子类型的排列顺序是粗略地按成本的递增来排列的:

表 1.5.1　PCB 多层板材料性质

材料	表面电阻 (MΩ)	介电常数 ε_r	电介质 $\tan\delta$	电介质强度 (kV/mil)	温度$(x-y)$ $(\times 10^{-6}/℃)$	最高温度 (℃)
标准 FR4	1×10^4(最小值)	5.4(最大值) 4.6~4.9(典型值)	0.035(最大值)	1.0(最小值)	13~16	110~150
FR408(高质量)	1×10^6	3.8	0.01	1.4	13	180
环氧树脂-芳族	5×10^6	3.8	0.022	1.6	10	180
聚酰亚胺(Kapton)	—	3.4	0.01	3.8	20	300
聚酯(Mylar)	—	3.0	0.018	3.4	27	105

(1)单面板

便宜并普遍应用,适用于简单的、低性能的且批量生产的电路。

(2)双面板

基本同单面板,但在板子的两边可以设计不同的布线结构,并通过元件装配完成连接,适用于低密度的电路应用。

(3)软板

基板薄且柔软,可以多覆盖几层以保护布线结构,多采用电镀化的过孔,可用于替换传导线束。

(4)双面板,金属化过孔(PTH)

类似于普通的双面板,但使用金属化的孔套管来连接板子两面的电路,因此是不同于普通双面板的电路技术。适用于常规布线密度的工业应用。

(5)硬化的软板

与软板一样,但为了进行元件的安装,采用了刚性金属使其局部变硬。用于柔软性元件较少的电路。

(6)多层板

将几层基材层压合在一起。有通过所有层的孔径,也有只通过内层的孔径(掩埋通路)。内层可能是电源和接地平面。造价昂贵,但多层应用可以达到非常高的密度。

(7)软化硬板

多层板带有某些刚性层以替代柔软材料(通常是聚酰亚胺),通常是在远离刚性部分形成尾部或铰链外。几个刚性区域可以通过软区域相互连接并能弯曲而进行紧密的空间压缩。

在最基本的多层板和软化硬板结构中的一些参数的改变是允许的,例如,多层结构可以做到 24 层。其他的技术和材料还拥有某些特殊的功能,例如开关触点,电机装配或微波系统。如果需要这些特殊的应用,那么在开始设计的最初阶段就应与 PCB 的制造商进行洽谈。

4) 类型选择

在任何设计中,都需要平衡诸多因素,以便获得最好的设计结果。其中,最重要的问题就是费用、装配密度和电气性能,而其他的部分则相对次要一些。

费用:表 1.5.1 是根据裸板的费用来进行排列的,其中会有一定程度的重叠。实际中,成本应包括订购的板子数量、工序数、钻孔数量和种类,以及作为它的主要参数的原材料费用。但是也应该考虑到裸板费用对整个成本的影响;板类型的选择可能会影响到装配、测试、修理和返工等多个环节。例如,假如已经预计到可能会有大量的单元返工,就不能再使用酚醛纸,因为它的附铜能力太低。而在其他的极端情况下,也尽量不要使用多层板,因为一个过孔的损坏可能会导致整个板子的报废。

5) 空间限制

如果板子的尺寸已经确定,电路包数量也确定了,那么自然就能确定组装密度以及最低费用下最适宜的板子类型。非 PTH 板具有最小的组装密度。双面 PTH 板根据布线间距和尺寸,为双列直插(DIL)过孔插件提供每 16 针(4~7)cm^2,而多层板每个插件实际能接近 2 cm^2 的极限。多层板还是充分实现扁平组件或表面安装元件的空间优势的唯一方式。大的分立元件(电阻器、电容器、变压器等)减弱了多层板的这个优势,因为它们为表面布线提供了更多有效的面积。如果不限制板子尺寸,那么,使用较大的、较便宜的低密度板一定能平衡它较大的空间占用费。

7) 电气特性

酚醛纸可能没有足够高的绝缘电阻和电压衰减,以及较低的介电损失;层压板的厚度需要由布线特性来决定,通常它比较容易被处理;低的电阻系数要求较厚的覆铜。如果发生表面漏电,使用保形涂覆是一个很好的解决措施。对于适当的电源/地平面分布,最少四层多层板结构是比较规范的;对于较低密度,地平面板可以放在一个双面板的一侧上。

8) 机械特性

重量、硬度和强度都很重要。如果需要有效阻止震动或弯曲,就需要使用较厚的层压板或刚性条。通常,强度并不重要,除非这个板子承载了非常重的元件,例如大型的变压器,这时,就需要用到环氧玻璃。如果应用要求一个很宽的温度范围,就必须仔细检验板基的热膨胀系数和最大温差变化性能。

9) 实用性

任何 PCB 制造商都能制造单面板、双面板和 PTH 板,当然,价格会有很大的变化。当需要使用更奇异的柔软的多层板结构时,可进行的选择就会变得很小,可能会被限定在单一的供应商或很有局限的尺寸,以及无法接受的交货时间。而且,设计复杂的多层板要求应用更高级的技术,甚至是被改进的 CAD 系统,而在很短的时间内,所能支配的设计资源可能不包括这些。

10) 可靠性和可维护性

这些因素通常需要高质量的材料和简单的结构,环氧玻璃的双面 PTH 就可以满足这些要求。

11) 刚性与柔性

柔性结构由于消除了板间连线和连接器,它可以提供较低的组装成本和较好的组装密度以及安全性。其缺点是,更加昂贵的造价,以及更加复杂的供电,而这些都会违背要求使用模块替换的修理原则。

12) 尺寸选择

在选择板子的尺寸时,最好的方案是使用标准化的尺寸。将整个系统模块化并非总是最佳的设计,对于那些较小的系统,一个大电路板可以节省相互连接的元件费用,而且生产较大的板子要比制作相同面积的几个较小的板子更为便宜。而另一方面,板材消耗的费用则更多的是取决于从原料多层板切割时的损耗量,较大的板子可能造成的浪费更多,除非它们与原材料的大小相同。对于特大型板子的尺寸还要有一个可实际操作性能的限制,即板子的强度、尺寸的公差和可处理的性能等,另外还要考虑最终板子制造商的生产能力、绘图仪的输出尺寸和版面切割技术等。此外,电路生产者的装配间对所能处理的板子尺寸也是有一定限制的。通常大型板子的最佳尺寸是将其长边的长度限制在 30～50 cm 之间。

13) 细分边界

如果计划将系统设计成几个较小的板子,那么分割电路的位置应选在相互连接数目最少的地方上。通常这种分割还需要根据电路功能的划分来进行,这样做的益处是,很容易将每一个子板当作一个具有完全功能的子单元来测试。每个完整系统的测试费用都会随着板子尺寸的增大而减小,而所需的自动测试设备的费用则将会增加。在计算每个子系统板的面积时应留有一定的余量;因为所有最后电路的修改大都是要增加元件的数量,而很少去减少元件的数量。

14) 嵌板

将原料基板只用于制作一个较小的板子是不多见的情况。在一个产品开发周期中,其主要花费是集中在处理阶段,因此,如果将 6 块板子集中在一个基板上进行一次性制作,并且将所有的处理同时进行,就好像它们只是一块电路板一样,可以降低制作费用。将一个板子的设计布线一个一个地复制在一块基板上。并且直到最后处理时,甚至在印制电路板交付之后,进行总体组装之前才将它们分离。这些电路也可以是为不同项目所设计的,但只要它们要求的层数相同,就可以嵌在一个基板上。如果想把一个项目中设计的所有板子放在一个基板中,其前提是每个电路板所要求基板的层数必须是相同的。

拼板的大小就尽可能与给定的原料多层基板的大小相匹配,并保证布线和/或刻痕线相互分离。能做到这样就会很划算,但是如果板子形状会造成较大的浪费区域,比如一个细 L 形的形状,那么,就应该把其他的板子嵌在这个浪费的区域中,使整个板子得到很好的利用。注意,使用嵌板会牺牲掉某些方面的可选择性,因为拼嵌到给定基板上的所有电路板必须要有相同的层数和厚度,但为了获得较大的成本效益,接受这些限制也是值得的。

1.5.2 多层板的制作

多层板的加工步骤已经很成熟了,被加工的板子是由一个双面覆铜层和成对内层组成的三明治结构构成的,它们之间由"预浸处理"层隔开,即没有层压铜的普通环氧树脂玻璃材料。外层的铜层就是铜箔(起初没有处理过)。正是这样的组装方法,多层板总是由一定数量的铜层组成(4层、6层、8层,等等)。

每个内层、预浸处理层和外层的箔层在加热和加压情况下黏结在一起。各层间的对齐误差是由这一步确定的。根据要求的位置钻孔。这些孔可能是过孔,此时,过孔只是相互连接不同的层,或用于安装元件的引线,或者用于其他目的,例如安装最终部件。此后,整个组装操作就进入镀铜过程,即把铜覆盖到所有暴露的表面:穿过每个孔的内径(因此称为"金属化孔"),以及两层铜箔的表面。通过这一步镀孔,电镀的过孔将内层中适当的电路布线连接起来。

接下来使用感光薄膜来处理两个外层,然后曝光并显影去除所需的外层布线和镀盘图的负片图像。再进一步镀层添加更多的铜,并在暴露区域添加用于保护的锡膜;去掉感光薄膜,刻蚀板子去掉下面的铜。接下来,揭去锡,在板子的外侧和内部留下完整的三维铜图案,准备进行焊接掩膜工艺和表面处理工艺。外层铜层的厚度是总的镀铜厚度和初始的铜箔厚度之和。

1) 设计规则

大多数使用PCB的公司都已经形成了一系列的用于布局设计的规则,它们要保证两个目标:

(1) 易于裸板的加工处理,意味着更低的造价和更高的可靠性;

(2) 易于对成品单元的装配、测试、检查和维修。

(3) 在进行电路板设计时,设计规则中应该包含下列要素:

① 导线宽度和间距;

② 孔径和焊盘直径;

③ 导线走向;

④ 接地分布;

⑤ 阻焊漆、成分标识和表面加工;

⑥ 端接器和连接器。

表1.5.2给出了目前PCB生产者的生产指标。要选择一个特定的厂商,首先需要了解他们在这些关键参数上的生产能力。

表 1.5.2 PCB 制造商有代表性的最佳生产指标

电路板厚度范围	$0.35\sim0.5$ mm
最大层数	$14\sim24$
最小导线和间隙宽度(1 oz 铜)	0.1 mm 左右,0.15 mm 最佳

(续表 1.5.2)

最小 PTH 孔径直径	0.2 mm 左右,0.3 mm 最佳
最大 PTH 孔径纵横尺寸比	12:1 左右,6:1 最佳
定位:钻孔到焊盘	0.03 mm
定位:层与层、罩、焊接掩膜	0.075 mm

2) 布线宽度和间距

最小的布线宽度和间距是取决于一个具有较大影响的因素,即最大可使用的布局布线密度。布线中可承载大电流的最小宽度是由刻蚀过程的可控性以及在多层板边缘的各层间对齐的方式所决定的,而这些都是与电路板的制造商的生产能力有关,这一参数会随制造商的不同而有所不同,同时要保证它的精确度还会影响到制板的价格。因此需要事先与制板商一同确定生产工艺所达到的最小布线宽度。更厚的覆铜将需要更宽的布线,这是因为在刻蚀时会有侧面的钻蚀。在某些可保证绝缘的情况下,允许使用一些过窄的布线,如在 IC 焊盘之间的布线,但是如果在长距离布线中使用这样的宽度就很难保证它的质量。图1.5.2 给出了在 IC 焊盘之间压缩布线宽度和间距与布线数目之间的折中方案。

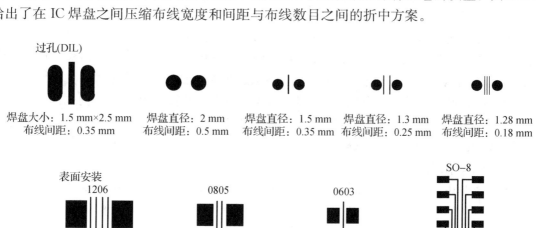

图 1.5.2　焊盘间布线的间距和尺寸

当然,布线宽度会相当大地影响布线电阻,进而影响在给定电流下的电压降。图 1.5.1 给出了 1 cm 铜导线在不同厚度下电阻的理论值。它来自这个等式:

$$R=\rho l/A$$

式中:ρ——这个导体的电阻率;

l——它的长度;

A——这个布线的横截面积。

由于实际人为的公差很大,这些数字只具有一个象征意义,这些公差可以包括最基本的铜、焊盘和锡引线的厚度,这些公差的总计可以使最终值有 1%~2% 的偏差。铜的温度系数会导致电阻在正常的环境温度范围中随自身加热有几个百分点的变化。直径大于 0.8 mm 的焊盘过孔会有小于 1 mΩ 的电阻。

最大电流的承载能力是由布线的自身加热性能所决定的。图 1.5.3 给出了对一个给定升温的安全电流与布线宽度的关系。

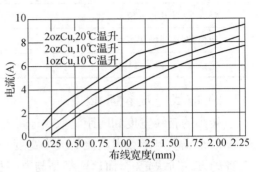

图 1.5.3　在 PCB 布线上的安全电流
(数据摘自:Abstracted BS6221;第三部分;1984)

3) 电压击穿和串扰

布线间距也是由厂家的制造能力和电路的电气性能所决定的。与布线宽度一样,在表 1.5.2 中给出的最小间距是大多数 PCB 厂商所能达到的工艺。串扰和电压击穿是影响布线间距的主要电气特性。对于安全的环境和远离导电体的情况 (每 200 V 有 1 mm 的间距,允许有一定的人为误差)是完全可以预防击穿的。当电路中存在有市电电压时,出于安全的原因需要使用更宽的间距。注意,如果在使用波峰焊工艺且又没有使用阻焊剂时,由于传输方向的不同,将可能会在小于 0.5 mm 的间距上形成连焊。

在设计小电压数字电路或高速模拟电路时,串扰可能是一个限制因素。它的机理与在电缆中的机理相同;通过电磁场理论来计算线到线间的电容是解决实际电路板布局中特定布线上串扰的最佳方式。对于大多数电路板的设计,首选的且最简要的规则是,采用大于 1 mm 的布线间距,这将会使串扰电压减少到信号电压的 10%。而电气的短路则通常会发生在那些没有充分考虑间距关系并且相互间距更小的布线。通过在易受干扰的信号线对之间合理地布置接地导线,可以降低串扰。

4) 恒定阻抗

对于高频电路,包括那些用于传输快速数字信号的电路,一些长的布线需要被设计为传输线式的导体。最重要的法则是将一个信号传输的导体与信号的返回路径视为一个整体,并为它设计一个特定的特性阻抗(Z_t)。Z_t 是一个关于传输线的几何结构的函数,并且它还与其周围物质的介电常数有关。对于每个具体 PCB 的设计和结构,明确这两个要点都是很重要的。也就是说,如果在电路设计中必须要使用传输线,那么就需要将电路板的某些层设计为"恒定阻抗"层。

虽然使用微波传输带的结构很常见,但它并不通用,在微波传输带结构中,其信号导线是针对用于返回路径的接地平面而布设的,或者(在内部夹层中)微波传输带结构的布线可以是三明治结构的方式,夹在两个接地平面之间。那么,这个决定 Z_t 取值的重要几何结构的因素就是布线的宽度和它与接地平面的间距。而布线宽度的公差是由刻蚀过程来控制的,因此对于较宽的布线(这意味着有更低的 Z_t)就可以给出一个更严格的公差控制。而层间的距离则决定于层在压制时的压制工艺,同时它也与半固化的厚度公差或者层压板的材料有关。更薄的间距会导致更低的 Z_t。

那些位于中间层的传输线,其 Z_t 还要取决于环氧玻璃材料的相对介电常数 ε_r 的平方根。如果这一传输线被放置在电路板的表层,那么这个关系将会更为复杂,因为这个绝缘体介质(位于传输线上方的)是空气,而在传输线下方的则是环氧玻璃。而这个需要被控制的 ε_r 是与基材的品质(以及成本)紧密相关的。通用的 FR4 不会为这个参数提供一个严格的指标,而某些更昂贵的基材可以满足设计恒定阻抗电路板的特定需要。

5)孔径和焊盘尺寸

为了更好地进行焊接,元件安装孔的直径应该与元件的引线直径之间尽可能好地进行匹配,比较好的设计是将安装孔的直径略大于元件引线直径的 0.15~0.3 mm。对于使用元件自动插件机的电路会需要设计更大的余量。对每个不同的引线直径都指定一个不同的孔径直径,这一做法是不明智的,因为不同尺寸的孔径数目与制板的费用是直接相关的。通常可以为 DIL 封装的管脚和绝大多数的小型元件使用 0.8 mm 的孔径,而为一些大元件使用 1.0 mm 的孔径,而其他的尺寸则根据需要来设计。在 PTH 电路板上孔径的直径是在电镀之后再确定的。另外,对于那些特殊设计的孔径,还需要从另一个方面去检查元件引线直径的设置,例如,当已经完成了电路板规格文件的编写时,或者 CAD 系统已经自动地标出孔径直径时,所需要确认系统的元件库已经引用了新的参数。在一些特殊的应用中,某些电容器和电源整流二极管会有超出想象的粗引线!如果是这样,在设计时就可能会犯引线直径设计上的错误,那时,将不得不通知生产部门在这个双面的 PTH 电路板上将这些孔扩大、钻通,并在两个面上再分别进行焊接。如果设计的是多层板,则事情会变得更糟,因为不可能再钻通那些连接到中间层上的过孔。

6)过孔

过孔,即连接不同层面的镀通孔,只要能满足额定电流的需要,它可以有任意需要的直径。它最小的可用直径是与板基的厚度相关,通常当板基的厚度与过孔直径的比(外观形状之比)达到 6:1 时,电镀的过程将不会造成太多的问题。然而,除非因限制布板密度而需要设计更小的过孔,通常应该保证这些过孔的直径与最小安装元件的孔径相当,这样钻孔的尺寸就可以保持到同一个最小数值上,也可以让这些过孔的直径更小一些(比如 0.6 mm),这样可减少将元件引线错误地插入到过孔中的概率。

7)通孔焊盘

焊盘可以是椭圆形或圆形的。在早期 PCB 技术应用中,当需要一个较大的焊盘来提供一个好的焊接质量,并保证焊盘与电路板有一个牢固的连接时,会使用一种具有 2.54 mm 间距的双列直插式封装的椭圆焊盘。对于非 PTH 电路板使用这一焊盘仍然是恰当的,而孔径为 0.8 mm 的圆形焊盘是一种经常使用的典型焊盘,其焊盘直径大约为 2 mm,这种焊盘的管脚之间将没有空间用于布线。而椭圆形焊盘则允许在每个管脚之间布一条线。当对孔径到焊盘宽度的尺寸有限制时,也需要考虑使用椭圆形焊盘。

由于 PTH 技术要求在孔径内部进行电镀,并且焊接时焊锡也会沿元件引线与电镀孔径间缝隙进行填充,PTH 技术增强了焊盘到电路板的结合强度,因此在 PTH 电路板上不需要使用较大的或椭圆形焊盘。所使用的焊盘大小只需要能包含住在电镀前被钻的孔径大小,并在此基础上增加一个为所有制造厂家所接受的公差。对于使用直径为 0.8 mm 孔径的焊盘,其直径可以是在 1.3~1.5 mm 之间。

对于在非 PTH 电路板上使用的大孔径焊盘,为了能获得较好的附着能力,焊盘的直径应该至少超出孔径的 1 mm。而焊盘直径与孔径之比,对于环氧玻璃板基大约为 2,而对于苯酚纸板基应为 2.5~3。

8) 表贴焊盘

SM 元件的焊盘尺寸决定于这些分立元件的连接方式及所使用的焊接技术:波峰焊或回流焊。事实上,一旦选择了这样的装配技术和元件,也就没有选择焊盘尺寸的权利了。CAD 系统会包含有所有元件以及与其关联焊盘尺寸的参数库,并且它还会自动地使用正确的尺寸在电路中布局,当然这些元件库中的尺寸必须是正确的。当要把一个新的元件加入这个库中的时候,需要去核实焊盘的尺寸是正确的,并且确保对所加入的元件有一个正确的焊盘布局,元件生产商通常会在其产品参数表中说明所推荐使用的焊盘尺寸。

9) 导线布线

布线设计的首要规则是极小化布线的长度。越短的布线意味着越少量的干扰和串扰,并且它的寄生电抗也更低,辐射也更少。布线过程中应该不断地调整元件的布局,以使所铺设的导线尽可能短。对于多模块封装的器件(特别是门电路或运算放大器)的使用,通过调换模块的管脚往往会收到很好的优化布线的效果,因此,在最终布线布局完成之前,除非有特别的原因不要强制地指定这类器件的管脚分配。好的 CAD 软件都带有可扩展的、智能的元件库,它们会自动地完成这样的调整。同样,有时也需要将一个器件中封装的多余模块接地,当然,从节省的角度应该将器件中所有的模块都利用起来,但有时这样做可能会需要使用较长的导线来连接这些剩余的电路。一个优化的电路设计可能并不是一个使用元器件最少的设计。

许多 CAD 自动布线软件包会在电路板的一个层面上将所有的布线沿一个方向进行铺设,而在另一层沿另一个方向铺设($x-y$ 布线)。特别对于一些低性能的数字电路,这样的设计是可行的,而且布通率也很高,但是从最小化导线长度和最少化过孔数目的方面进行要求,这不是一个最优化设计,并且如果用于模拟电路板的设计这可能会是一场灾难。应该认识到,在布局阶段根据经验进行一些重点设计而不适用 CAD 的自动输出来形成廉价的产品,这样的电路板会具有更好的电气能力。

45°角的弯曲要优于使用直角,虽然它们会稍稍增加布线的密度。在布线中最好避免使用直角和锐角,因为它们会造成部分腐蚀剂的残留,从而会因导线的继续腐蚀而造成不可预见的问题。当两条导线以一个锐角相遇并连接时,应该将这个角修改成圆形以避免这样的问题出现。沿电路板边沿布设的导线,它与板边的距离不要小于 0.5 mm。

从机械工艺的要求上讲,对于双面板其设计目标应该是将总的覆铜量平均分配到电路板的两个面上,而对于多层板则应是平均到所有的层面上。这样的措施是要预防电路板因张力不均匀的分布而导致电路板的变形,并有助于电镀的完成,而造成张力不均匀分布的原因,既可以是在使用过程中的热膨胀,也可以是电路板在刻蚀过程中应力的消失。

1.5.3 接地和配电

在 PCB 上,当接地连接层位于 PCB 板的中间层时,这个层是很重要的。对于敏感电路,应该尽量避免公共阻抗的形成,因此,对于多数电路使用接地"总线"是最佳的折中方案。对低频电路、少量的门电路、低电流以及承载大信号的电路,这个方案是可以完全接受的,因为沿地线所形成的电压降要远小于电路中的工作电压。

当电路中出现高频电流时,接地线和电源线的电感将会随频率而增加,这时它所引起的电压降将会取决于电流变化的频率。

1）接地线的电感

与 PCB 导线的宽度相比,导线的长度是造成电感的主要因素。电感直接与长度相关,而与宽度只是对数的关系。在隔离的情况下,PCB 导线遵循相同的法则,但是导线自身的电感经常会令人困惑,特别是当它邻近出现了承载返回电流的导线时,它的大小会随之改变。当两条靠近的导线承载着大小相同且方向相反的电流时,磁场抵消效应就会出现。减少总的电源和接地电感最有效的方式是将信号和返回路径非常近地靠在了一起而得到。这样做会增强它们之间的互感,但由于流过的电流是彼此相对的,总的电感量因互感而减弱了。达到这一目标的一个方法是将电源和地线布在电路板同一几何位置的相对两侧。然而,如果需要一个折中方案,最好是使用电路板的可用空间来设计一个最佳的接地系统,并通过去耦来消除电源线上的噪声。

2）栅格接地布局

在双面板和多层板上,有两种可以确保拥有良好设计和低电感接地线实现的技术:栅格布局,或是使用全部或部分接地平面。应该说前者是后者的一个近似应用。对于大多数应用,特别是进行常规 IC 电路设计时,如果将电源和接地线都进行了很好的去耦设计,那么一个栅格布局的效果将接近地平面设计的性能。当然一个精心设计的栅格,其性能将会优于一个不良设计的地平面。栅格设计可以减少形成公共阻抗的区域,并且将大范围的接地面通过多个通路互联在一起。对于那些对地返回电流路径敏感的模拟电路,不建议使用栅格设计。另外,即使是理想的栅格设计,它也会对信号的路径布线形成很多限制,因此,还会需要一些折中的考虑。

3）地平面（地线层）

相对于常规交叉接地的模式,在为模拟电路或数字电路中使用混合封装的电路进行设计时,到地的连接方式将会非常混乱,这时很适合应用地平面技术。地平面并不需要特别的设计,它只需要简单地将所有空白区域用铜进行填充,然后将它连接到地。由于它的最初目的就是为返回电流提供通路,因此,在地平面上很难将返回电流进行完全阻断,在多层板的设计中通常会将其中的一个层整个地用于接地,而另一层完全用于电源连接。由于层间分布电容的存在,这样设计的附加好处是,在电源和地之间为高频的应用提供了一个低的连接阻抗。

独立的过孔不会对地平面造成影响,但较大的插槽却会造成影响。当地平面被其他的布线或过孔拦阻时,这些常态为低自感应的电流会围绕这个障碍物被分割,这时的自感应会明显增加。即使地电流不会穿过这些高频的数据流:即穿过这些线承载有高速的开关电流或快速边沿变化电流的线路,这样中断也会带来一定影响。但是如果将两个地平面互联起来,即使是使用非常窄的导线,也会使这种不良影响降低。在高频应用中,或者在电路中包含有数字逻辑边沿跳变的传输中,电流更趋向于沿最小磁通量的路径流动,也就是说沿地平面返回的电流,将更趋向于在其对应信号布线的下方集中传输。

一些电路板制造商并不推荐使用大区域的覆铜,因为这样会导致板材的变形或阻焊剂的龟裂,如果真出现这样的问题,就可能需要将这种完全的接地修改为菱形图案的接地,这样做并不会丧失它的性能。当需要在电路板的表层上将一个焊接头连接到地平面,或连接到大块的覆铜区域时,需要将这个焊盘的四周"爆开",通过一个或多个短而窄的导线将它与周围的覆铜连通。这样可以防止在焊接这个焊点时,它像散热器一样,需要更多的热量来完成焊接,从而保证焊接点的连接质量。这一方法对于内部地平面并不适用,因为金属化孔径增加了到达地平面的热阻。

4) 内部或外部层面

应该将电源和接地平面放置在四层板的外部还是内部,这是一个常见的问题。从电流返回路径控制的角度,这两种方法的效果是非常相似的,不管如何进行选择在平面上的返回电流,都只是一个存在于远离相邻信号电路的层面。

将这些平面放置在外部层面上,可以为内部的布线提供一个电场的屏蔽。这似乎是有利的,但事实上,一旦将元件安装到电路板上,这一屏蔽就被破坏了,并且它会随着元件密度的增加,屏蔽效果也随之下降,这是因为有更多的区域(包括这些元件、它们的引脚和它们的焊盘)被暴露在屏蔽层的外面。

如果将这两个提供电源和接地连接的平面放置在内部层面上,那么,将它们更加靠近地放置在一起会形成一个分布上的优点,这样它们之间的分布电感和电容会更低,这将非常有助于高频电路的去耦。当然这时也还是需要使用标准的去耦电容技术来增强这一效果,靠得越近的平面,其高频性能就越好。而将这些平面放置在外部,这个优势将会完全丧失。

因此一个通用的规则是:如果电路板只有少量的元件和大量的高频布线,例如系统底板,那么可以选择将两个平面放置在外部以获取一定的屏蔽。但是如果这个电路板拥有密集的元件装配并且需要良好的 HF 去耦(90%的电路都是这样设计的),那么这个平面应该被放置在内部。

5) 多个地平面

在多层(比如说 8 层或更多层)板结构中,不推荐设置多个层面为概念相同的接地平面,尽管这一设计可能会带来许多优点。使用多个地平面可以为每个布线面设计一个紧邻的接地层,并且使每个布线层穿过电路板的间距最小化。但这样做会导致两种必要的操作,一种是严格地限制导线在层间从一个地平面到另一个地平面进行穿越,另一种就是更切实地尽可能多地将这些平面"缝合"到一起,并通过过孔来缩短它们之间的间隔。

通过在不同的接地段周围提供"护城河"保护,以实现 $x-y$ 方向上对地平面的分隔,其本身会带来更多的问题。从本质上讲,造成问题的原因是一旦指定了不同的接地段,总会有些信号必须要穿越这个护城河从一个段到达另一个段。那么,这个信号就会经受影响本地返回路径的所有干扰。如果这些信号中包含有任何易受干扰的成分(高频或低电平)或者不管它们是否是这样的信号而又必须要保证其中每一个信号的正确性,那么,就绝对不要采取这样的设计。

6) 铜膜电镀及其修整

将需要在 PCB 外层表面上的导体进行修整,以便于元件的焊接、连接或防氧化。最为普通的表面层板的修整是热空气焊接涂匀（HASL），它将会放置一层薄的焊料，然后使用一个加热的空气刀将它刮平，并确保这个表面足够平整，以便于芯片元件的焊接。但是在另外的应用中，这一修整可能会需要镀金、镀银或镀镍，或者是覆碳墨。镀银可以被用于 RF 电路以减少电路的损耗；镀金和镀镍将用于连接器件的处理。碳墨是一种廉价而简单地对键盘连接点进行的修整处理，主要应用于对连接点的电阻率要求不高的场合，另外它也可以用于设计成精度要求不高的低规格电阻。

每个电镀过程都是独立进行的，这自然会增加裸板的成本，甚至这个成本会高于电镀材料本身的价格。电镀层的厚度可以由不足一个微米到数十微米，它完全取决于电路板的表面所需要达到的性能，比如，是否需要在其表面上进行反复性的连接操作，或只会有少量的几次连接。注意，对不需要进行电镀的区域要进行掩膜保护，并且在一些指定的电镀区域上还需要覆盖一种"可去除"的掩膜，以保护这些区域在进行波峰焊时不被玷污。例如，那些镀了金的连接器，如果没有进行这种掩膜保护，那么，在整个板子经过焊料池时，它们会被覆盖上一层焊锡，因此，这些保护性掩膜必须保留到整个装配过程的结束，然后再进行一次性的清除。

7）阻焊层

与焊料掩膜一样，阻焊层要薄一些，它是在电路板上所有的铜处理工艺完成之后所铺设的一层坚硬的绝缘物质。阻焊层不能覆盖在用于焊接的焊盘上。阻焊层主要用于防止焊盘与电路布线在焊接或随后的操作中可能出现的短路情况，并且有时它也用做防腐蚀保护层，并为那些印制在电路板上面标注说明文字提供保护。它可以是由丝网印刷上去的，也可以是由烘热熟化的环氧树脂，一种由图像曝光形成的干膜或光固化液体膜。

8）丝网印刷阻焊层

丝网印刷的环氧树脂是最好实现的方法，并且也很便宜，但相比于现在的许多蚀刻精度，它的准确度比较低。这主要是因为在焊盘的边缘与其阻焊图边缘之间，存在有 0.3～0.4 mm 的公差。这样就容易使设计人员使用比实际焊盘大的焊盘尺寸来设计它的工艺图和它的成像负片，这样的阻焊图会减少焊盘间的有效空间，并且当有一些细的电路布线在焊盘间穿越时，这些布线将不会被阻焊剂完全覆盖。这样的阻焊就失去了保护作用，它不能为紧邻的焊盘与布线提供避免形成短路桥的保护！另外，在大面积经过锡铅电镀处理的铜箔上覆盖丝网印刷的阻焊剂，可能会在电路板进行波峰焊时出现龟裂，从而导致电镀层的熔化和失效。这会破坏板子的外观，在不考虑要使用阻焊层来实现防腐保护时，龟裂在通常情况下不会对板子的性能造成影响。

9）成像膜

成像膜阻焊层有很高的定位精度，其典型分辨率要高于 0.1 mm，因此它非常适用于高密度的电路板制作。除了比较昂贵之外，它的主要问题是干膜对缺乏预处理的板子粘合力不够。因此，液体膜成了更流行的做法。

不要将阻焊层总是看作必要的（尽管对于多元件板和需要波峰焊加工的板，它是必需的）。阻焊层的使用对减少因表层污物或焊接短接而可能形成的风险是有帮助的，但它也不是万无一失的。在没有经过认真考虑或使用了一个错误的阻焊设计，它依然会带来风险。

一个为合格生产环境而精心设计的电路板是可以不需要使用阻焊层的。

　　10）电路终端和连接器

　　系统中的任何一个PCB通常都配有连接器。最简单的连接方式，就是将连接导线焊接到焊盘上。如果这个板子是经过电镀处理的，当电镀孔中的焊接和电路板两侧焊盘的黏接所形成的复合强度，足以承受常规导线的牵引力，那么这种端接方式就是可以接受的。对于非PTH电路板连接导线最好不要直接焊接到板子上，因为这些连接线的牵引力会破坏焊盘到电路板的黏合强度，焊盘会很快脱离电路板。如果一定要采用这样的方式，那么就需要确保焊盘与板子之间有较大的机械强度。

　　可以将连接用导线穿过在电路板上的第二孔，以减轻导线所带来的牵引力。使用引线桩或"鱼形垫片"。通过一个压入式的引线桩将机械牵引力直接传递给板基，这种焊盘到电路的传输可靠性是可信的。将线连接到这个引线桩上会需要更多的人工，但这通常不会是一个缺点。而鱼形垫片则更容易使用但要比引线桩更昂贵，并且由于它们不是固定在板子上的，因此它们仍然会将部分牵引力传递到连接的焊盘上。这两种方式都特别适合于制作独立的测试点。

　　使用直接线路连接器就可以立即解决这些机械连接的问题，并且也更便宜。如果在电路板上必须使用若干个连接器，并且需要经常地断开这些连接器，那么多路的PCB连接器就是一个非常好的选择。多路PCB连接器可以有这样两种形式，插接模块的阴/阳系统，或者"边缘"连接器。

　　11）插接连接器

　　有许多标准的PCB连接器可供选择，正确地进行选择是非常重要的。最通用的连接器是欧洲标准的DIN-41612系列的模块板，它由Molex开发，是一个拥有许多不同的方形引脚的栈式连接器，其引脚间距可以从1.27～5.08 mm之间可选，并且其绝缘层的剥离（IDC）类型带有PC安装头和自由插座，与外部的数据链接可以从超小型D系列到MIL-C-24308。在使用时，需要做的就是在多个制造商的产品数据单中进行比较，以找出适合于特定需要的连接器。在连接器的选择中，对品质的需求绝对是一分钱一分货。

　　如果需要连接器承载的电流很大，那么连接点上接触电阻的大小就会显得很重要。比如传导电源电流。但更为重要的是，这个接触电阻是否可以在一个相对长的时间内保持一个较低的值，并且它还可以经受住腐蚀和反复接插的操作。而这些都将主要取决于在接触表面镀金层的厚度。明智的防范措施是将多路连接器的多个连接共同用于电源和地线电流的传输，以防止因增加的接触电阻和失效的引脚所可能造成的问题。

　　需要特别注意的是，使用连接器进行插入和拔出时，可用力量的大小是有一定要求的，如果在插入连接器时需要使用过大的力量，这可能会对电路板的机械结构造成严重的损坏。而相反，如果需要拔出连接器的力量太小或插座对不能被牢固锁住，那么也将会造成连接器连接的不牢或者会因振动而松开的问题。对于设计单一导线的连接，最好为到板基的连接提供分隔开的路线，以保持对机械牵引力的牵制，而不是仅通过焊接到不同的引脚上进行连接。另外，要记住在设计图中设计出用于紧固被焊接插脚的位置，以防止在焊接前当板子承受某些张力时会将这些未焊接的连接点顶起，从而造成焊接后不可靠连接的出现。

12）边缘连接器

由于边缘连接器价格低廉，许多设计者更喜欢使用它。这是因为，这一连接器的"手指"图案是 PCB 板边布线的一部分，并通过它与接触器的单片插座相连。在这个板子连接器图的某些位置上，应该设计有一个机械形成的或被冲压出来的槽，以与插座中的空缺位置相匹配，从而保证在连接时可以以正确的方式插入到插座中，并对齐每个连接点。在插座中对应的位置则需要进行相对应的设计。这比使用与插座进行端对齐的方式要安全得多，它更为精确且不易出错。

电路板的这个"手指"必须通过镀金来防止腐蚀。这个电镀应该覆盖整个手指的顶部，否则来自边沿的长时间腐蚀将会成为一个问题。要注意这一 PCB 设计在尺寸上对公差的要求，比如为确保有正确的接触压力，电路板应具有一定的厚度，以及加工时要保证的接触精度。一个实用的技巧是，将边缘连接器上设计的多余接触点，连接到板内无用空间上的一些虚设焊盘上。当进行原型测试中发现需要更多的板间连接时，这些多余的连接点将会十分宝贵。

对于 PCB 连接器，最后一个需要强调的要点是：确保所选择的连接器类型与电路板的工艺是一致的。有许多高密度的多行引脚连接器，其引脚的间距要小于 2.54 mm。这时，需要在外部引脚行与内部行之间使用很细的电路布线来进行连接。这样，它们可能带来的问题是，在进行安装时，生产部门会希望有比指定尺寸更大的孔径来进行安装，而这样做的结果，会要求这些电路的布线更细。除非真正需要设计短小的电路板，否则尽量不要使用高密度的连接器。

1.5.4 板子装配

1）表面安装和过孔

将元件安装到板子上有两种方式：

（1）表面安装（SM）：表面安装器件（SMD）只有连接点区域而没有引线，它们只能由焊料来将其连接点固定并连接在板子的焊盘上。

（2）过孔安装：元件的引线通过板子内的过孔进行安装。这样的元件会比较大，使用它的结果是单位面积内的元件密度会比较低。

由于表面安装的优越性，目前采用表面安装技术（SMT）进行的装配大约占到了 90% 的比例，而剩余的部分则仍然是过孔装配，过孔装配并没有完全消失。

SM 结构相对于过孔结构的优缺点，可概括如下：

优点

① 大小：可以获得非常高的组装密度。如果需要，元件可以被安装在板子的两侧。这通常是过孔装配所不可能实现的。

② 自动操作：对 SM 元件的放置和处理，完全可以由机器自动完成，因此，很适合于大规模生产的产品。这样单个产品的组装费用可以降得很低。

③ 电气性能：电路尺寸的缩小，带来了更高的线路速度和/或较低的干扰系数。在较小的封装中可以形成更高性能的电路，其根本是为满足市场的需求。

缺点

① 投资:要完全实现产品生产的自动化,需要在机械设备方面投入大量资金。

② 经验:一家公司不可能一夜之间就加入 SM 产品的生产队伍中。因为在设计和生产过程中的每个阶段,都会有大量的特殊技术和方法需要学习。

③ 元件:元件的大多数类型都可以用 SMD 来实现,但仍有部分是需要用过孔安装来设计的特殊类型。例如,大功率的大型器件就不能用于表面安装。

④ 机械结构:传统上,任何等效的电子元件,其管脚分布也基本是等效的。而对于 SM 器件,机械结构上的等效与电子功能的等效是同样有害的,因为表面安装对元件的放置和焊接工艺要求更加严格。这个问题可能会导致电路不可靠性以及元件选择难度的增加。同时,元件自身的可焊接性和储存周期也会成为主要的问题。

2) 测试、修理和返工

在测试和返工有问题的 SM 板时,可能会使用镊子、热气枪和放大镜等工具。而测试和返工过孔装配的电路板则要容易得多。这需要在生产周期的后期准备出额外的开销和培训费用。

对于一个想要自己生产 SM 产品的公司来说,其项目建设的投资要远远超出用于产品生产的设备本身。因为投资还要包括:CAD 设计工具,存储和购买系统(用于减少元件的库存),测试设备和维修站,还要加上长时间的再培训,这一切需要相当大的投资。如果公司产品的赢利不能与这个投资相匹配,那么,许多公司宁愿使用转包合同,租用装配车间来完成生产,尽管这样他们的利润率可能会有所损失。使用转包服务的最大好处是,产品设计公司在进行投资之前,有时间来体验 SM 技术,并以此产品来占有一定的市场,同时获得许多相关产品的生产经验。而在另一方,生产这一产品的工人并不会从这一过程中得到更多的经验。

与传统产品的制造相比,在 SM 产品研制过程中,设计、装配和测试阶段彼此联系得更为紧密。其产品的成功研制,是与装配、测试以及 PCB 布局和所采用的设计规则紧密相关的。

3) 表面安装设计的规则

在表面安装的设计中,所使用焊盘的面积和间距是与元件本身及其连接点都紧密相关的,并且它还取决于板子所采用的焊接方法。对元件的装配有两种方法,一是将元件放置在黏合剂的圆点上,先固定好,然后进行波峰焊接,另一个方法是把元件放在一个被印制在焊盘上的带有焊料黏合剂的薄膜上,这时,焊料黏合剂将元件轻轻保持在安装位置上直到它被熔化,加热方式既可以使用红外烤箱也可以用热蒸汽。

(1) 焊接过程

如果板子采用的是波峰焊接,那么,IC 插件布局应该沿着板子走向的方向排列,应与波峰相垂直,最小间距应该被保证。这样做可以优化焊接和连接质量。由于考虑到生产过程中的公差,焊盘面积应当设计得大一些,一旦黏合剂定位了,器件的绝对位置就不能再改变了。波峰焊接的优点是,如果表面安装的器件和常规元器件是分别安装在不同的面上,波峰焊接就能同时完成对两种元件的焊接。这时,SM 元件安装的最大高度将由板子通过焊锡波峰时焊锡与板子的间距大小来决定。

蒸汽焊接或红外焊接都可用于装配有高密集布局和较小焊盘的电路,在这里焊接进行的方向并不重要。当焊料黏合剂熔解时,表面张力会将牵引位置偏离的元件返回其焊盘的位置,因此在这里位置上的偏差并不是问题。反而对于放在一起的元件因不同的高度所引起的遮挡却可能是一个问题,因为具有不同热反射系数的大、小器件所引起的遮挡可能会改变热反射的性能。对板子的布局必须要考虑所使用的焊接方法,以及合理的公差设置及元件本身所可能带来的问题。如果将用于波峰焊接的焊盘尺寸用在熔解焊料的设计中,那么焊接连接质量将会受到很大的损害。多数电路设计者会根据不同的焊接系统使用不同的焊盘尺寸。

(2) 印制电路板的质量

与安装过孔元件的电路板相比,在这里要更加强调对印制电路板的最后处理。其关键点是要求表面平坦,由于元件尺寸缩小了,而且好的焊点质量主要依赖于连接点与焊盘之间的接触程度。而阻焊剂对焊接过程的影响也很重要。照片成像胶片抗蚀剂更易于进行薄膜印制,因为它们的厚度很好控制;同时其焊接掩膜口的公差也可以达到很高的精度。抗蚀剂一定不能流到焊盘上。对焊盘上镀锡/连接点进行的热空气平整处理通常可以防止常见的镀锡/连接点因熔解而形成的表面凸起。

(3) 热应力

不同的热膨胀系数会对某些 SM 元件带来潜在的不可靠性。芯片电阻器和电容器,无引线芯片载体(LCC)大多是用陶瓷基材制成的,它的热膨胀系数与环氧树脂玻璃纤维的热膨胀系数不能很好地匹配。起初这样的元件是为那些使用陶瓷基底的混合电路,以及可能有良好热匹配电路而开发的。由于这些元件的连接点是直接沉淀在陶瓷上的,因此在连接点(在焊接点处)之间和上面的情况一样存在膨胀系数不一致的问题。其结果会是在加热工序中所形成的张力就可能会导致元件本身或被焊接的布线产生断裂。

因此,在环氧树脂玻璃纤维板上不应该直接地大量使用陶瓷或 LCC 元件。但是,带有引线的 SM 元件就不会有这样的问题,例如外形比较小或扁平的集成电路,这是因为这些元件在焊接点和器件封装之间连接有一个缓冲引线。具有 J 引线结构的带引线的塑料芯片载体(PLCC)也因同样的原因可以被使用,此外,小的陶瓷芯片元件也可以使用,因为它们的尺寸很小。

(4) 清洁与测试

与过孔装配电路板相比,要清洁 SM 板将更为棘手,因为在器件的下方基本没有间隔空隙。而焊剂的污染物却可能会进入到间隙中,使用常规的清洁方式很难清洗干净。因此需要花相当多的时间来处理曾经不必清理的焊锡焊剂。

可测试性是另外一个需要注重考虑的因素。将测试探针直接放置在元件连接点上进行测试,将是一个很糟糕的坏习惯。这样做除了会损伤元件,施加在探针上的压力也可能导致错误短接而造成故障。所有的测试节点都应该被设计在单独的、没有元件连接的测试焊盘上,最好是在板子上元件的另一边。这些焊盘应该在板子上有一个额外的空余空间,它们的直径一般不能超过 1 mm。而测试双面的且密集装配的 SM 电路将会是一场噩梦。

4）插件位置

放置元件和 IC(Integrated Circuit)时要综合考虑电气和机械性能的要求。通常，首先要保证元件间的布线必须要短且直，只有找出最优化的位置，并精心进行布线才能达到这个目标。这时，还要考虑散热的需要，例如，精密元件通常不能紧挨着耗能大的元件，否则，就要仔细考虑因散热可能带来的问题。

除了个别的需求，可生产性是一个常常要考虑的问题。作为产品电路的设计者应该与产品生产和产品服务部门之间保持经常性的联系，以确保所设计的产品易于生产和修理，并且造价更便宜。而元件和器件布局规则应该考虑产品生产部门的实际能力。一些要考虑可生产性需求的示例如下：

当元件和器件都使用相同的方式并放置于有详细定义的格子上时，挑选－放置以及自动－插入机器就能良好运转。

小型的管状元件（电阻器、电容器和二极管）应该符合单一引线斜角以减少要求的加工面，只要是一个恒定的量（通常是 10.16 mm 和 12.7 mm）就没有影响。

如果所有的 IC 都沿同一方向放置，则检查起来就会容易很多，即每个 IC 的管脚 1 都是朝向板子的同一方向，同样地，所有的有极性的元件也最好都朝向相同的方向。

元件间的间距应该设计成可以让测试探针和自动插入引导器能接近到每个元件的周围。

元件距离板子边缘的间距决定于加工处理和波峰焊接机械所需要的空间，这可能需要在一个或两个板子的边缘处留出一个清洁区域（有时称为"堆栈边缘"）。

如果这个板子是波峰焊接的，相邻管脚排的方向最好是与焊接运动的方向相对，并与波峰平行，这样可以减少管脚或焊盘之间被焊连的风险。

5）元件标识

大多数的 PCB 设计都会有图例，通常是黄色或白色的，元件侧的丝网印刷描述了元件的位置。如果器件单元的装配是依赖人工插入的话，这一方式就非常有用，但设计它的主要目的是为了帮助测试和服务人员在需要时查找板子与电路图的关系。对于低到中密度的板子，通常能发现每个元件旁边的空白处都会有其编号指示，但随着板子装配密度的增加，标注难度也随之增加。在元件下面只印上它的 ID 则对于服务工程师不会有什么帮助，而如果元件的放置是机器完成的，那么这些标注对于产品生产部门也没有什么用。特别是，如果板子几乎都是由小型或 DIL 集成电路组成的，则可以使用位于元件一侧的布线工艺图上的坐标参考来进行识别。因此，应该考虑在高密度板子上是否值得为添加印制图例而支付额外的费用。

如果需要制作图例，那么在成为图例制作大师时要牢记一些要点。如果允许，应该将图例放置于相对平坦的表面，而不要将它们设置于布线或焊盘边缘上；不平坦的表面会使印制质量下降。绝对不要在钻孔（及允许的公差内）上覆盖印制墨水，或在它的附近使用。即使这个孔不是一个用于焊接的孔，这些孔会使未印上的墨水堆积在丝印上，反复几次后会留下一个污渍，从而影响图例的可读性。如果电路板的某个区域中有许多过孔，应该将其他的过孔也加到这些位置上,形成一个"棚户"区,以保留一定的区域用于绘制图例。

极性指示

在图例中指示元器件可以有几种方式。实际上,使用这些方法的唯一目的就是方便辨认在不同位置上的元件,这样可以方便检查员、测试工程师和装配操作人员的工作。一旦某一种方式被确定了,就应该坚持使用这一标准;在不同的板子上(或在同一板子上)使用不同的极性标注方式肯定会使操作人员错误操作并导致板子的报废。

1.5.5 表面保护

在 PCB 电路板的表面,裸露的相邻布线导体间的绝缘电阻取决于布线的结构、基料的表面电阻、板子的工艺及环境条件,特别是温度、湿度和污浊度。对于一个表面没有污染的板子而言,两个并行导体间的绝缘电阻可由下式推导:

$$R_i = 160 R_m \frac{W}{L}$$

式中:R_m——材料在给定温度下的表面电阻值;

W——布线间距;

L——并行导体的长度;

表面电阻的偏差

通常这个偏差值可以达到数吉欧姆,对于大多数电路,这个偏差可以被安全地忽略掉。偏差的实际值可能是测量不出来的。由于电镀和焊接过程以及灰尘和其他表面的污染、水分的吸收和温度的变化等,都将导致绝缘电阻的减小。在正常的操作条件下,常能观测到的偏差会在 10～100 倍之间变化,而在严酷的环境下绝缘电阻值会减小很多。

在设计高阻抗或精密电路时,不能不考虑表面阻抗的变化。在认识到这个问题之前,表面阻抗变化的影响可能会表现得很神秘,而且很难被查明,这包括电路参数会随时间、板子的加工、气候(相对湿度)、位置、装置方向的不同,以及其他通常情况下不被认为是相关因素的变化而改变。比较常见的表现是在高输入阻抗放大器上直流偏置的改变,以及长时间常量积分器不可靠的计时等。

1)电路设计与表面阻抗

对应表面阻抗影响的对策有很多。最有效的策略是保持所有电路的工作阻抗尽可能低,以便将在兆欧姆范围内的不稳定并联电阻的影响减小到最小。而有些情况是无法选择的,比如低功率电路和传感器的输入部分。在另一些情形下,将电路的工作原理适当地改变可能会是有益的;长时间的常量模拟积分器或取样与保持电路都可以使用数字当量来替换,而这样设计的精确度和可重复性都会有所改进。

如果必须要设计一个特殊的需要高阻抗输入的电路节点,可以把它放到一个远端的 PTFE(聚四氟乙烯)绝缘体中,并通过引线来保持与电路板的距离。PTFE 可以在污染的环境中仍然保持非常优良的表面阻抗。或者减小这段高阻抗印制电路布线的长度,并增加它们与其他布线之间的距离,从而获得明显的改善,但这样做是要以牺牲装配密度为代价的。简单的高阻抗节点附近,这时在高阻抗电路中就会形成一个不希望的潜在的电位分压器,它会将偏置电压提升到无法预见的数值。这样的电源线应该布放到其他位置。

2）保护

防护的下一个层次就是保护。保护技术允许高阻抗节点所引起的某种程度损耗，通过布设一个与同电位低阻抗节点的传导布线，可以使高阻抗节点周围的干扰电流最小。就像类似的自举电路技术一样，如果两个节点间的电压差被限制得很低，则它们之间的表面电阻就会被放大。保护基本运算放大器输入配置的电气连接和印制电路布局如图 1.5.4 所示。保护可以有效地吸收其他布线带来的损耗，减少了可影响高阻抗节点的区域。

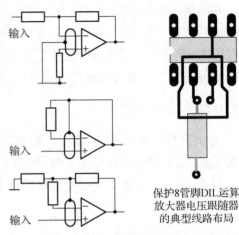

保护8管脚DIL运算放大器电压跟随器的典型线路布局

图 1.5.4　对不同的运算放大器配置的输入保护

在双面板的设计中两个面都应该设置有保护。尽管保护实际上只是消除了表面的损耗，但它对大多数由板子所带来的损耗却没有什么效果；好在由表面污染所造成的损耗其数量级要更大。保护布线自身的电阻远没有表面电阻重要，但较宽的保护布线将改善其自身的阻抗性能。

保护是一个非常有用的技术，但显然它需要在电路设计时进行特别的考虑。通常在早期设计阶段，当匹配对表面电阻变化很敏感的阻抗时，就应该考虑使用保护。然后，就可以不再关注这个问题了。

3）保形涂覆

如果上述的方法都不能解决问题，或它们都不适用，或者板子的工作环境很恶劣（相对湿度接近 100%，存在导电的或有机的污染，有腐蚀性气体），那么就必须进行保形涂覆。但也不能轻易地做出决定；先试试其他的方法。涂覆会增加许多工作量以及生产成本的提高，下面将概括其原因。

注意，保形涂覆不同于密封或封装，至少从产品生产的观点来看，它是不需要的。密封是用固体混合物填充整个单元，其最终的结果看起来更像一块砖，常用于防止第三方研究电路设计的工作原理，或满足安全性的需求，或为了环境和机械方面的保护。很差的单元灌封其结果可能也像一块砖：因树脂硫化而具有不同的热膨胀会使不太稳固的印制电路布线产生裂缝，这个故障所造成的结果是不可修复的。保形涂覆是在板子上涂覆很薄的透明树脂涂层，板子的轮廓和元件依然清晰可见。它只提供环境保护，偶尔也能满足安全性标准的要求，但很少因此而这样做。

保形涂覆保护主要指环境中的公害，即湿度。普通的涂覆类型，如丙烯酸树脂、聚氨酯、环氧树脂和聚硅酮都具有防潮性。多数能防护普通的化学污染物，如焊剂、脱模剂、溶剂、金属微粒、接头润滑油、食物和化妆品、盐雾、灰尘、燃料及酸。丙烯酸树脂对化学腐蚀的防护不如其他材料。当板子的表面绝缘特性决定了布线的间距时，在这些布线间距上不允许使用保形涂覆，当然只有正确恰当的设计，才会减少由于环境因素造成的这些特性的降低。

（1）涂覆前的步骤

首先,保形涂覆,要封内也要封外。板子的清洁和保持较低的湿气是极为重要的。如果有剩余污染物留在薄膜下面,腐蚀和降解将会持续进行,并最终使涂层失去作用。在涂覆之前至少要立即执行下面的三个步骤:

（1）在溶剂槽中进行蒸汽脱脂(注意要更加关切环境的污染和臭氧的损耗,传统的清洗液,尤其是CFC,正逐渐被禁止使用)。

（2）在去离子水或含四乙铅的汽车燃料/异丙醇的酒精中漂洗,以溶解掉无机盐。

（3）在烘箱中烘烤两个小时,温度设置在(65~70)℃(如果元件允许在更高的湿度下)以除去残留的溶剂和水分。

清洁并烘干后,组装时必须要戴橡胶手套或棉手套。如果在涂覆前被清洁的板子要置放很长时间,它们就会又吸收空气中的水分,因此应该用密封袋把它们包起来。

（2）实现

涂覆可应用浸渍或喷雾的方法来实现。操作过程必须仔细控制以形成均匀完整的涂层。操作时的黏度和速率是两个关键因素。至少要涂两层,最好是三层,每一层之间都要进行风干或烘箱干燥,每层上都不能有针孔。涂层材料中的胶黏剂的寿命(在放入处理设备之前的有效时间)是一个关键参数,因为它决定了应用过程的经济性。基于系统的单一成分的溶剂在这方面要胜过由两部分组成的树脂,也是因为它们不需要测量和混合,从而造成不同操作者间的误差。另一方面,基于系统的溶剂要求较高的防护措施,以预防伤害操作者的健康,并防止溶剂的燃烧。

几乎所有的板子都要在涂层中为连接器或元器件和控制装置保留空间。除了考虑这些无防护区可能遇到的环境损害问题外,这些开放的区域需要在板子涂覆前进行遮蔽,并在涂覆后去掉遮蔽层。使用手工遮蔽带或半自动化的基于乳胶的触变遮蔽材料,是实现遮蔽的两种方式。

（3）测试和返工

最后,一旦板子涂覆好了,剩下的就是比较困难的测试、返工和修理工序。由于涂覆后就不能再使用测试探针了,所有的产品测试都必须在涂覆之前进行。丙烯酸树脂和聚氨酯可以进行焊穿或溶解以进行有限的返工,但其他类型的树脂则不行。在修改之后,必须对涂覆的损坏区域进行清洁、干燥和再次涂覆以达到适当密封。通常,在选择特殊的涂覆材料类型时,易于返工并易于涂覆操作是重点要考虑的因素。

这就清楚地解释了为什么保形涂覆在生产部门不受欢迎了。劳动的密集程度很容易增加指定装配工序的生产成本。这些问题只有在仔细权衡后才能最终决定。

（4）源板和工艺图

此处,对板子加工设计进行简短的说明。其中,主要涉及两个阶段:工艺图及相关文档的绘制和制板。

工艺图包括板子的布线和阻焊剂的模板图、钻孔的方位图、元件图例和尺寸图。模板是由照相方式产生的,通常可以直接由CAD输出。工艺图也可以利用CAD系统来绘制,或者将这个工作交给专门研究印制电路工艺图的单位,它们有自己的CAD系统。这两种方式各有益处。

仅通过其他单位来完成工艺图的输出,其现实益处并不多。从本质上讲,这些单位中的职员都是具有较高技能的并且技术熟练的布局设计人员,通常他们会拥有最新的最可靠的 CAD 系统,他们能够在更短的时间内设计出品质优良的电路板。甚至,他们可以在你不熟悉的 PCB 设计的关键问题上,提供相关的指导。对于全新的表面安装设计技术,或有较高性能要求的电路,如高速电路中的关键布线,这些帮助都是非常重要的。可以为客户提供优质服务的单位在交货时间上会非常灵活。甚至其收费还要低于本单位内部的费用,这是因为这些单位可以更有效地利用它的资源。最后,通过与板子制造商密切合作的单位将能绘制出与制板工艺要求很好吻合的工艺图,从而将你从额外的且可能很不熟悉的制图设计的负担中解脱出来

通过其他单位可能有三个不利之处。第一,是保密性。如果将设计拿到外面去做,无论这个单位怎样做出保证,产品的保密性都会受到损害。第二,当将来修改设计时,所有的工作都需要在该单位完成,除非自己偶然也有一个相同的 CAD 系统(但即使是同一系统的不同软件版本,也可能存在不兼容问题),这样做的风险是这个单位对以后的设计修改可能不会像第一份工作那样有出色的表现。对此,必须根据该单位过去的表现来进行衡量。第三,还可能丧失对最终布局的控制权。也许这并不是很大的威胁,可以通过在布局设计工作过程中进行相应的检查来解决。但这需要就近选择一个设计单位,因为要避免因中期检查而频繁地往返。或者也可以在整个过程中规定若干阶段,并要求使用 E-mail 来完成对设计工作进展情况的检查。这样,即使没有相同的 CAD 系统,也可以通过免费获得的 GCPrevue 软件,以标准的 Gerber 格式来查看设计的工艺图。

但更重要的问题是,将设计拿到外面去做,会强迫自己接受非常有益的训练,即必须非常仔细并且非常详细地说明设计的要求。因此,这会要求在设计的初期就要进行十分严谨的构思规划,这对日后的工程是十分有益的。

(5) 制板

对加工 PCB 厂商的选择也是不能大意的。应该从他所能提供质量、制作周期和价格等多个因素来综合考虑。由于完成这件工作会需要花去大量的时间,因此当同某个厂商一旦建立了合作关系后,将这合作关系最好保持下去,除非他的产品让你特别失望。任何一个制造厂商都会非常乐意地介绍其产品的特性,并准确说明其可以达到的加工工艺的极限。选择经过质量评估的或有严格公司管理制度的加工商,可以得到更多的产品质量保证。当有多家厂商参与竞争时,选用有质量认定的厂家并不会花费更多的投资。

实验用的开发板与批量生产产品电路板之间存在着很大的不同。在电路板开发实验阶段,可能会需要一些少量的制板,通常这个数量不会超过 6 块,并且会希望它们可以被快速提供。几个星期后你可能会发现存在的若干个设计上的错误,因此,会需要制作另外的 6 块电路板,而且还可能会要得更急,因为时间已经不多了。对于普通的两面 PTH 板最快的制作周期也需要 4～5 天,而这样的"加急服务"价格也会是交货周期为几周批量板制作费用的 2～5 倍。

有时,可能会遇到可以提供多样产品服务的厂商,他们既可以做成品板也可以做实验

板。通常,大多数的厂家要么精于实验板的制作,但不能为批量生产提供一个好的价格,要么相反。如果你更倾向于选择可以承诺更快地完成实验订单服务的厂家,那么,就会需要设法向采购部门解释为什么这个厂家不能给后面批量生产的产品一个最低的价格。让人感到为难的是,在某些情况下这一选择需要在某些约束下来完成,如保证一定的质量水平。同时,这里可能还会存在一些对你来说可能并不重要但采购部门必须做出折中的选择,而这些选择又会影响到整个设计过程。

制板厂商除了制板工艺,还需要得到一个更多规格要求的列表。常见列表应该包括以下内容:所有覆铜板层的工艺图、焊料层的工艺图、在哪里使用凹层、脱落层和碳层等、钻孔数据、适用单个 PCB 或 PCB 面板的绘图、所用材料规格的详细说明(通常可以参考制板商自己的标准材料)、必需的金属抛光、焊料和凹痕(类型和颜色)、板层的详细资料、测试要求。

通常内部都有一个可用于所有板子的样板规范说明,它以标准方式说明了所有这些要点,因此只有在特殊板子的深层设计中才会考虑其中的不同之处。

1.6　电源

任何电子产品在工作时都需要电源,它可能是交流电源,也可能是直流电源,并且其电压可能从几伏到几百伏不等,其重要性不言而喻,然而却又常常被忽视。它是来自外界噪声、变量以及不明功率源与理想的具有明确要求的内部电路之间的接口。基于需要,本部分所讨论的电源为常规的交流市电电源以及电池。

1.6.1　线性电源与开关电源

线性电源的组成模块有:
● 输入电路:调整输入电源并保护电源电路,一般包括电压选择器、保险、开关、滤波和瞬态干扰抑制器。
● 变压器:将输出电路与交流输入隔离,并将电压降低或提升到所需的电压值。
● 整流器和保持器:将变压器的交流电压转换为直流,抑制直流中的交流纹波分量并且当输入中断时确定输出的保持时间。
● 调节器:输入和负载波动时,能稳定输出电压。
● 监控管理:保护输出端过电压和过电流,并向其他电路发出信号表明电源的状态,在简单电路中常常省略掉。
隔离式开关电源的优点是省略了 50 Hz 的市电变压器,并用一个工作在高频,一般为 30~300 kHz 的开关电路来代替。这样极大地减小了电源的重量和体积。它的结构与线性电源稍有不同。输入电路作用相同,但是需要一个较高的滤波电路,输入电路之后紧接着就是必须能在整个线电压范围内工作的整流器和保持器。整流器和保持器的输出输入到开关单元,开关单元在某一确定的频率下将高压直流电降到所需的电压。

这里变压器的作用与线性电源中的变压器相同,但它的输入是高频方波而不是低频正弦波。次级输出单元只用较小的存储电容即可。因其输入为高频,电压的调节是通过输出端的反馈来控制开关的占空比实现的;反馈回路必须独立才能保证输出电路与输入电路的完全隔离。若需要监控功能,则可以把它与调节电路结合起来。

1.6.2　技术说明及输入输出参数

● 输入参数:最小和最大电压;

　　　　　　最大允许输入电流,浪涌和连续电流;

　　　　　　交流电源的频率范围、允许的波形失真和产生的干扰。

● 效率:在整个负载范围内和边界条件下输出功率与输入功率之比。

● 输出参数:最小和最大电压;

　　　　　　最小和最大负载电流;

　　　　　　最大允许纹波和噪声;

　　　　　　负载和边界管理;

　　　　　　瞬态响应。

● 特殊条件:输出过载时的工作状态;

　　　　　　瞬时输入条件下,例如尖峰、浪涌、急降、中断时的工作状态;

　　　　　　开关闭合与打开时的性能:软启动、休眠中断。

● 机械参数:尺寸和重量;

　　　　　　湿度和环境要求;

　　　　　　输入和输出连接器;

　　　　　　屏蔽。

● 安全操作要求。

● 价格和可用性要求。

1) 电压

中国大陆一般使用 220 V 的交流电,英国一般使用 230 V 交流电,美国使用 115 V 交流电,其他各国也稍有不同。

电源电压的变化范围一般为±10%,有时为+10%～−15%。电源电路必须能有效地适应和处理这种波动情况。

2) 电流

输入的最大连续电流要根据输出负载和电路的转换效率确定。这个参数决定了输入电路各元器件,尤其是保险丝的额定值。必须确定输出过载时,输入电路的保险丝是否需要断开,或者其他保护方式起作用,比如输出限流。如果输入保险必须断开,则需要清楚了解在输入电压的整个范围内输入电流的特点。可能满负载时的最大电流与保险烧断的最小过载电流差别很小,而选不到合适的保险丝,一般期望的熔断电流与最大工作电流保持 2:1 的比例。当出现故障时输入保险只能保护输入电路。因此,必要时可增加次级电路的保护措施。

3) 保险丝

保险丝的主要特性:

（1）额定电流 I_N：它是使用时用来描述保险丝特性的值，并标在保险丝上。对 IEC60127 标准的保险丝，它是保障能连续承载且不熔断的最大电流，也不会达到太高温度，一般为保险丝最大熔断电流的 60%。对美国 UL-198-G 标准的保险丝，它是最小熔断电流的 85%～90%，因此，在额定电流下，保险丝的温度较高，保险丝恰好能达到熔点时的电流是最小熔断电流。

（2）时间-电流特性：预熔断时间（pre-arcing-time）是从加上大于最小熔断电流到开始产生电弧的时间，该时间与保险丝承受的过电流大小有关系，制造商一般会提供时间－电流特性曲线，该曲线中的保险丝承受电流对额定电流进行了归一化，该特性有几种如图 1.6.1 所示不同种类：

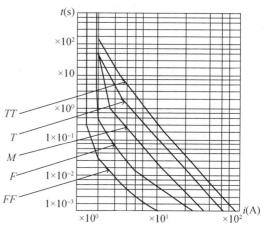

FF：非常快速反应型；

F：快速反应型；

M：中等延迟型；

T：延迟型（或称为抗浪涌型，慢速反应型）；

TT：长时间延迟型。

图 1.6.1　保险丝的典型时间-电流曲线

一般情况下，F 型或 T 型就能满足使用要求，在可能的情况下，最好选用这两种类型，因为这种器件很容易得到。FF 型主要是用于保护半导体电路。

保险丝的总操作时间是预熔断时间和电弧保持时间的总和。一般要切断大于额定电流 10 倍以上的大电流时，电弧保持时间必须要加以考虑。

能熔断保险丝的短时浪涌所需要的能量由 i^2t 决定。如果应用中存在脉冲或浪涌，应该查阅保险丝的额定 i^2t 值。一般情况下，脉冲的 i^2t 值要小于保险丝的 i^2t 额定值的 50%～80%，保险丝才能保证不被熔断。

（3）阻断容量：阻断容量是在额定电压下，保险熔断所需的最大电流。保险丝的额定电压应该超过系统的最大电压。要选择恰当的阻断容量，必须要知道被保护电路的最大预期切断电流。在接市电的电子产品中，该电流一般要根据电源之前的第一个保险丝的特性确定。圆柱形保险丝分为两种：一种为高阻断电流保险丝，这种保险丝中填充沙子来灭弧，其阻断电流为 1 000 A；另一种为低阻断电流保险丝，内部无填充物，阻断电流为几十安或更小。

（4）开关闭合浪涌电流或瞬间起峰电流

最大持续电流通常小于开关闭合时的输入电流，市电变压器有一个缺点，即电源刚刚作用到电路上时，它具有较低的阻抗。当电压作用到初级线圈上这一时刻，初级电流只由电源电阻、初级线圈电阻和漏电感决定。

对环形铁芯变压器，当市电电压在周期的正峰中间点开始作用于电路上时，其作用结果非常值得重视。一般市电电源的内阻极小，所以电流只是由保险丝和变压器初级线圈的内阻决定的。环形铁芯变压器的效率特别高，并且可以稍微扭转一点方向以使其串联电阻和漏电感变低;浪涌电流可达到正常工作电流的十几倍。在这种情况下,保险丝常常会熔断。实际的浪涌电流值与开关闭合时波形所处的位置有关,而且是随机的。如果该位置恰好在过零电压值附近,则浪涌电流很小或为零。因此如果不进行完全测试,该问题可以忽略。

该电流的另一个部分是由于电源存储电容未充电时,其阻抗很小,因此会造成次级线圈过电流。这是构成浪涌电流的另一个分量。同样,对隔离式开关电源,因存储电容器直接由市电调节器充电,因此,也要考虑瞬时起峰电流。为保护输入部件,可能需要增加非常复杂的"软启动"电路。

可以用几种方法解决这个问题,其中一种是采用抗浪涌或延迟型保险丝(T 型或 TT型)。如果瞬时起峰电流持续几十或几百秒,则保险的熔断电流大概是额定电流的两倍,但如果过电流持续几毫秒,则在短时间内可承受额定电流的 10 倍或 20 倍的过电流。尽管如此,确定保险的大小也非易事,因为既要在正常使用时不会熔断,又要起到保护作用,尤其是在可能出现浪涌电流和工作电流比值较高的情况下。有一种可复位温控电路切断器有时比保险丝要好,主要是因为它本身对开关闭合的浪涌不敏感。

(5) 限流

更好的办法是使用负温度系数的电热调节器,安装时要与变压器初级线圈和保险丝串联。这种器件具有较高的初始电阻,它可以限制瞬时起峰电流,但在这一过程中会消耗能量,于是温度就会升高。当温度升高时,电阻又会下降。当电阻下降到某一值时,消耗的功率与低电阻平衡。此时,所加电压大部分作用到变压器上,加热时间为 1~2 s,在此期间初级电流会逐渐增大而不是立即增大。

具有上述特点,特别是用作瞬时起峰电流限制器的负温度系数温度调节器,已经产生出来,也可用于开关电源的输入、电机软起动和白炽灯。尽管自动限流器的概念很有吸引力,但也存在三个重要缺点:

● 因器件在升温状态下工作,所以很难在环境温度等变化比较大的条件下使用;
● 正常运行时温度较高,因此,需要通风并远离其他热敏器件;
● 冷却时间较长,大约几十秒钟,因此,无法对短时的电源中断提供较好的保护。

(6) 正温度系数温度调节器限流

处理瞬时起峰电流的另一种方法是用正温度系数温度调节器代替保险丝。其特性为:假设电流低于某一给定值,则温升可以忽略,器件保持低电阻。当电流大于给定值又小于故障电流时,温度调节器明显加热,于是电阻增大。当电流降到某一值时,电流和电阻达到平衡状态。这种器件对电击不起作用,因此,不能在任何应用中都替代保险丝。但是因其自身对浪涌不敏感,所以能对变压器线圈起到局部保护作用。

更复杂的方法是利用三端双向晶闸管开关元件,恰好在过零点时刻接通交流输入电压,这样,开关闭合时的特性是可预测的,如果将电子开关用到备用控制上也很有意义。同样,对直流输入电源,可以用功率场效应管对电路接通时的电阻进行控制,其他方法还有反极性保护电路和备用开关电路。

1.6.3 波形失真和干扰

1) 干扰

设备内部能产生电干扰并通过电源端口传输出去,一些国家已对一些产品的干扰制定了规章制度进行管理,并且随着欧洲 EMC 规程的实施,所有电器、电子产品必须强制满足干扰限制。降低这类干扰的一般方法是在市电电源入口处加上一个射频滤波器,但主要还是采用优化设计手段。一般情况下,干扰主要是由开关电源造成的,因为它在开关频率的谐波甚至在高频处都能产生较大的干扰电流。为满足干扰限制条件,就需要安装体积较大的滤波器,从而使开关电源在尺寸和重量方面的优点被抵消掉了。

2) 最大电流叠加

负载电路中,有一部分是基于半导体的仪器设备,对供电系统来说,也是越来越值得考虑和重视的问题。因为这种器件造成的负载电流是脉冲电流,而不是正弦电流。为了给电源中的存储电容充电,只有在输入电压的峰值处,电流才流过。对于正弦电流,有效值与平均值的比为1.11。而对图 1.6.2 所示波形,该比值就非常大。

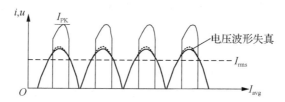

图 1.6.2 电源的整流器或存储器的最大输入电流

最大负载电流 I_{PK} 与有效值 I_{rms} 之比叫波形因数,由存储电路的输入阻抗决定。阻抗越低,存储电容充电就越快,造成输出电压的纹波也就越小,最大电流 I_{PK} 的值也较大。

波形因数的意义是,它影响电源网络的功率处理能力。对于给定正弦电流有效值的网络,若其负载具有较高的波形因数,则网络会有相当大的额外损失。干路的阻抗不可能为零,结果使网络在所有峰值处产生额外的电压降,这就是波形失真,也就是正弦波的波峰变得平坦,这是一种谐波失真,其失真程度与其他负载和网络中元件的敏感度有关。

在大型系统装备中有许多电子电源,它们有非常大的输入电流且来自同一个电源,这是产生波形失真的主要原因。在民宅中,电视机的开关电源是主要的罪魁祸首,在商业建筑中,电脑的开关电源、显示器和带电子镇流器的荧光灯就更严重了。电流最大值总是同时出现并且相互叠加。网络能非常容易地承受部分高波形因数的阻性负载,如电暖器、白炽灯等。

3) 功率因数校正

为了控制输入电流波形的尖峰,最好是根据 EMC 规范中欧洲现有的法规以及它的谐波成分来描述波形尖峰。欧标 EN61000 - 3 - 2:2000 对市电输入电流的每个谐波幅度进行了限制,最高可达到 40 次谐波(对 50 Hz 的市电,其40 次谐波的频率为 2 kHz),但这种限制实质上对输入电流小于 16 A 的所有电器电子设备都适用(尽管除照明设备外,额定功率小于75 W 的产品不受限制)。这种限制虽然不是特别难以达到,但如果不对输入电流进行一些处理,开关电源绝对不可能达到这种要求。这个处理通常称为功率因数校正(PEC)。

此处功率因数是实际功率,即通过电源传输到负载的有关损耗功率与市电的视在功率之比。视在功率即电流有效值与电压有效值的乘积。纯电阻性负载的功率因数为1,但因尖峰增加了电流的有效值,所以具有尖峰状波形的电源的功率因数就可能降为 $0.5\sim0.75$。将功率因数校正接近为1就要使输入电流的波形与正弦波几乎相同,这样才能大大减小谐波分量。采用手段是直接在市电输入处增加一个转换预调节器,该调节器一般采用升压的结构。

1.6.4　频率与效率

中国、英国和欧洲的市电频率为 50 Hz±0.5 Hz,美国的市电频率是 60 Hz。对于必须在另外一种供电标准下工作的设备(例如为欧洲供电标准设计的设备),频率的差别一般不会产生问题,因为能在 50 Hz 频率下正常工作的市电变压器和存储电路在 60 Hz 下也能工作。电源电路在 60 Hz 下对电源电压下降的灵敏度比在 50 Hz 下要小,因为纹波幅度是 50 Hz 下纹波幅度的 83%,且最小电压也将要高一点。

电源模块的效率是它的输出功率除以输入功率,两个量之差是电源内部各种元件的功率损耗。

$$\eta=P_o/P_i=P_o/(P_o+P_{loss})$$

因各种损失和静态电流消耗的功率在输入功率的比例较大,所以当负载减小时,效率一般会变低。因此,对效率要求较高时,要根据使用情况,不要选用额定负载较大的电源。线性电源的效率随输入电压的不同,变化非常大,高电压时,效率低,因为额外的功率必须在调节器上损耗掉,而开关电源就不存在这样的问题。

一般情况下,电源的效率并不是关心的主要问题,因为虽然低效率的电源在大功率下产生的热量可能造成故障,但也不是一定要最有效地利用现有电能。最为重要的是便携式仪器的电力变换器的效率更高,因为它会直接影响电池的寿命。

如果线性电源的输入电压变化范围不是很小,其效率几乎不会超过 50%,然而开关电源可以很容易达到 70%。如果设计精良则能达到 90%,这使得开关电源在大功率和电池供电的设备中得到更普遍的应用。

电源中造成损耗的主要元件是:

● 变压器:铁耗和铜耗,铁耗由工作状况和铁心材料决定,铜耗由 I^2R 决定,其中 R 是绕组电阻。

● 整流器:二极管正向压降 U_F 与工作电流的乘积,输出电压越低,损耗越大。

● 线性调节器:通过串联元件的电压降与工作电流之积,输入电压越高,该损耗越大。

● 开关调节器:由于饱和电压在开关元件中造成的损耗,加上在开关元件中,缓冲元件和电压抑制元件中的换路损耗,与开关频率成正比。

如果将以上各种损耗相加,一般就能对电源的效率做出合理的估算。通过测量仪器可以确定实际数值,但如果结果与估算严重不符,就应该分析查找原因。

1.6.5 根据输出推算输入

在带有串联调节器单元的线性电源中,必须根据最大负载电流和最小输入电压时的最小可工作输出电压进行设计,这是最坏的情况,也是确定输入电压下降量的需要。最小直流输入电压等于最小输出电压加上所有的容差和串联元件的电压降。

1.6.6 整流器和电容器的选择

整流器和电容器的技术参数要根据相关的浪涌电流和纹波电流来确定。

1)存储电容

根据要求的纹波电压可以很容易确定电容的最小值:

$$C = I_L/U_r t$$

式中:I_L——直流负载电流;

U_r——最大纹波电压。

对于市电输入,t 比交流输入周期小 2 ms,对于 50 Hz 全波整流输入,t 为 8 ms,对电容的容差很宽(一般为±20%),且几乎不需要精确值。

如果负载电流超过 1 A,最好根据纹波电流的额定值来选择电容,而不用纹波电压。由于在每个周期中,电容充电的时间短,因此,流过调节器电路或电容电路的峰值比直流电流大许多倍。纹波电流的有效值比直流负载电流大 2~3 倍,额定纹波电流与温度有直接关系,如果环境温度高,且要求设备有高度的稳定性,那么需要进一步精减元件。

例如,负载电流为 2 A,在 100 Hz 频率下允许的纹波电压为 3 V,推荐电容为 5 300 μF,比它大一点的典型电容为 6 800 μF,在 85 ℃时额定纹波电流为 2~4 A。额定值大的电容,其体积较大也比较贵,但实际的纹波电流为 4~6 A。为满足要求,或者选用更大的电容(一般为 22 000 μF),或者将两个小电容并联,或者降低工作温度并使用稍大一点的电容。如果以上三种方法均不采用,则会又一次证明电解电容是电源故障的主要原因。

2)整流器

虽然在全波整流器中排列的二极管仅仅在交流电半周期内导通,但因电流的有效值比直流负载电流高 2~3 倍,所以二极管的额定值至少应为满负载电流,或者其两倍更合适。开关闭合时的浪涌电流可能更高,尤其是在大功率电源中,因存储电容与工作电流之比增加了。在隔离式开关电源中情况更严重,由于没有限制浪涌电流的变压器串联电阻,因此二极管的额定值需要增加到直流平均电流的 5 倍。

最大瞬时浪涌电流为 U_{max}/R_s,且电容充电的时间常数 $\tau=CR_s$,其中,R_s 是电路的串联电阻。如果时间常数小于交流电源半个周期,同时 U_{max}/R_s 小于二极管的额定值 I_{FMS},保守地讲,浪涌不会损坏二极管。所有二极管制造商都会发布某一时间常数下的额定 I_{FMS} 值,例如平均额定值为 3 A 的 IN5400 系列二极管的 I_{FMS} 为 200 A。由此可见,必须另加一个小的串联电阻对浪涌电流进行限制,或采用大的二极管。

调节器的峰值反向电压(PIV)的额定值至少要与桥式全波整流电路的交流最大输入电压相等,或者是中间抽头式全波整流电路最大输入电压的两倍。但考虑到线路瞬时情况,应将该值明显增大(50%～100%)。对低电压电路很容易做到,因为200 V的二极管几乎不比50 V的二极管贵,并且对电源电路一般也不会造成成本增加。对于240 V的交流输入电压,即使在输入端增加了瞬时电压抑制器,最小也要将峰值反向电压定为600 V,最好为800 V。

1.6.7　负载调整率和线路调整率

负载调整率是指当负载从空载到满负载变化时,输出电压的允许变化量。线路(或输入)调整率是指当输入从最大变到最小时,输出电压的允许变化量。假设输入电路在设计时已经考虑了上述情况,使输入电压决不会超出调节器的工作范围,则这些参数将完全是调节器电路自身的一个函数。调节器实质上是一个反馈电路,它将输出电压与参考电压进行比较,所以调整率与两个参数有关:即参考电压的稳定性和反馈误差放大器的增益。如果使用单片集成电路调节器,那么制造商会考虑到这些因素,并将调节器作为数据手册中的一个参数。

1) 温度调整率

单片集成的调节器芯片上包含参考电压和其他电路以及串联元件。这说明当串联元件消耗的功率变化时造成的温度变化会影响参考电压。这就引起个别元件长时间的调整,称温度调整率,其定义为:在确定时间内功耗的变化引起输出端电压的变化。如果芯片设计质量较好,那么对大多数应用,温度调整率不是主要因素,但在数据手册上很少定义,而且在某些精密应用中,单片集成调节器不适用。

2) 负载读出值

任何一个三端调节器都不能在输出端以外的任何地方保持恒定电压。在大型系统中,负载一般离电压模块都有一定距离,所以与负载有关的电压降会出现在负载和电源输出端之间的导线上,这直接影响了本可以完成的负载调整率。

解决该问题的方法是将调节器的反馈回路分开,并将已经相接的另外两个读出端合并,这样就能读出负载处实际的输出电压。附加的一对导线的压降可以忽略,因为它们只传输信号电流。调节调节器输出端电压就能调节读出端的电压。

调节器输入端的最小电压必须增大以补偿额外的输出端电压降。最好在输出端与读出端之间安装耦合电阻器以便保证在读出端意外断开或故意断开时能正常工作。这种方法只能对一个点处的远端负载进行调节,当电源为多个不同点处的负载供电时,这种方法就不适用了。

1.6.8　纹波和噪声

纹波是在电压输出端出现的,与交流电源频率相同的成分(或更常见的是电源频率的二次谐波);噪声是输出端出现的所有其他交流污染。在线性电源中,纹波是主要因素。当交流电通过存储电容时会产生纹波,经调节电路的抑制将纹波减小(一般为70～80 dB)。很容易得到有效值小于1 mV的纹波。假如调节器没有振荡,高频噪声被存储器和输出电容滤掉而且内部又没有大的噪声源,那么如果没有电源频率的纹波,线性电源就是一个非常"安静"的元件。

1）开关噪声

对开关电源也是一样，其噪声主要是由于输出电压以开关频率出现的尖峰造成的。当快速上升边沿和边沿处的高频振荡输入或通过滤波元件最后到达输出端时就会产生尖峰。典型输出滤波电容的等效串联电阻（ESR）和等效串联电感（ESL）限制了对这些尖峰的削弱能力，而接地线的自电感又限制了接地去耦对高频的作用效果。开关模式输出纹波和噪声一般是额定电压的 1%，或是 100～200 mV。如果没有其他明显标记，实际上通过比较纹波和噪声的规格特点就能很容易地分辨出线性电源和开关电源。说明书指出的带宽非常重要，因为在开关噪声的高阶谐波处存在相当大的能量，至少要考查到 10 MHz 频率处。由于遍布在整个带宽范围内的杂散耦合，使噪声常常以共模的方式出现，即在电源和 0 V 处同时出现，因而难以控制。差模噪声尖峰可通过串联一个铁氧体磁珠，与输出电容并联一个小的陶瓷电容的方法得到极大的抑制。

开关噪声对数字电路没有影响，但如果模拟电路的带宽超过了开关频率，则会给敏感的模拟电路带来麻烦。它能对视频信号产生干扰，使脉冲电路中的时钟出错，使直流放大器中的电压发生变化。这些结果属于电磁兼容（EMC）现象，可通过适当的布局布线使滤波和屏蔽得到改善。但在初级阶段，如果可以选择线性电源，那么将会避免很多麻烦。

2）避免纹波的布板方法

电源输出纹波会因为存储电容周围的错误布线而加强。

在图 1.6.3 中，接地端 A 和接地端 B 看起来像是等效的。但在这两点间有一电位差 $I_R R_g$，其中 I_R 是电容的纹波电流，R_g 是两个地点的公共路径或导线电阻，纹波电流流过这个电阻（纹波电流流过变压器，两个二极管和电容），这个电流只是在交流输入波形的峰值处出现，并给存储电容充电。它的幅度只受到变压器线

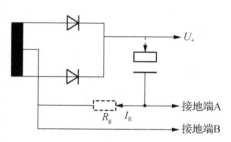

图 1.6.3　存储器的错误连接方式

圈的串联电阻、二极管、电容和导线的共同限制。如果稳态直流供电电流为 1 A，则最大纹波电流可能是 5 A；这样 10 mΩ 的 R_g 会造成 A、B 间 50 mV 的电压。如果电路的一些部件接到 A，另一些接到 B，那么在没有增加任何成本的情况下，在设计方案中就引入了几十毫伏的噪声。当最大纹波电流增大时，用增加存储容量的方法来减小噪声，实际上会使事情变得更糟。这个问题很容易找到，方法是用示波器观察输出纹波；如果有脉冲形状，说明是导线问题，如果像锯齿，则需要进一步滤波。

3）改正存储器的连接方式

这个问题的解决方案和改正设计方法就是将被供电电路中的所有部件的地端接到存储电容的供电侧，这样使纹波电流接地的路径不再与电路中任何其他元件共有（见图 1.6.4）。这种方法对 U_+ 端也适用。这样公共阻抗就是最大限度地减小电容器的等效串联电阻（ESR）。

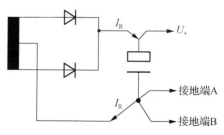

图 1.6.4　正确的存储器连接方式

1.6.9 电源的瞬态响应

电源的瞬态响应表示了电源对负载电流突然变化的反应速度。它本质上是调节器的反馈回路带宽的函数。当负载变化时,调节器必须保持恒定输出,调节电压的速度由频率响应决定。与带有任何常规运放电路一样,设计者担心的是满负载条件下调节器的稳定性。反应速度非常快的调节器在某些负载条件下似乎不稳定,并且因调节电路中的补偿电容的存在使带宽增大。若带宽增加太大,则瞬态响应受影响。如果在调节器输出端安装一个大电容,也可以达到同样的效果。但这种方法比较勉强,效果也不太好。因为效果主要跟负载有关,为了得到较好的瞬态响应和高频噪声的去耦效果,对于78XX系列三端调节器,注意应在输出端有一个小的 $0.1\,\mu F$ 的电容。它与输入端为保证稳定性而要求安装的 $(0.33\sim1)\,\mu F$ 的电容是分离的。

1.6.10 开关电源与线性电源

开关电源的瞬态响应比线性电源的瞬态响应差得多,因为反馈路径的带宽比开关频率小得多。一般开关电源的瞬态恢复时间以毫秒计,而线性电源以几十微秒计。

如果电路的负载变化缓慢,则不必考虑电源的瞬态响应。但是当大量负载瞬间接通,例如继电器线圈或一组LED,而且其他负载对持续时间短的过电压或欠电压敏感,那么瞬态响应就非常重要。

虽然负载的瞬态响应常常最为重要,但是调节器对线路的瞬态变化也会有一个延时响应,并且当把快速变化的直流输入馈入调节器时,情况可能变得非常重要,线路的瞬态响应一般与负载响应属于同一量级。

1.6.11 电源输出过载

电源在使用中必然会遇到输出过载的情况。其形式有螺丝刀滑动造成负载两端直接短路,负载电路中元件失效造成的负载电阻减小和对太多的负载连接时出错,也可能错误地连接到其他电源输出端。过载可能是瞬态的,也可能是持续的。但至少电源应能经受住输出端连续的短路而不损坏。普遍采用的技术是以下两种:即限流型和截流型(或减流型)电流限制技术。

1) 限流型电流限制技术

输出过载主要威胁到线性电源的串联元件和开关电源的开关元件。无论哪种情况,输出过电流会使器件承受输入所能提供的最大电流,同时承受着输入与输出的电压差,结果使器件的损耗大大超出其安全工作区(SOA)边界,器件相继快速损坏。

限流型电流限制技术是在工作过程中,保证从电源处获得的输出电流限制在一个最大值,这个值恰好在满负载额定值的上边沿。图1.6.5表示了线性电源的这种工作情况。这个简单电路的工作状态很好,但实际的 I_{SC} 与 TR_2 的 U_{BE} 有很大关系,进而与温度有关。因此,解决问题的方法是必须在满负载电流之上留出较大的余量,或者采用更复杂的电路。

因为开关电源要在周期循环的基础上进行限流以便适当地保护开关元件,同时在输出线路上的读出电流也不够强,所以电流限制技术更复杂。现在已经开发出了几种技术来实现这个功能,详细情况可以参阅有关开关调节器的设计手册。

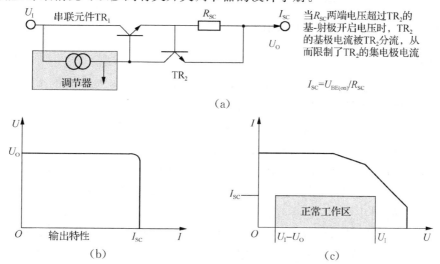

当R_{SC}两端电压超过TR_2的基-射极开启电压时,TR_2的基极电流被TR_2分流,从而限制了TR_2的集电极电流

$$I_{SC}=U_{BE(on)}/R_{SC}$$

图 1.6.5　限流型电流限制技术

2) 截流型电流限制技术

限流型电流限制技术的一个缺点是,为了获得足够大的 SOA(安全工作域),串联元件必须具有比正常工作电流大很多的集电极电流容量。在调节器正常运行期间,截流型电流限制技术减小了短路电流,同时在调节器正常工作期间仍然允许满负载输出电流,因而更有效利用了串联元件的 SOA。

如图 1.6.6 所示,把直流电路改进后给出了截流电路工作情况。尽管截流电路允许使用较小的串联元件,但有其极限,当截流比率,即 I_K/I_{SC} 增大后,要求 R_{SC} 值也增大,并且在高的截流比率下需要有较高的输入电压。当 R_{SC} 为无穷大时,截流比率存在一个绝对的极限。

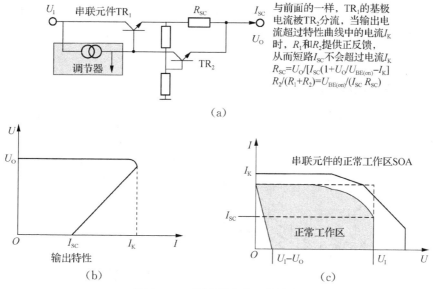

与前面的一样,TR_1的基极电流被TR_2分流,当输出电流超过特性曲线中的电流I_K时,R_1和R_2提供正反馈,从而短路I_{SC}不会超过电流I_K

$$R_{SC}=U_O/[I_{SC}(1+U_O/U_{BE(on)}-I_K]$$
$$R_2/(R_1+R_2)=U_{BE(on)}/(I_{SC}R_{SC})$$

图 1.6.6　截流型电流限制技术

$$[I_K/I_{SC}]_{max}=1+(U_O/U_{BE(on)})$$

因此,对于低电压调节器,大于 2 或 3 的截流比率无实际意义。

1.6.12 输入电源的尖峰、浪涌和中断

1) 中断

对于市电电源,电压突然下降(使灯变暗)和断电长达 50 ms 是常有的事。这是因为供电电网的电流浪涌和故障清理造成的。其他电源可能也有这种情况。出现长时间中断与所处位置有极大关系。在架空明线末端的农村用户,断电时间常常平均每年超过 90 min,有多个备用线路的城市用户可能根本看不到这种情况。

显然,电源应该能妥善处理短时中断和电压突降的情况,使负载不受影响。"保持时间"是指当输入掉电后,输出电压保持稳定的时间,它可能在任何时间发生,可能持续几毫秒到几百毫秒。保持时间几乎完全由主存储电容的大小来决定,因为当输入被切断后,它是唯一的能量提供者。线性调节器可以看作是电容放出直流电流的接收器,因此,对于给定的负载和输入电压,很容易计算出保持时间。对于开关型调节器,当输入电压下降时,它会吸收更大的电流,因此,要确定准确的保持时间就要用电流对时间积分的方法求得。工作电压越高,保持时间就越长,因为调节器存储的能量为 $CU^2/2$。隔离式开关电源在这方面具有优点,因为其主存储器是在完全的线电压下工作的。

保持时间是在额定输入电压下确定的,显然,当电源工作在最小输入电压的情况时,保持时间变得非常小。事实上,最小输入电压就是保持时间为零时的电压。它是假设在最坏条件下进行计算的,即电源在纹波底部,电压出现最小值处发生中断。如果保持时间对电路比较重要,则必须确定输入电压应该取何值。

2) 尖峰和浪涌

要尽可能采取一些防护措施,避免传入电源,影响负载电路。对于时间短、能量低但上升速度快的瞬态响应可用下述方法处理,即优化电路的布局布线,将接地电感和寄生耦合减到最小,安装输入滤波器。对于变化慢,但是能量高的瞬态响应就要在电源中不同点上使用瞬态抑制器件并采取过电压保护措施。

1.6.13 瞬态抑制器与过压保护

图 1.6.7 所示的是线性电源中瞬态抑制器的三个不同位置,每个位置的优缺点总结如下:

Z_1:保护线性电源中的所有元件,使它们免受差模浪涌的作用,但本身会受电源端最小阻抗的影响。因此要求它的额定功率必须高,能承受最大可能的浪涌,并且其箝位电压与正常工作电压之比很高。实际上,应该能承受高达最大工作电压两倍左右的浪涌电压。

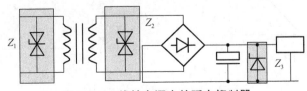

图 1.6.7　线性电源中的瞬态抑制器

Z_2：瞬态抑制器放在这个位置最合理，它不仅能保护脆弱的整流器，还受变压器阻抗的保护。因此能做成较小的元件，同时箝位电压与正常工作电压之比也比较合适。它对尖峰没有抑制效果。尖峰电压已经被变压器线圈的电容转化为共模。

Z_3：能保护调节器及其后续电路，但不能保护整流器。其位置有点偏后，但它确实能抑制输入的共模尖峰，而前两种做不到。应该按电压的大小不同选择瞬态抑制器，使其箝位电压恰好小于调节器的最大输入电压。对于较小的浪涌，根据调节器的瞬态响应情况进行控制。

如果电源驱动的电路非常昂贵，且易受过电压的损坏，那么有必要在电源的输出端加一个过电压保护电路。

对于 5 V 的电源，最简单的过电压保护方法是在输出端并联一个 6.2 V 或 6.8 V 的齐纳二极管。这种方法不够安全，因为如果过电压是持续的，电源内阻较低（串联元件可能已经失效），则齐纳管就要失效并可能造成开路，此时二极管已经损坏，因而需要有更好的方法解决这个问题。常规的方法是使用"撬棍"（过电压保护装置）。

"撬棍"这个名字来源于一种古老而又著名的方法，即为了保证电路中两个端钮之间无电压，只要把撬棍搭接在两个端钮之间，且假设撬棍能承受无穷大的电流。撬棍后来就发展成为触发晶闸管。晶闸管始终跨接在输出端，有些设计中接在存储器两端，当监控电路检测到过电压时才会被触发，之后始终处于触发状态，使输出电压保持在 U_H，此状态一直保持到由外部条件切断电流时为止，例如电源复位。尽管触发状态时电流可能很大，但其电压并不高，所以损耗也很低。显然，电源本身也必须受到保护以防止持续的输出短路造成损坏。可以采用的方法有限制电流或安装保险丝或者两种方法结合使用。

晶闸管必须能同时将电源持续的短路电流和存储电容中的能量转移出去，因此必须有较高的单脉冲功率和电流变化率。一些制造商专门为此目的设计了具有这种特性的器件。电流变化率特性有利于保证触发脉冲沿陡峭，以及最小栅极电流余量要求。

监测电路和晶闸管本身必须能避免由极短的瞬变造成误触发，比如某些情况下，由不必要的断电产生的干扰电压可能超过实际的过电压值。有必要对触发脉冲进行一些延时，根据整个系统（电源加上保护装置再加上负载）特点确定延时量，过电压阈值是过电压保护设计工作中最为主要的部分。

1.6.14 电源接通和断开

有些时候，电源接通或断开时电源变化曲线特性对负载非常重要，在输入电源接通时刻，电源线决不会立刻达到正常工作的状态。因为存储器和其他电容元件需要充电，线电压会沿斜线一直上升到预定的电压，并且如果没有采取调节器频率补偿措施，还可能稍微超过额定电压。这种情况对开关电路非常危险，当电压沿斜坡上升时会因开关闭合对电压造成噪声或振荡等干扰，尤其是负载电路中包含微处理器时。为保证安全，应该在电压达到预定的线电压并稳定后再启动电路开始工作，这就要求电源有一个标志性的输出信号，当一切条件具备时就给负载发出一个信号，该输出通常与处理器的复位端相接。

同样，当电源切断时，微处理器应该能按某种有序方式关机，实现有序关机的最好方法是,一旦检测到电源切断的状态就产生一个断电中断,当电源开始下降时产生低电压报警。中断和报警之间的延时间隔大约与上面提到的保持时间相等,并且这个延时间隔足以使微处理器完成掉电处理功能。

低电压监控和断电监控功能、过电压保护监控等所有功能都可以集成到一个电源监控电路中,市场上有一些这种专门的 IC 芯片,例如 MC3423、ICL7665、7673、TL7705 以及 MAX690 等系列。这些芯片基本上是比较器和延时电路的集合体,为了便于使用,将它们集成在一个封装内。多数情况下是用标准元件自行设计监控电路。

典型应用中都要求监控电路含有用于过电压保护直流输出电压的反馈,用于低电压报警的存储电容和用于电源断电检测的低电压交流输入。监控电路的输出接到过电压保护器件和负载电路。要保证监控器在电源电压降得很低时也能稳定工作。

1.6.15　电源的机械要求与安全认可

1) 外形尺寸和构造

如果把电源作为仪器中一个主要部件进行设计,一般要根据仪器的整体设计来考虑其机械特性。如果准备购买标准件或自行设计通用模块,则外形构造就比较重要。标准产品一般分为以下四类:敞开式,底板固定;封闭式,底板固定;封装式,PCB 板或底板固定;架装模块式。

无论是线性电源还是开关电源都有这四种形式,但在选型上主要考虑的是功率、连接方式和屏蔽要求等因素。

（1）敞开式

这种电源最便宜,它是一个安装在简易金属底板上的印制电路板,底板可起到基本的散热作用。用导线与端钮或板子上的平板接线片相连接,不提供环境保护和屏蔽措施,电源必须封闭在被供电设备内。10～100 W 的敞开式电源和 250 W 以内的电源模块较常用。

（2）封闭式

100 W 以上的具有固定外形的电源更普遍,它提供有效的屏蔽,这对开关电源非常重要,也可以加一个风扇以增加对流冷却效果。这对大功率电源是必需的措施,但是敞开式和集成式电源不可能做到。需要屏蔽的电子设备越贵重,附加的机械部件就越昂贵。它是通过外部的螺钉连接固定的,而且内部电路被保护起来,手和外部物体接触不到内部电路。

（3）封装式

封装式电源的最大功率可达 40 W,或通过管脚与 PCB 焊接固定或用螺钉固定在底座上,其最大优点是在设备生产过程中仅仅当作一个元件来处理,也不必为内部电路进行环境保护。电磁干扰的屏蔽部件可当作封装模块的一部分。当功率大于 40 W 时,就需要进行散热。当散热量较大时,封装式电源就产生了是否可靠的问题,如果想用大功率电源,应该查阅具体的关于可靠性的资料。封装式的小功率直流-直流转换器非常普遍。它能在系统内部进行板级合并,从同一个直流输入产生不同的或可调的电源。

（4）架装模块式与架装盒

架装模块式处理器设备是在信用卡读卡器和 DIN - 41612 连接器标准的基础上发展起

来的,随着它的流行就要求有相应的电源模块能与它共享同一个构架。这种形式的电源从 25~500 W 均可购买到。因空间和热容具有严格限制,所以除最小的以外全部都是开关模式电源,主要用于数字电路。通过配套的插头和固定在框架上的插座相连接。关键是保证所用连接器能承受得住负载电流、没有损耗、适应市电电压要求。DIN - 41612 H15 连接器应用广泛,它有一个非常重要的接地管脚,在进行插拔时可保证安全性。

2)散热

为减缓半导体器件老化速度,比如集成 IC 调节器、整流二极管或功率管等,要求其结温保持在安全限度内。结温直接与功耗、热阻和环境温度有关,散热器的作用是在环境与接点间提供尽可能低的热阻——假设环境温度较低。

电源通常代表了一项设备的主要热源之和。只要大概知道了电源的效率,就能计算出发热量,并进一步设计机械装置以保证有效散热。至少要将所有需要散热的元件放到合适的位置能达到散热目的。电源要放到整个设备当中并能充分地向环境中散热。绝大多数设计都是在外部加一个风扇。

3)安全认可

与"有压元件"相接触会产生电击,因故障会造成过热和燃烧,这些是电源安全性的主要危害。电源最主要而又被忘掉的功能之一就是确保低压电路与高电压输入之间的安全隔离,用户能承受住这个低电压,但承受不了高电压。在电源内部,一般要在与市电相接的所有器件周围留出一定距离以确保安全隔离。例如在变压器初级与次级线圈间留出空隙。当然这样设计就需要更大的空间。可以用绝缘方法压缩空间。

许多国家和国际权威机构都关心安全条款的制定。如果是面向全世界出口,就必须找到最严格的条例并在整个板子上实施。到安全管理部门对产品进行安全认证非常有利。说明书的"设计用于……"和"经过鉴定证明……"含义有差别。前者表示需要付费鉴定,而后者已经过鉴定,不必再进行鉴定。虽然电源的成本增加了,但是节省了一些认证费。

1.6.16 电池

电池主要用于便携设备或用作备用电源。所有电池都是基于两种电化学反应原理工作的。在电池中,阴极(负极)和阳极(正极)之间被电解质分开,电化学反应在电解质中进行,这种基本构造形成了一个"电池单元",电池中包含一个或多个电池单元。由于包含了这种化学材料,电极之间产生了电位差,并能持续放出电流。某一类型电池单元的输出电压是时间、温度、放电历程和充电状态的复杂函数。

电池分为两种,即原电池(不可充电)和蓄电池(可充电)。本节先介绍有关电池设计的知识,然后简单介绍一下各种类型的电池。

1)初期考虑的事项

如果在电路中要用到电池,那么在电路设计和机械设计过程中要尽可能早地选定电池型号。这样就可以考虑到电池的特性并有可能会增加性价比,否则就可能会需要一个较大的或更昂贵的电池,或者必须减小设备的规格容量。选定电池后,就可以设计电路,并能充分利用电磁的供电电压范围。一些比较便宜的电池能在较宽的范围内供电,端电压达到额定电压的 60%～70%，如果设计与电压不匹配，就会增加一些能量损耗。也要确认在工作温度条件下，电池能否提供负载电流。不同的电池差别非常大。可充电电池充电时温度变化比放电时小得多。

如果按规划设计要求，用户可以更换电池，则必须使用标准型号，不仅便宜，有合格证，而且应用广，寿命长。如果环境条件或能量密度有特殊要求，就应该选用特殊电池。这种情况下，就必须提供可更换的备用电池或者将仪器设备当作废品扔掉。

2）电压和容量额定值

不同型号的电池，其开路电压也不同。随着存储能量的消耗，其电压会降低。制造商给每个型号电池都提供放电特性曲线，曲线表明在给定的放电条件下电压随时间的变化情况。需要注意，开路电压可能会超过负载电压的 15%。在使用过程中，有些时间，工作电压明显低于电池的额定电压。

电池的容量用安·时（A·h）或（mA·h）表示，也可以用归一化形式表示为电量（C）的数值，它是在给定放电速度下的额定容量，主要用于描述可充电电池。当放电速度快时，电池的容量比电量值小，例如 15 A·h 的铅酸电池以 15 A（1 C）放电，大约能持续 20 min。

电池有三种放电模式，即恒阻、恒流、恒功率模式。对于具有衰减放电特性的电池，例如碱锰电池，恒功率模式能最有效地利用电池的能量，但是也需要最复杂的电压调节系统为实际电路供电。

3）串联和并联

可以将电池单元串联以升高输出电压，但这种接法降低了整个电池组的可靠性，并且经过长期使用后，尤其最弱的电池单元可能被施加反向电压，增加了泄漏和破裂的可能性，这也正是制造商要求同时更换电池单元的原因。设计中要尽量减小串联电池单元的数量。现在有几种 IC 芯片，它能把电池单元的输出电压提高几倍，且效率高，设计一个开关转换器同时完成升压和调节并不困难。

可以将某些类型电池并联起来增加容量或放电能力，或提高电池组的可靠性。为增加可靠性，需要在每个并联支路上串联一个二极管，可起到对无效电池单元的隔离作用。因为各电池单元之间充电分配不确定，所以不提倡对并联电池单元进行充电。因此最好把并联形式改为特殊装置。

用户可能会把整个电池插反，这会对电路造成威胁。处理方法是将某个电极做到电池盒内，或在设备的输入端提供反接保护措施，例如保险丝、串联二极管或专用电路。

4）机械设计

在选择与电池相接触的材料时要小心处理，以防在潮湿环境中腐蚀。对于原电池，建议采用镀镍钢、奥氏体不锈钢或不锈钢，绝对不能用铜或铜合金。接触部件应具有弹性以补偿电池单元间的空隙。当负载电流很小时采用单点接触就可以了，当负载电流高时，应考虑多点接触，最简单的方法是采用配套的电池盒或固定架。对于安装在 PCB 上的电池，必须在其他部分做好后再手工焊接电池，并且（使用哪些型号）要与生产部门进行沟通。

处于充电状态的充电电池和过载状态下的所有电池都会产生气体。为了安全起见，电池应能排出气体。因一些气体是可燃的，所以不要靠近任何可以产生火花或高温的元件。

任何时候热和电池都相互排斥,如果电池始终保持低温,则对其寿命和效率都会有利。如果电池经常处于剧烈振动或撞击,电池应该需要加固装置和减震器。有机溶剂和黏合剂可能对外壳材料有影响,所以要远离这类物质。

5) 存储、保存期和处理

如果存储的环境温度和湿度严格按要求控制就能使电池获得最长的保存期。自放电速度总是随着温度的升高而增加。电池的化学原理不同,则存储要求也不同。应避免急剧的周期性温度变化。拧紧进料和出料口以防漏夜,保证不使用严重过期的电池,对于充电电池应定期充满电。

20 世纪 90 年代初期,为保护环境,许多国家开始立法,禁止在电池中使用某些物质,尤其是汞。这样,有效禁止了氧化汞纽扣电池,现在已经找不到这种电池了。世界各国都鼓励回收废旧的镍铬电池,然后进行再利用或销毁,减少生活垃圾。实际上,它促进了镍铬电池可充电技术替代品的发展,尤其是镍金属氢化物电池(镍氢电池)和锂电池,尽管镍金属氢化物电池技术先进,但镍镉电池应用仍然很广。

6) 原电池组

原电池,即非充电电池,电池中采用的最普通的化学方法是碱锰二氧化物、银氧化物、锌空气和锂-二氧化锰。

(1) 碱二氧化锰电池

这种电池的电解质是高传导率的氢氧化钾溶液,在正常负载下,其工作电压是每个单元为 $1.3\sim0.8\ \text{V}$,标准电压是 $1.5\ \text{V}$。室温下最低电压为每单元 $0.8\ \text{V}$,最多可达 6 个单元串联,当使用多个单元时,可增加到 $0.9\ \text{V}$。碱电池非常适合于大电流放电,操作温度为($-30\sim80$)℃之间,相对湿度较高时,能引起外部腐蚀,应予避免。保存期很长,在 20 ℃环境下,经过 3 年时间,一般仍有 85% 的能量。其型号多,价格便宜,因此,一般应用中都可以放心使用。

(2) 氧化银电池

锌-氧化银电池用作纽扣电池,它和现在已经淘汰的汞电池相比,尺寸和能量密度相当,它的优点是容量体积比高。工业电压高达 $1.5\ \text{V}$,此电压能稳定一段时间,最后减小,能提供间歇性的高脉冲放电电流,低温工作情况良好。在手表和相机上得到了广泛应用,室温下保存期为两年。

(3) 锌空气电池

这种电池的体积能量密度最高,专用性非常强,不易得到。它是由大气中的氧气激励产生的。能在密闭状态下存储多年,但一旦打开密封则应在两个月内用完。其对环境温度和相对湿度变化范围要求很窄,因此应用受到一些限制。其开路电压为 $1.45\ \text{V}$,供电电压一般在 $1.1\sim1.3\ \text{V}$。不能提供持续的大输出电流。

(4) 锂电池

有多种电池都使用锂做阳极,只是电解质和复合阴极不同。锂是现有金属中最轻的一种,也是负电子最多的一种元素。它们的共同特点是端电压高,能量密度高,工作温度范围宽,自放电小,进而存储时间长,相对成本高。它们在军事上已经使用了多年。如果使用错误,则某些种类锂电池可能非常危险,空运受到限制。锂-二氧化锰电池已经在很多应用中使用,主要是其电压高,而且安装完后就再不必理会了。这种电池电压可能达到 2.5～3.5 V,脉冲放电速度高(最高达 30 A)。应用最广的或是硬币电池,或是柱状电池。硬币电池主要用于存储备用电池、手表、计算器和其他小的低功率设备,柱形电池重量轻,容量大,最大达 1.5 Ah。脉冲电流容量大,存储期长,工作温度范围宽。

其他的锂化学电池有:锂-亚硫酰氯化物($Li-SOCl_2$)和锂-二氧化硫($Li-SO_2$)电池。这些电池容量大,脉冲能力大,温度范围宽,但只是用在一些特殊应用中。

7) 充电电池组

以前有两种普通充电电池,即铅酸电池和镍铬电池,它们的能量密度与原电池差别大,同时又含有重金属,因而受到环保法规的限制。正因为这些原因,从而刺激了其他技术的发展。其中主要是镍金属氢化物(NiMH)和锂离子技术。

(1) 铅酸电池

世界上很多人都了解和喜爱这种电池,尤其是在寒冷的早晨汽车无法起动时。除了汽车上常见的湿漉漉的电池外,还有带调节阀门的干净电池组合免维护电池。在这种电池中,硫酸溶液存在于玻璃容器中,不能充满,电路设计者对这种电池也很感兴趣,为避免市电故障,常用来作为备用电源。

这种电池的标称单元为 2 V,开路电压为 2.15 V,最低工作电压为 1.75 V。常见的有 6 V 和 12 V 标称电压。外壳尺寸为标准规格。容量从 1 A·h 到 100 A·h 不等。

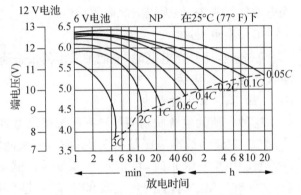

图 1.6.8　密闭铅酸电池的放电特性

(注:C——每个电池上给出的容量(A·h);虚线表示带负载的最低推荐电压)

典型的放电特性如图 1.6.8 所示。C 值是 A·h 的值,一般采用的是 20 h 的放电速度下得到的容量值(镍镉和镍氢电池采用 5 h)。环境温度一般为(-30～50) ℃。在极低温度下,容量会降低为 60%,放电速度也会下降。

调节阀式的铅酸电池在高达 40 ℃ 温度下可存放大约几个月,但如果经过长时间完全放电,则会遭到损坏,而且可能是不可逆的,这是由于硫在铅板上堆积造成的。其自放电率很高,在 20 ℃ 时,一般达到每月 3%,而且随温度升高而增加。因此需要给库存中的电池准备充电系统。同理,在组装设备时,要最后安装电池。

虽然超长寿命电池声称可达 15 年,但一般电池在有备用电池交替使用和充电情况下,其寿命为 4～5 年。当电池经常放电时,有许多因素会影响它的寿命,包括温度、放电速度和深度。如果将电池分别反复地按容量的 100% 和 30% 放电,则放电周期均会减小,但前者是后者的 15%,为此选用过额定容量的电池有明显的优点。

(2) 镍镉电池

众所周知,镍镉电池在能量密度和重量上与铅酸电池相仿,但它主要面向低容量电池。

一般为 0.15~7 A·h。标称电压为 1.2 V,开路电压为 1.35~1.4 V,最低工作电压为 1.0 V。其电压特性与碱锰类电池相当,随处都可以买到标准尺寸的镍镉电池,这样不使用原电池和充电电池组就可以使设备工作了。

镍镉电池环境温度为(−40~50)℃,广泛用于存储器的备用电源,可用 2、3、4 个电池组成电池组,带有 PCB 安装端钮,能用逻辑器件对电源进行连续性补充充电,并且在逻辑器件电源掉电时能立即提供较低的备用电压。自放电速度较快,如果不对电池单元进行连续性补充充电,那么所充的电能最多只能保存不到几个月。与铅酸电池不同,长时间的完全放电不会损坏电池,并且因为其内阻较低,其放电速度较高。另一方面,尤其受其储能效果的限制,如果经常在完全放电之前充电,其电压会下降更快,因此,对于镍镉电池,最好是在它完全放电后再充电。但是因为它含有重金属,如果扔掉后会对环境造成污染,所以也受到限制,正在被镍金属氢化物取代。

(3)镍金属氢化物电池

这种电池的放电特性与镍镉电池非常相似,充满电后的开路电压,标称电压和最低工作电压相等。两种电池在大部分放电时间都较平坦。镍金属氢化物电池规定的温度为(−20~50)℃。与相同规格的镍镉电池相比,重量大 20%,容量大 40%。受储能效果的影响。另外,不太需要连续的补充充电。即使需要,充电电流也很低。

这种电池的规格非常多,包括用于存储器的备用纽扣电池,并且常对多个电池进行打包,面向移动电话、便携式摄像机等普遍应用。

(4)锂离子电池

锂离子电池与上述各种电池相比,具有极大的优势。主要是它具有非常高的单位质量能量密度(在给定质量下的能量),如图 1.6.9 所示,图中对三种类型进行了比较,数据来源于制造商的说明书。另外,其单元电池的电压是镍电池的 3 倍,即 3.6~3.7 V,其放电曲线相当平坦,且末端电压为 3 V,不存在储能效果问题。

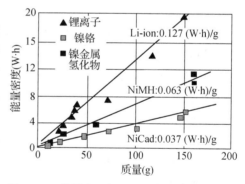

图 1.6.9　能量密度与质量之比的比较(大约值)

这些优点最后体现在价格上,与其他电池相比,锂电池最贵。但是对充放电过程中的误操作也最为敏感。对这种电池应该始终进行过充电、过放电和过电流保护,这表示最好是以电池组方式为某种应用专门设计,并把充电电路和保护电路做到电池组中。这样就防止了用户替代或损坏某个单元电池,并能通过良好的设计最大限度地发挥电池的效能。由于这种电池成本高,因此适用于贵重物品,如便携式电脑和移动电话,集成控制电路的附加成本不高,可以接受。

8)充电

不同类型充电电池的充电过程完全不同,如果操作错误会极大地缩短电池的使用寿命。最危险的是过充电,简单说就是镍镉电池和镍金属氢化物电池需要恒流充电,而铅酸电池需要恒压充电。

（1）铅酸电池

这种电池要提供一个限流的恒压进行充电（见图 1.6.10），初始充电电流限制为 C 值的一个分数，一般为 $0.1C\sim0.25C$。每个单元电池的恒定电压设置为 $2.25\sim2.5$ V，要根据情况确定，比如是连续补充充电还是周期性放电后充电。对于周期性充电，决不能连续高压充电，否则会使电池过热。实际电压与温度略微有关，当温度变化剧烈时，每升高一度应降 4 mV。这种充电特性很容易用限流电压调节器集成芯片来实现。

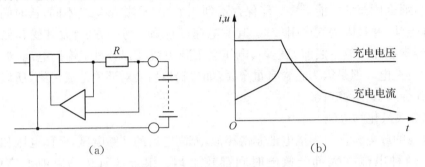

（a）　　　　　　　　　　　　　　（b）

图 1.6.10　限流恒压充电

也可以对电路进行改进，方法是当充电电流已经明显降低后，一般为 $0.05C$，将输出电压从周期性充电值降到连续补充充电值。这种两步充电法能从深度放电状态快速恢复，同时连续补充充电也不会对电池寿命有影响。但是这种方法在接负载电路后工作不是特别稳定。

最简便的充电方法是用全波或半波整流交流电源通过串联电阻对电池充电。这就是所谓的"锥形"充电，因为随着充电电流逐渐减小，所加的充电电压会逐渐上升，并趋于恒定电压值。用这种方法便宜，所以在汽车中应用非常普遍。但制造商并不提倡用这种方法，因为有过充的危险，而且交流纹波电流可能会造成意想不到的后果。市电波动能很容易导致过电压，且末尾阶段的充电电流也不易控制，如果一定要用，加一个定时器来限制总的充电时间。

对于铅酸电池，如果有监控器检测充电状态，则可以用恒流充电，电流一般为 $0.05\sim0.2C$。这种技术不常见，但在对多个串联电池充电时非常有效。

（2）镍镉和镍金属氢化物电池

因充电过程中电压变化较大，而且当电池过充电时，电压会下降，所以镍镉和镍金属氢化物电池只能恒流充电。连续充电电流允许达到 $0.1C$ 也不会损坏电池。用 $0.1C$ 的充电速度要充 16 h 而不是 10 h，这是因为充电过程效率低。用 $0.3C$ 进行加速充电也不会很快损坏电池，但当充电结束时电池温度会上升。当进行高速快充时，必须监视充电过程并在电池过热前中止充电。

用一个比电池端电压高得多的电压源和一个串联电阻就可以构成一个不错的恒流充电器。对充电电流控制比较严格，尤其是快速充电时，就需要有一个电压/电流调节器和电池温度传感器。

偶尔的过充不会有太大影响，例如对放掉了一部分电的电池充电，充电时间超过了应该的时间,但对已充满的电池反复充电会损坏电池并减少寿命。

对于镍金属氢化物,尽量不要长时间连续用 0.1 C 或 0.05 C 电流充电。如果设计要求进行补充充电,则电流不应大于 C/250 或更小,足以替代由于自身放电引起的损失,但不足以减小其寿命。

（3）锂离子电池

因锂离子电池的能量密度高,必须非常小心控制充电过程,既要充电适度又要防止降低寿命和可能的损害。总之,最好把恒压/恒流控制器、过充电、过电流保护和电池组集成到一起。

2 常用实验设备的组网及技能训练

本章节主要以泰克仪表为例讲解基于局域网的设备使用方法。

传统的电工、电路、电子实验室,在考虑仪器设备组网的时候,会遇到两大困难:第一个是仪器没有网口,第二个是即使仪器有网口,但是实验室没有布置网线,或者网络布线不易。泰克智能组网系统可以通过 USB - WiFi 技术,将仪器的 USB 通信口转化为 WiFi 接口,并通过 WiFi 直接将仪器连接入网络。

泰克智能组网系统方便用户通过有线或 WiFi 将仪器连接入网络,单一控制软件,可以支持对上百台仪器的远程控制。其主要优点如下:

(1) 批量化的仪器管理

通过泰克智能组网系统解决方案,用户可以实现多个实验桌及多台仪器的管理。教师通过自定义课程,可以将需要的仪器设置保存下来,然后在实验课之前,几十秒内将所有的仪器设置到预置的状态。同时,教师可以选择单独对某一类仪器进行设置,比如可以禁用所有示波器的 Autoset 功能,从而让学生学习到如何通过示波器旋钮来找出正确波形。

(2) 自动化的资产统计

传统实验室中,仪器的资产统计仅能通过手动的方式来实现:教师需要自己逐台记录仪器的型号、序列号,所处的实验桌位置。对于仪器的使用时间,就需要通过每个用户自己记录使用时间的方式来获得,整个过程费时费力,并且结果可能不太准确。

依托于泰克智能组网系统解决方案,资产统计信息都被服务器在后台自动记录下来,只需轻轻一点,就可以获得这些信息,大大减轻了教师在资产管理上的工作量。

(3) 远程协助及电子报告生成

在泰克智能组网系统解决方案中,教师可以方便地查看不同实验桌的仪器设置,进行远程协助。教师也可以查看实验结果,并将实验结果保存在服务器上,可以保存并调用配置发送到所有仪器中远程监测和控制实验室仪器,为学生提供远程帮助定义报告模板。学生使用智能设备或电脑在线编辑报告时可自动加载模板、保存测试结果、在线编辑和提交电子测试报告,也可下载存储在实验室服务器上的材料(实验步骤、教学视频等),从而推动了整个实验的无纸化进程。

(4) 简单易用的用户界面

泰克智能组网系统方案支持鼠标和触摸屏操作,方便用户快速上手。并且,用户可以在服务器上根据实验室的实际布局来灵活调整各个实验桌的位置,实现了实验桌的软件虚拟化。

2.1 组网基本环境要求

泰克智能组网系统是将每个实验桌上的泰克仪器通过有线或 WiFi 连接入网络,每一个实验桌可包含一台示波器、一台任意函数发生器、一台数字万用表、一个电源等设备。

2.1.1　支持的仪器列表

泰克智能实验室支持大部分的泰克和吉时利仪器,甚至那些在最近 5 年内已经停产的仪器(见表 2.1.1)。所以,用户在不需要购买新仪器的情况下就可以方便地将现有的实验设备加入泰克智能组网系统中。

表 2.1.1　支持的仪器列表

仪器类型	支持型号
示波器	泰克 TBS1000B - EDU 系列
	泰克 TBS2000 系列 新
	泰克 TDS2000C 系列
	泰克 DPO/MSO2000B 系列（仅示波器功能）
	泰克 MDO3000 系列（仅示波器功能和频谱分析仪功能）
任意函数发生器	泰克 AFG1000 系列
	泰克 AFG2021
	泰克 AFG3000C 系列
数字万用表	Keithley 吉时利 DMM2110
	Keithley 吉时利 DMM2100
	泰克 DMM4000 系列
程控电源	Keithley 吉时利 2230G(J) - 30 - 1
	Keithley 吉时利 2220G(J) - 30 - 1
	Keithley 吉时利 2220(J) - 30 - 1
	Keithley 吉时利 2230(J) - 30 - 1
	Keithley 吉时利 2231A - 30 - 3（要求选项 2231A - 001）
停产的仪器	泰克 TDS1000B 系列
	泰克 TDS1000C - SC 系列
	泰克 TDS1000C - EDU 系列
	泰克 TBS1000/泰克 DPO/MSO2000
	泰克 AFG3021B/泰克 AFG3022B
	泰克 AFG3011/泰克 AFG3101/泰克 AFG3102
	泰克 AFG3251/泰克 AFG3252

2.1.2　控制功能

各类仪表的控制功能见表 2.1.2。

表 2.1.2　各类仪表的控制功能

仪器类型	控制功能
示波器	设置/读取垂直及水平分辨率,刻度
	设置/读取触发类型(仅支持边沿触发)
	设置/读取触发电平
	设置/读取测量结果(支持两个测试类型同时显示)
	波形实时更新
	查看/保存 仪器截屏
	Autoset 启用/禁用设置
	Autoset 执行
信号源	设置/读取载波波形,支持 Sine、Pulse、Ramp、Square
	设置/读取载波频率、幅度、脉冲宽度(仅针对 Pulse)
	设置/读取调制波形:AM、FM、PM、Sweep(仅支持 Sine 为载波)
	信号输出打开/关闭
万用表	设置/读取 测试功能,包括 DCI、DCV、ACI、ACV、电阻(2 线)
	设置/读取 自动/手动量程
	读取测试结果
程控电源	设置/读取各个通道当前电流/电压
	设置读取各个通道实际的电流/电压输出
	输出打开/关闭

2.1.3　服务器系统要求

服务器系统要求见表 2.1.3。

表 2.1.3　系统要求

操作系统	Win7 企业版、专业版或旗舰版
CPU	双核 2.3 GHz 或以上
RAM	4 GB　DDR3 或以上
硬盘屏幕分辨率	200 GB(最低要求)1366×768 或以上
网络服务	IIS6.0 或以上(系统自带)
数据库	SQLServer2014Express(从微软公司网站免费下载)

2.2 网络的拓扑结构

TBX3000A：一个实验桌一个 TBX3000A 。在每个工作台上，TBX3000A 通过 USB 电缆连接和控制仪器，通过有线或无线网络与实验室服务器上的 TSL3000B 软件通信，TBX3000A 直接管理连接的仪器，实验室服务器就不需要来直接地控制所有仪器，利于减轻服务器负担。TBX3000A 有一个局域网端口（标配），在配备兼容的 USB 无线网卡时可以支持 WI-FI 连接。TBX3000A 是基于泰克示波器平台来开发的，它可以与泰克和吉时利仪器无缝工作，保证了整个系统具有工业级的可靠性。

TSL3000B：一个实验室一套 TSL3000B 。在实验室服务器上，TSL3000B 与每个实验桌上的 TBX3000A 通信。通过 TSL3000B，教师能够集中地控制仪器，学生能够在线查看测试结果，编辑测试报告（见图 2.2.1）。

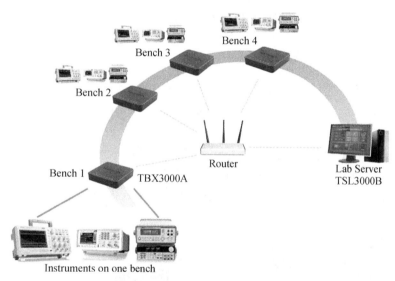

图 2.2.1 泰克智能组网系统拓扑结构

2.3 泰克智能组网系统的搭建

下面搭建一个有两个实验桌且每个实验桌上都有一台示波器和一台任意函数发生器的演示系统。泰克智能组网系统的搭建非常简单，可以通过无线，在对仪器不进行配置情况下，通过以下三个步骤来搭建。

2.3.1 配置路由器和组建网络

无线路由器需要支持 802.11n 也就是 2.4 GHz 的工作频段。下面是以思科 RV180W 为例进行的网络配置，如图 2.3.1 所示，具体操作可以参考路由器的用户手册：

SSID（组建的无线网络名字）：建议修改为 TekSmartLab，下文都是以 TekSmartLab 为例。

Security Mode(安全模式)：推荐设置为 Disabled（未开启）。如果启用了这个功能，那么需要记住对应的密码。

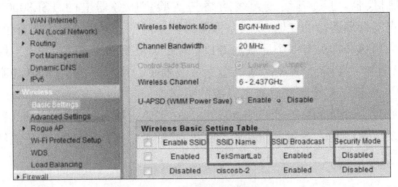

图 2.3.1　无线路由器网络配置

2.3.2　配置 TBX3000A 网络盒子

通过网线将 TBX3000A 与电脑相连接，将 TBX3000A 连接入已创建的无线网络，并且配好对应的 Host name，就可以完成整个配置过程。

1）准备工作

将 USB 无线网卡安装在 TBX3000A 上，如图 2.3.2 所示。

将示波器与函数发生器通过 USB 线将仪器背后的 USB 口与 TBX3000A 连接。

用一根 BNC 线将函数发生器通道 1 的输出与示波器通道 1 输入相连接，如图 2.3.3 所示。

图 2.3.2　TBX3000A 网络盒子

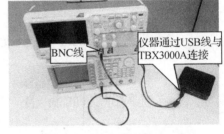

图 2.3.3　组网仪表连接图

将 TBX3000A 及仪器上电，TBX3000A 的系统和 WiFi 指示灯会开始闪烁，如图 2.3.4 所示。

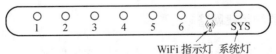

图 2.3.4　TBX3000A 显示指示灯

如果系统灯不亮,请检查 TBX3000A 的电源适配器是否工作正常。

如果 WIFI 指示灯不亮,请检查 USB 无线网卡是否装好,并且是否属于下面支持的型号:TP‐LINK TL‐WN823N, Netgear WNA1000M, Netgear WNA3100M。

通过网线将 TBX3000A 与电脑相连,如图 2.3.5 所示,并按照下面步骤来配置电脑参数。

普通网线

图 2.3.5　TBX3000A 和服务器连接

电脑 LAN 口配置参数:通过以下路径进入 Network and Sharing Center (网络和共享中心):Control Panel→Network and Internet→Network and Sharing Center (控制面板→网络和 Internet→网络和共享中心),按照下面步骤进行配置,如图 2.3.6 所示:

IP 地址:192.168.1.66

子网掩码:255.255.255.0

默认网关:192.168.1.1

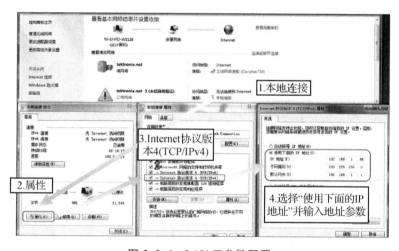

图 2.3.6　LAN 口参数配置

2) 开始配置

在电脑的浏览器中输入 TBX3000A 的默认 IP 地址:192.168.1.101,接着就会自动加载 TBX3000A 的界面。请确认固件版本信息,必须是 V01.02.07 及以上,如图 2.3.7 所示。如果版本过低,请登录 www.tek.com 搜索 TBX3000A Firmware 来下载最新版本固件。

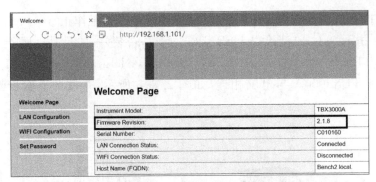

图 2.3.7　固件版本信息检查

注意：如果加载不成功，请先检查电脑的
LAN 配置。如果一切正常，请根据 TBX3000A 的
网口指示灯检查网线是否工作正常，如图 2.3.8
所示，并将 TBX3000A 重置为出厂默认设置（长按
"RESET"按键 5 s，再等待 20 s 后会自动恢复出厂
默认设置，复位过程请勿断电）。

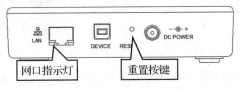

图 2.3.8　TBX3000A 恢复出厂默认设置

3）连接 TBX3000A 到无线网络

选择"WiFi Configuration"，再选择"Scan AP"，如图 2.3.9 所示。

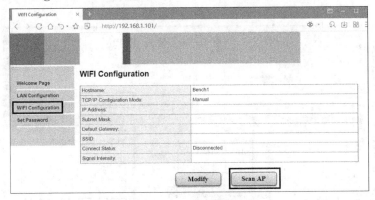

图 2.3.9　WiFi 参数配置

选择创建好的网络，并点击"Apply"。如果看不到"Apply"，可以通过滚动条往下拉。

根据之前路由器的安全设置，选择"Security Type"（加密类型），然后点击"Connect"完
成连接如图 2.3.10 所示。

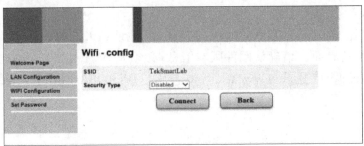

图 2.3.10　加密类型选择

4) 配置 TBX3000A 的 Host name

按照 TBX3000A 所放置的实验桌号来更改 TBX3000A 的 Host name(见表 2.3.1)。

表 2.3.1 实验桌 Host name

放置的实验桌	Host name
1 号实验桌	Bench1
2 号实验桌	Bench2

选择"WiFi Configuration",然后点击"Modify",如图 2.3.11 所示。

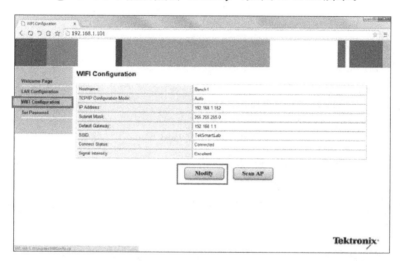

图 2.3.11 WiFi 参数修改

如果需要输入密码,请输入默认密码:admin,然后点击"Submit"进行提交,如图 2.3.12 所示。

图 2.3.12 修改默认密码

在 Modify WiFi Configuration 界面中,保持"TCP/IP Configuration Mode"是 automatic,修改对应的 Host name。如果是放在 1 号实验桌上,就设置为 Bench1,以此类推,点击"Submit"进行提交,如图 2.3.13 所示。

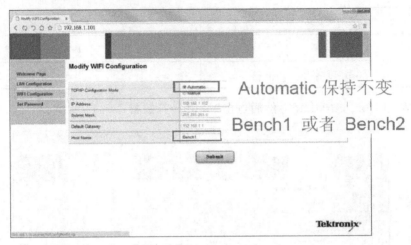

图 2.3.13　修改 Host name

选择"WIFI Configuration",检查配置 Host name:Bench1 或者 Bench2 SSID:TekSmartLab。

注意,如果遇到因浏览器的缓存而设置并没有正确显示的情况,可以刷新界面后查看,如图 2.3.14 所示。

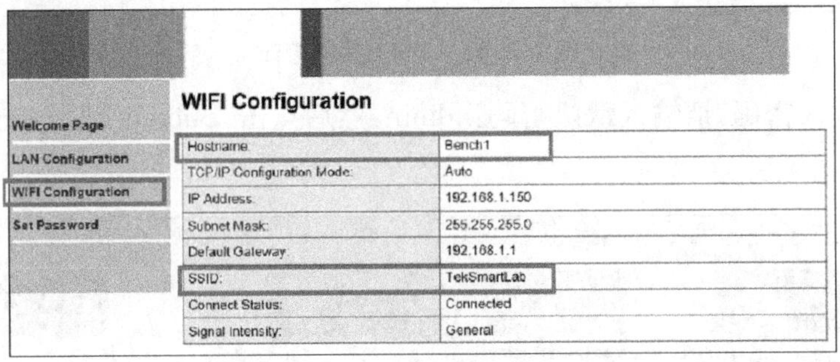

图 2.3.14　刷新确认 Host name

断开网线,等待 10 s,会发现 WiFi 指示灯开始以每秒两次的方式开始闪烁(在配置之前是以每秒一次的频率闪烁),表示设置成功。按照同样的方法,将另外一个 TBX3000A 也设置好。

2.3.3　配置教师机控制端

登录泰克网站 www.tek.com,搜索并下载 TSL3000B 软件安装包,并按照提示进行安装。

如果电脑未安装过 Net Framework 4.0 或以上版本,通过下面链接在微软网站下载。如果已经安装就无须再安装。

Net Framework 4.0 中文版下载链接（在此页面中，根据电脑 Windows 系统语言版本，选择中文或英文，再选择下载）：

http://www. microsoft. com/zh — CN/download/details. aspx? id＝17718

将电脑的 WIFI 连接到已经创建好的 TekSmart-Lab 无线网络中，如图 2.3.15 所示。

连接好无线网络后，即可打开 TSL3000B 软件，Start→All programs→Tektronix→TekSmartLab→TSL3000B。

TSL3000B 语言默认为英文，第一次使用可以点击"Settings"在下拉菜单中选择"Language"，再选择"Chinese"即可切换为中文，如图 2.3.16 所示。

图 2.3.15　选择 TekSmartLab 无线网络

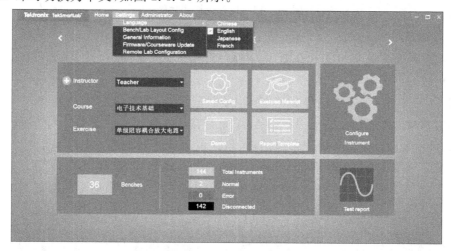

图 2.3.16　语言选择

单击主界面如图 2.3.17 所示的下方仪器控制区域，等待几秒，会看到已上电仪器区域显示为绿色，表示已经连接成功，如图 2.3.18 所示。

图 2.3.17　仪器配置主界面

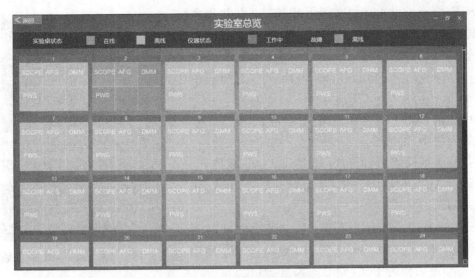

图 2.3.18　仪表连接成功图

注意：如果未能够成功显示，请按照下面方法来排查：

确保仅有一台安装了 TSL3000B 的电脑在 TekSmartLab 网络内，因为 TBX3000A 同一时间仅可以和一台电脑进行通信。

确保 TBX3000A 的网口已经断开，否则无线网无法正常工作。

根据实验桌的颜色可以查看 TBX3000A 是否在正常通信。如图 2.3.19 表示 2 号实验桌的 TBX3000A 已经与服务器正常通信，但是仅仅只有信号源在工作中，其他 3 个仪表处于离线状态。而 1 号实验桌的 TBX3000A 并没有与服务器建立通信。如果遇到 TBX3000A 通信不正常，请重置对应 TBX3000A，并按照之前的描述重新配置网络参数，如图 2.3.19 所示。

图 2.3.19　状态确认

在确保 TBX3000A 已经建立通信而仪器未能显示的情况下，按照下面步骤来排查：

(1) 检查仪器是否在支持仪器列表中。

(2) 针对 AFG1022，它的固件必须在 V1.1.1 及以上，并且 TBX3000A 固件需在 v01.02.07 及以上。固件可以在 cn. tek. com 搜索 AFG1022 或者 TBX3000A 进行下载。AFG1022 固件升级请参考对应产品说明书，TBX3000A 的固件升级参考固件相关升级说明。

(3) 针对 TDS1000、TDS2000 系列示波器，需要将后面板的 USB (Rear USB) 通信口设置为 Computer。设置步骤为：前面板选择 Utility→Options→Rear USB：Computer。

针对其他仪器,建议先升级到最新版的固件,然后通过 USB 线与电脑直连,通过 TekVisa 判断仪器的 USB 口是否在正常工作。

2.4 泰克智能组网系统的演示

这个演示介绍的是如何通过软件来模拟出实际实验室内实验桌的布局,注意如果是试用版软件(trialversion)仅能够支持 5 个实验桌。

2.4.1 实验分组布局

根据下面步骤进入实验桌配置界面点击进入实验桌查看界面,如图 2.4.1 所示。

图 2.4.1 实验桌配置主界面

在主界面的菜单栏点击"设置",出现下拉菜单选择"实验桌/实验室设置"界面,如图 2.4.2所示。

图 2.4.2 实验桌/实验室设置界面

　　在编号菜单可以选择横向编号、纵向编号或者手动编号,此时可以根据实验室情况自行设置行列数值。例如,将行设置为 2,列设置为 2,点击"确定",接着就会得到如图 2.4.3 所示的 4 个实验桌的布局。

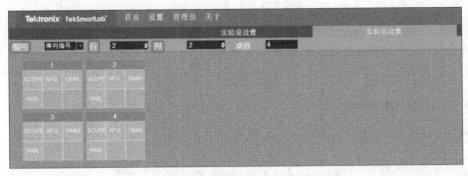

图 2.4.3　实验桌行列设置

　　选择并双击 4 号实验桌,就可以将 4 号实验桌删除掉(如果在同一位置再次点击,4 号实验桌又会显示出来)。然后点击"应用",会得到一个提示"原有的实验室布局信息将被清除,您确定要继续吗?",选择"是"。在提示"设置保存成功!"点击"OK",完成设置,如图 2.4.4所示。

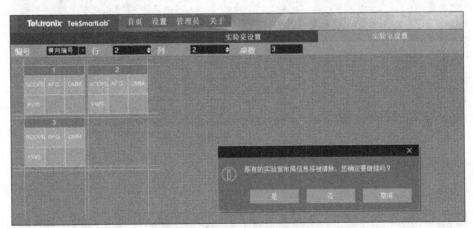

图 2.4.4　实验桌行列增减

软件会自动回到之前的实验桌查看界面,完成整个设置过程。

2.4.2　教师机集中控制

　　教师可以设置仪器配置,只需点击一下鼠标,就可以把设置分发到最多 100 个实验桌上的仪器中。可以随时改变仪器配置,并随时设置,比如可以禁用示波器的自动设置功能,鼓励学生学习怎样手动调节示波器来显示正确的波形。

　　在这个演示中,我们会介绍如何通过泰克智能组网系统来批量地远程设置仪器参数。在主界面上点击配置仪表将会出现如图 2.4.5 所示的 4 类仪表,双击其中一个仪表,这个仪表的图标将会变成浅绿色,此时就可以对这个仪表进行参数设置,如图 2.4.6 所示。

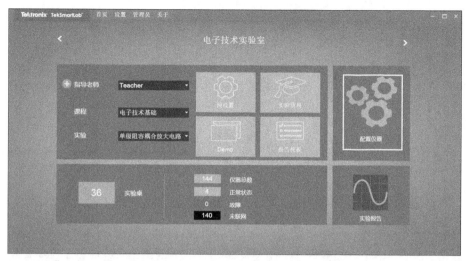

图 2.4.5 集中配置仪表参数主界面

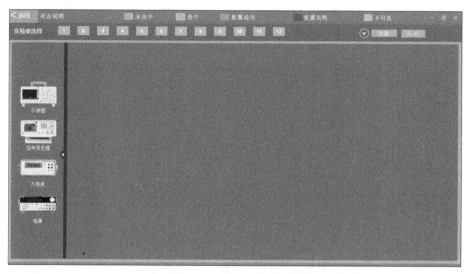

图 2.4.6 设置仪表参数

例如将示波器的 Autoset 功能禁用:

将示波器的 Autoset 功能设置为 disable 状态,如图 2.4.7 所示。选择"实验桌 1"和"实验桌 2",再选择"应用",如图 2.4.8 所示,示波器的 Autoset 功能就会被禁用掉。这个时候,可以用手按下示波器的 Autoset 按键,会得到 Autoset 已经被禁用的提示。按照同样的步骤将 Autoset 功能打开。

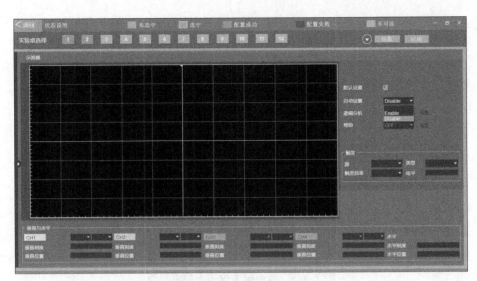

图 2.4.7　Autoset 功能设置

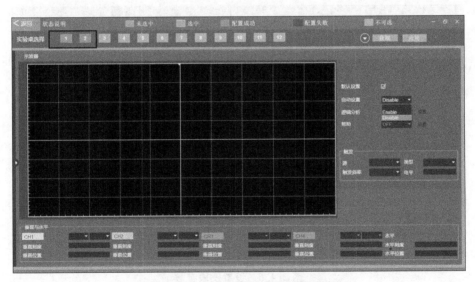

图 2.4.8　Autoset 功能禁用批量应用

　　例如将信号发生器的 CH2 输出关闭：将信号发生器 CH2 的输出设置为 OFF，选择实验桌 1 和实验桌 2 的图标，然后点击"应用"。信号发生器的 CH2 输出就会被关闭，如图 2.4.9 所示。

　　按照同样的步骤，可以将信号发生器的输出打开。

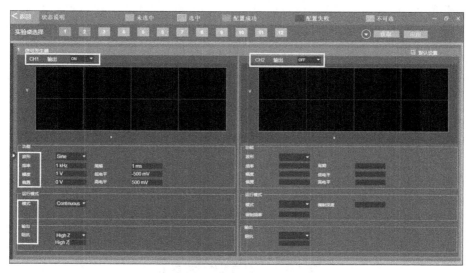

图 2.4.9 信号发生器通道设置

2.4.3 教师机集中监控

通过 TekSmartLab,可以简便地模拟出实验桌布局和实验室布局。可以设置实验桌上的仪器数量和类型,也可以灵活地设置实验室内部每个实验桌的位置。

在这个演示中,我们会介绍如何通过软件来监控实验室内仪器状态。

在图 2.4.10 所示主界面,我们会看到,实验桌 36 个,仪器总数 144,2 个正常状态,0 个故障,142 个未联网。

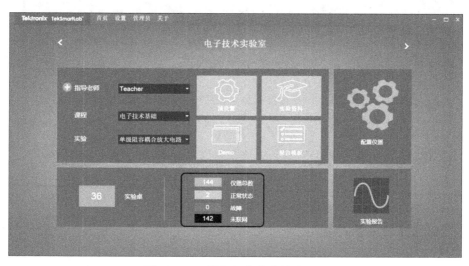

图 2.4.10 教师机集中监控主界面

在图 2.4.11 所示界面上,实验桌 1 和实验桌 2 上的信号发生器及示波器显示为绿色,表示这四个仪器接入了系统,并且工作正常。

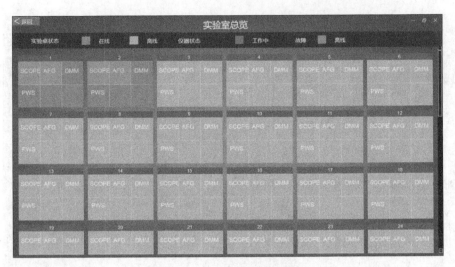

图 2.4.11　仪器工作状态展示

在实验课期间,教师可以监测所有仪器的状态:绿色表示仪器正在工作,灰色表示没有连接,红色表示发生错误。点击相应的工作台图标,教师可以检查或为某个实验桌提供帮助。

将实验桌 1 上的示波器与系统断开(即将示波器连接到 TBX3000A 上的 USB 线拔掉),在 10 s 之内就会发现对应的仪器会变成灰色,如图 2.4.12 所示。

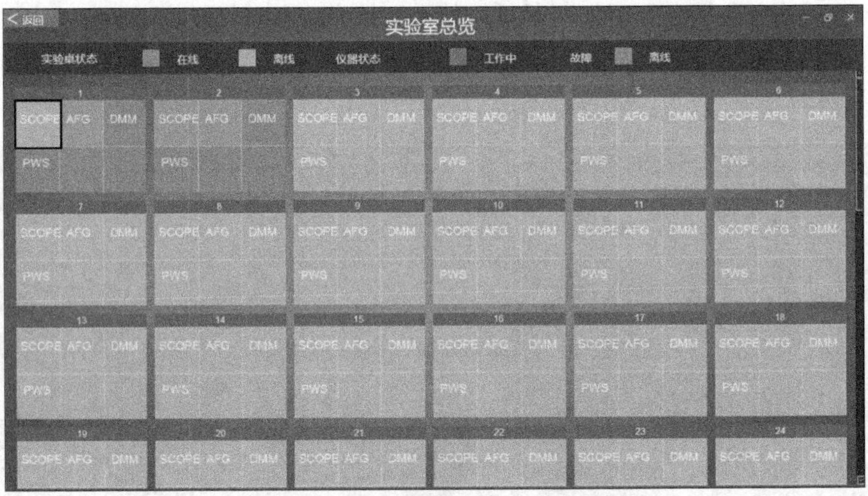

图 2.4.12　仪器工作状态变化

将示波器与系统再次连接上(即将示波器连接到 TBX3000A 上),对应的图标会变绿色。

注意:当仪器的通信或者固件出现问题时,会显示为红色。如果遇到红色,请对仪器进行自检,并且检查 USB 线是否连接正常。

【实例分析】观察基本共射放大电路的波形非线性失真

为使放大电路工作不因进入非线性区而产生波形失真,就必须给放大电路设置一个合适的静态工作点。

图 2.4.13 中 Q 点选在线性区的中部,运用范围未超过线性区,因此输出波形不失真。图 2.4.14～图 2.4.16 可以看出在实验操作中的最大动态范围情况。

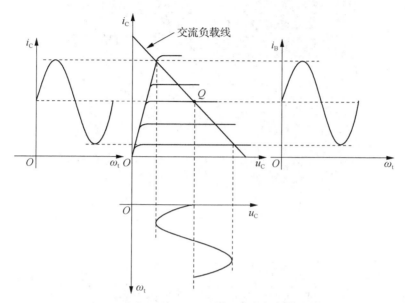

图 2.4.13　具有最大动态范围的静态工作点

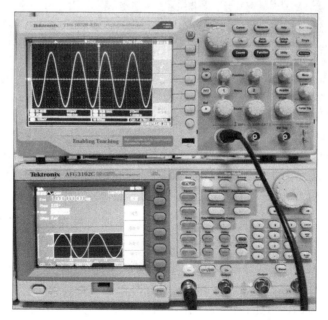

图 2.4.14　实验桌上具有最大动态范围的静态工作点真实接线图

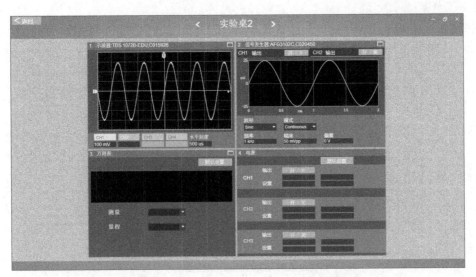

图 2.4.15　教师机上最大动态范围监控波形图

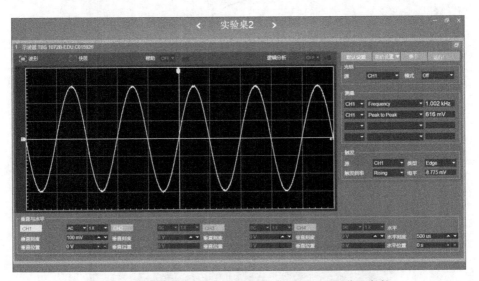

图 2.4.16　教师机上最大动态范围示波器波形及详细参数

　　在图 2.4.17 中，Q_1 点因选在靠近饱和区使输出波形出现失真，由图知此时输出电压波形负半周被削掉一部分，图 2.4.18～图 2.4.20 可以看出在实验操作中的饱和失真情况。

　　在图 2.4.17 中，Q_2 点选在靠近截止区使输出波形出现失真，这样输出电压波形的正半周期被削掉一部分，图 2.4.21～图 2.4.23 可以看出在实验操作中的截止失真情况。

　　为使输入信号得到不失真的放大，放大器的静态工作点要根据指标要求而定。如希望耗电小、噪音低、输入阻抗高，Q 点就可选得低一些；如希望增益高时，Q 点可适当选择高一些。

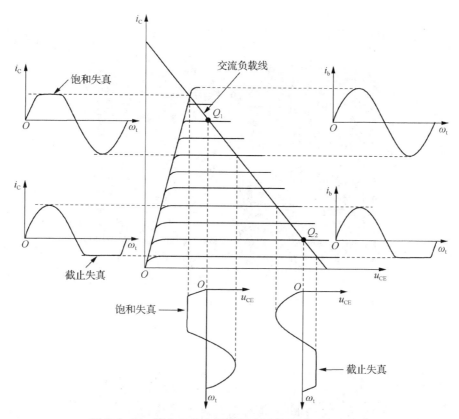

图 2.4.17 静态工作点设置不合适输出波形产生失真

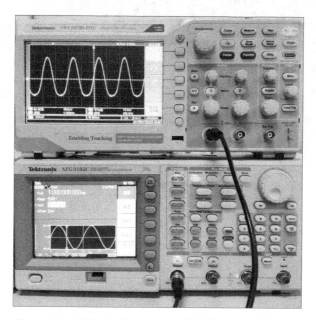

图 2.4.18 实验桌上静态工作点处于饱和区真实接线图

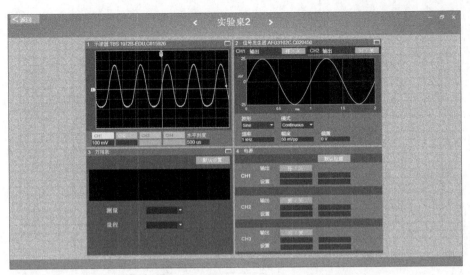

图 2. 4. 19　教师机上静态工作点处于饱和区监控波形图

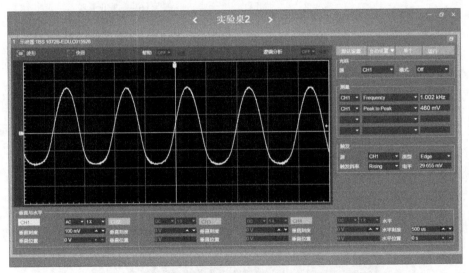

图 2. 4. 20　教师机上静态工作点处于饱和区示波器波形及详细参数

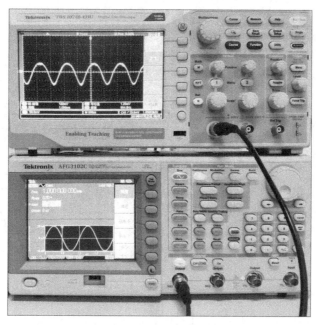

图 2.4.21　实验桌上静态工作点处于截止区真实接线图

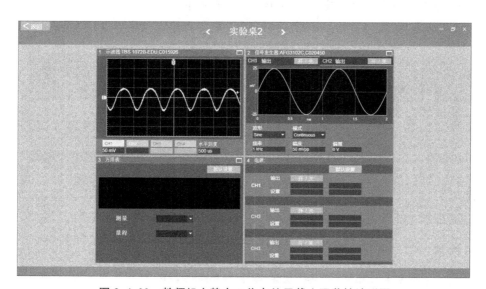

图 2.4.22　教师机上静态工作点处于截止区监控波形图

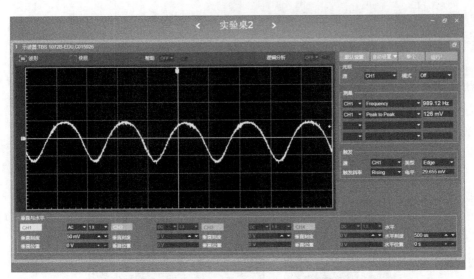

图 2.4.23　教师机上静态工作点处于截止区示波器波形及详细参数

2.4.4　远程协助

在这个演示中,我们会介绍如何通过泰克智能组网系统软件来远程查看和控制某一个实验桌上的仪器,这样即使不在实验室教师也可以远程协助学生。确保实验桌 2 上的信号发生器 CH1 输出与示波器的 CH1 通过 BNC 线连接好。

在实验桌查看界面上,双击 2 号实验桌图标,进入 2 号实验桌界面,如图 2.4.24 所示。

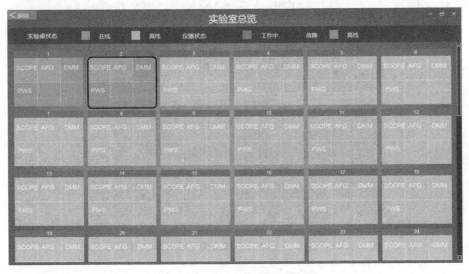

图 2.4.24　远程协助申请界面

在这个界面上,2 号实验桌上两个仪器的参数配置都会显示出来,如图 2.4.25 所示。

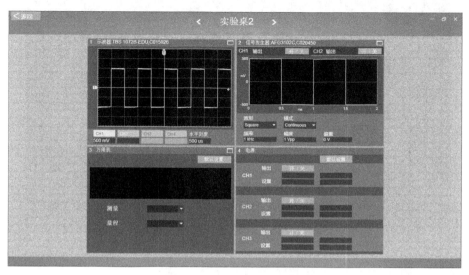

图 2.4.25　待修改参数图

　　在软件中将信号发生器的输出波形修改为方正弦波:这个设置会被发送到信号发生器上,然后示波器测量到的波形会变化为正弦波,并且更新在软件中,如图 2.4.26 所示。

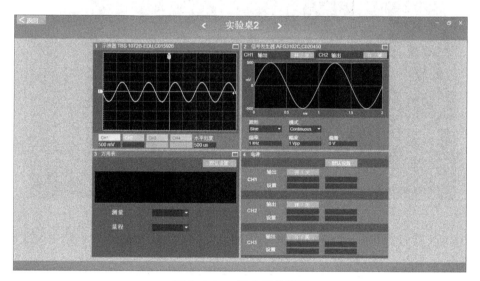

图 2.4.26　修改后参数图

　　点击示波器上的"▣"图标进入示波器的详细设置界面,然后测量 1 选择为"Frequency",测量 2 选择为"Peak to Peak"来进行测量,如图 2.4.27 所示。

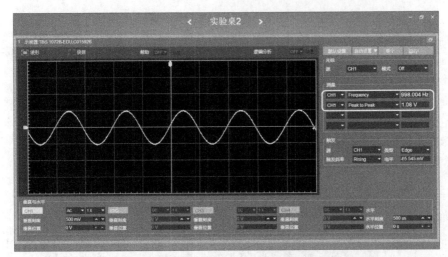

图 2.4.27　示波器详细参数

点击快照按键来获取示波器的截屏,如图 2.4.28 所示。

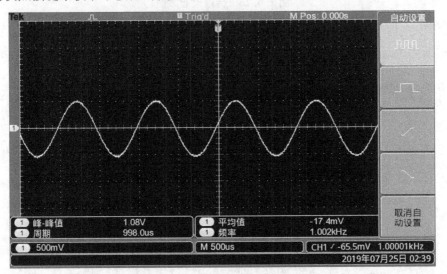

图 2.4.28　示波器快照截图

备注:示波器波形的更新反应速度和仪器响应时间相关。当打开通道数量越少时,更新速度越快。

2.4.5　在线测试结果获取,保存和归档

在传统教学实验室中,在学生需要保存测试结果时,比如示波器截图,他们会使用 U 盘,更常见的情况是使用手机拍照来获得图片。不同学生在不同实验上保存的测试结果格式很难一致,并且很难将结果存档供未来使用。

在这个演示中,我们会介绍学生如何通过手机扫描二维码来获取,保存和归档测试结果。请注意:微信的二维码扫描功能在局域网内无法使用,所以不推荐使用。您需要先安装 SQL 数据库,并配置好 IIS 服务后才能够使用这个功能。请到泰克网站查询"TBX3000 and

TSL3000B User Manual"来下载并查看如何安装/配置 SQL2008 R2 及 IIS 服务。如果安装了 360 安全卫士软件,请务必卸载掉,否则不能正常工作。

TekSmartLab 为在线编辑和提交测试报告提供了智能的方法:TSL3000B 服务器软件在本地网络中为每个实验桌创建一个网页,网页可以通过实验桌对应的 IP 地址来访问。通过 TSL3000B,教师可以把 IP 地址变成二维码,并作为打印好的二维码标签贴在每个实验桌上,如图 2.4.29 所示。

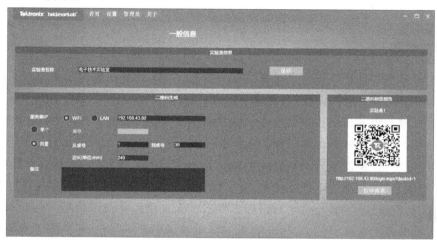

图 2.4.29 二维码的生成

学生通过使用手机扫描二维码,或在电脑的网络浏览器中输入 IP 地址,就可以登录对应试验台的网页。一旦登录,学生就可以 简便地在线编辑和提交测试报告。如图 2.4.30 所示,在学生创建新的测试报告时,将自动加载教师创建的保存在服务器上的报告模板。在这个界面上,实验结果,包括仪器的型号、序列号、学生备注都会被保存下来。而学生的学号与姓名会通过水印的方式自动加载在结果上。

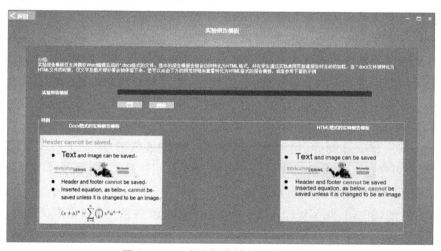

图 2.4.30 实验报告模板下载与提交

在学生编辑测试报告时,可以随时插入测试结果,如示波器截图。测试报告可以下载到本地,也可以存档在实验室服务器上,以备未来使用。

3　Multisim 仿真技术

3.1　Multisim 简介

3.1.1　概述

随着电子技术和计算机技术的迅猛发展，以电子电路计算机辅助设计 CAD(Computer Aided Design)为基础的电子设计自动化 EDA(Electronic Design Automation)技术已成为当今电子学领域的重要学科。一台电子产品的设计过程，从概念的确立，到包括电路原理、PCB 版图、单片机程序、机内结构、FPGA(Field-programmable gate array)的构建及仿真、外观界面、热稳定分析、电磁兼容分析在内的物理级设计，再到 PCB 钻孔图、自动贴片、焊膏漏印、元器件清单、总装配图等生产所需资料等等全部在计算机上完成。EDA 技术借助计算机存储量大、运行速度快的特点，可对设计方案进行人工难以完成的模拟评估、设计检验、设计优化和数据处理等工作。EDA 已经成为集成电路、印制电路板、电子整机系统设计的主要技术手段，在电子设计领域得到广泛应用。

Multisim 是加拿大图像交互技术公司 IIT(Interactive Image Technologies)推出的以 Windows 为基础的一种 EDA 仿真工具，是一款功能强大的交互式电路模拟软件，它为用户提供了丰富的元件库和功能齐全的虚拟仪器仪表，适用于板级的模拟/数字电路板的设计工作。它包含了电路原理图的图形输入、电路硬件描述语言输入方式，具有丰富的仿真分析能力。

与传统的电子线路实验方法相比，Multisim 具有以下特点。

(1) 直观的图形界面：整个操作界面就像一个电子实验工作台，绘制电路所需的元器件和仿真所需的测试仪器均可直接拖放到屏幕上，轻点鼠标可用导线将它们连接起来，软件仪器的控制面板和操作方式都与实物相似，测量数据、波形和特性曲线如同在真实仪器上看到的一样。

(2) 丰富的元器件库：Multisim 大大扩充了 EWB(Electronics Workbench)的元器件库，包括基本元件、半导体器件、运算放大器、TTL 和 CMOS 数字 IC、DAC、ADC 及其他各种部件，且用户可通过元件编辑器自行创建或修改所需元件模型，还可通过 IIT 公司网站或其代理商获得元件模型的扩充和更新服务。

(3) 丰富的测试仪器：除 EWB 具备的数字万用表、函数信号发生器、双通道示波器、扫频仪、字信号发生器、逻辑分析仪和逻辑转换仪外，Multisim 新增了瓦特表、失真分析仪、频谱分析仪和网络分析仪。尤其与 EWB 不同的是：所有仪器均可多台同时调用。

(4) 完备的分析手段：除了 EWB 提供的直流工作点分析、交流分析、瞬态分析、傅立叶分析、噪声分析、失真分析、参数扫描分析、温度扫描分析、极点－零点分析、传输函数分析、灵敏度分析、最坏情况分析和蒙特卡罗分析外,Multisim 新增了直流扫描分析、批处理分析、用户定义分析、噪声图形分析和射频分析等,基本上能满足一般电子电路的分析设计要求。

(5) 强大的仿真能力:Multisim 既可对模拟电路或数字电路分别进行仿真,也可进行数模混合仿真,尤其是新增了射频(RF)电路的仿真功能。仿真失败时会显示出错信息、提示可能出错的原因,仿真结果可随时储存和打印。

Multisim 提炼了 SPICE(Simulation Program with Intergrated Circuit Emphasis)仿真的复杂内容,提供了全面集成化的设计环境,完成从原理图设计输入、电路仿真分析到电路功能测试等工作。当改变电路连接或改变元件参数,对电路进行仿真时,可以清楚地观察到各种变化对电路性能的影响。通过 Multisim 和虚拟仪器技术,PCB 设计工程师和电子学教育工作者可以完成从理论到原理图捕获与仿真再到原型设计和测试这样一个完整的综合设计流程,可以很好地解决理论教学与实际动手实验相脱节的这一大难题。它是电路教学解决方案的重要基础,可通过设计、原型开发、电子电路测试等实践操作来提高学生的技能。Multisim 仿真实验一般用于预习,可以预测实际实验的结果;也可用于实际实验中进行仿真分析,可以消化和巩固理论知识。在设计型实验中,还可用 Multisim 仿真来及时验证电路的设计结果。用好 Multisim 仿真,可以达到事半功倍的效果。

3.1.2　Multisim14.0 的新特性

本教材选用的 Multisim 仿真软件版本为 Multisim14.0,它是美国国家仪器(NI)有限公司推出的最新版本,是业界一流的 SPICE 仿真标准环境。它拥有很多自身独特的特色,如所见即所得的设计环境、互动式的仿真界面、动态显示元件、具有 3D 效果的仿真电路、虚拟仪表、分析功能与图形显示窗口等等。

Multisim14.0 的新特性主要有:

(1) 主动分析模式

全新的主动分析模式可让您更快速获得仿真结果和运行分析。

(2) 电压、电流和功率探针

通过全新的电压、电路、功率和数字探针可视化交互仿真结果。

(3) 了解基于 Digilent FPGA 板卡支持的数字逻辑

使用 Multisim 探索原始 VHDL 格式的逻辑数字原理图,以便在各种 FPGA 数字教学平台上运行。

(4) 基于 Multisim 和 MPLAB 的微控制器教学

全新的 MPLAB 教学应用程序集成了 Multisim 14.0,可用于实现微控制器和外设仿真。

(5) 借助 Ultiboard 完成高年级设计项目

Ultiboard 学生版新增了 Gerber 和 PCB 制造文件导出函数,以帮助学生完成毕业设计项目。

(6) 用于 iPad 的 Multisim Touch

借助全新的 iPad 版 Multisim,随时随地进行电路仿真。

（7）来自领先制造商的 6000 多种新组件

借助领先半导体制造商的新版和升级版仿真模型，扩展模拟和混合模式应用。

（8）先进的电源设计

借助来自 NXP 和美国国际整流器公司开发的全新 MOSFET 和 IGBT，搭建先进的电源电路。

（9）基于 Multisim 和 MPLAB 的微控制器设计

借助 Multisim 与 MPLAB 之间的新协同仿真功能，使用数字逻辑搭建完整的模拟电路系统和微控制器。

3.1.3　Multisim14.0 的基本操作

1）编辑原理图

（1）创建电路窗口

运行 Multisim14.0，软件自动打开一个空白的电路窗口。电路窗口是用户放置元器件、创建电路的工作区域，用户也可以通过单击工具栏中的按钮（或按〈Ctrl＋N〉组合键），新建一个空白的电路窗口。

初次创建一个电路窗口时，使用的是默认选项。用户可以对默认选项进行修改，新的设置会和电路文件一起保存，这就可以保证用户的每一个电路都有不同的设置。如果在保存新的设置时设定了优先权，即选中了"Set as default"复选框，那么当前的设置不仅会应用于正在设计的电路，而且还会应用于此后将要设计的一系列电路。

（2）元器件的选取

可以通过以下两种方法在元器件库中找到元器件：

① 通过电路窗口上方的元器件工具栏或选择菜单"Place"→"Component"命令浏览所有的元器件系列；

② 查询数据库中特定的元器件。

（3）放置元器件

① 选择元器件和使用浏览窗口

单击工具栏图标，打开详细的浏览窗口，窗口中各栏功能如下：

● Database：元器件所在的库；

● Group：元器件的类型；

● Family：元器件的系列；

● Component：元器件名称；

● Symbol：显示元器件的示意图；

● Function：元器件功能简述；

● Model manuf. /ID：元器件的制造厂商/编号；

● Footprint manuf. /Type：元器件封装厂商/模式；

● Hyperlink：超链接文件。

如果放置的是虚拟元器件，它与实际元器件的颜色不同，其颜色可以在"Options"→

"Sheet Properties"→"Colors"窗口中更改。

② 使用"In Use List"

每次放入元器件或子电路时,元器件和子电路都会被"记忆",并被添加进正在使用的元器件清单——"In Use List"中。

③ 移动一个已经放好的元器件

可以用下列方法之一将已经放好的元器件移到其他位置:

a. 用鼠标拖动这个元器件;

b. 选中元器件,按住键盘上的箭头键可以使元器件上下左右移动。

④ 复制/替换一个已经放置好的元器件

a. 复制已经放置好的元器件

选中此元器件,然后选择菜单"Edit"→"Copy",或者单击鼠标右键,从弹出的菜单中选择"Copy"命令;选择菜单"Edit"→"Paste"命令,或是单击鼠标右键,在弹出的菜单中选择"Paste"命令。

b. 替换已经放置好的元器件

选中此元器件,然后选择菜单"Edit"→"Propertie";单击"Replace"按钮,出现元器件浏览窗口;在浏览窗口中选择一个新的元器件,单击"OK"按钮,新的元器件将代替原来的元器件。

⑤ 设置元器件的颜色

元器件的颜色和电路窗口的背景颜色可以打开"Option"→"Sheet Properties"→"Colors"窗口进行设置。

更改一个已放好的元器件的颜色:在该元器件上单击鼠标右键,在弹出菜单中选择"Colors"选项,从调色板上选取一种颜色,再单击"OK"按钮,元器件变成该颜色。

更改背景颜色和整个电路的颜色配置:在电路窗口中单击鼠标右键,在弹出的菜单中选择"Properties"选项,在出现窗口的"Colors"选项中设定颜色。

(4) 连线

① 自动连线

在两个元器件之间自动连线,把光标放在第一个元器件的引脚上(此时光标变成一个"+"符号),单击鼠标,移动鼠标,就会出现一根连线随光标移动;在第二个元器件的引脚上单击鼠标,Multisim14.0将自动完成连接,自动放置导线。

② 手动连线

把光标放在第一个元器件的引脚上(此时光标变成"+"符号),单击鼠标左键,移动鼠标,就会出现一根连线跟随鼠标延伸;在移动鼠标的过程中通过单击鼠标来控制连线的路径;在第二个元器件的引脚上单击鼠标完成连线,连线按用户的要求进行布置。

③ 自动连线和手动连线相结合

Multisim14.0默认的是自动连线,如果在连线的过程中按下了鼠标,相当于把导线锁定到了这一点(这就是手动连线),然后Multisim14.0继续进行自动连线。

④ 设置连线颜色

连线的默认颜色是在"Options"→"Sheet Properties"→"Colors"窗口中设置的。

（5）手动添加节点

选择菜单"Place"→"Place Junction"命令,鼠标箭头的变化表明准备添加一个结点;也可以通过单击鼠标右键,在弹出的菜单中选择"Place Schematic"命令。

单击连线上想要放置结点的位置,在该位置出现一个结点。

（6）旋转元器件

单击鼠标右键,从弹出菜单中选择"Rotate 90° Clockwise"（顺时针旋转 90°）命令,或"Rotate 90° counter Clockwise"（逆时针旋转 90°）命令。

（7）设置元器件属性

每一个被放置在电路窗口中的元器件还有一些其他的属性,这些属性决定着元器件的各个方面。但这些属性仅仅影响该元器件,并不影响其他电路中的相同电阻元件或同一电路中的其他元器件。依元器件类型不同,这些属性决定了下列方面的部分或全部:

① 在电路窗口中显示元器件的识别信息和标号;

② 元器件的模型;

③ 对某些元器件,如何把它应用于分析之中;

④ 应用于元器件节点的故障。

a. 显示已被放置的元器件的识别信息;

b. 查看已放置的元器件的标称值或模型;

c. 为放置好的元器件设置错误:双击元器件,系统弹出元器件的"Properties"窗口,选择"Fault"选项卡;

d. 自动设置错误:选择菜单"Simulate"→"Auto Fault Option"命令,系统弹出"Auto Fault"（自动设置错误）对话框。

（8）从电路中寻找元器件

选择菜单"Edit"→"Find"命令,系统弹出"Find"对话框:

① 元器件查找结果信息;

② 突出显示查找到的元器件;

③ 当前电路元器件信息表。

（9）标识

① 更改元器件标识和属性;

② 更改节点标号;

③ 添加标题框:可以在标题框对话框中为电路输入相关信息,包括标题、描述性文字和尺寸等;

④ 添加备注:选择菜单"Place"→"Place Text"命令,单击想要放置文本的位置,出现光标,在该位置输入文本,单击电路窗口的其他位置结束文本输入;

⑤ 添加说明:选择菜单"Tools"→"Description Box Editor"命令,出现添加文字说明的对话框。在对话框中直接输入文字。输入完成后,单击图中所示的关闭按钮退出文字说明编辑窗口,返回电路窗口;单击电路窗口页直接切换到电路窗口,无须关闭文字说明编辑

窗口。

(10) 虚拟连线

更改元器件的网络编号,使其具有相同的数值,可在元器件间建立虚拟连接(仅供专业或高级专业用户使用)。Multisim14.0将帮助用户进一步确认是否希望继续进行修改工作。单击"Yes"按钮,Multisim14.0会在具有相同流水号的元器件之间建立虚拟连接。

(11) 子电路和层次化

Multisim14.0允许用户把一个电路内嵌于另一个电路中。为了使电路的外观简化,被内嵌的电路,或者说子电路在主电路中仅仅显示为一个符号。

① 建立子电路

a. 在电路窗口中设计一个电路或电路的一部分;

b. 给电路添加输入/输出结点:选择菜单"Place"→"Connectors"→"Output connector"命令,出现输入/输出结点的影子随光标移动;在放置结点的理想位置单击鼠标,放下结点,Multisim14.0自动为结点分配流水号;结点被放置在电路窗口中以后,就可以像连接其他元器件一样,将结点接入电路中;保存子电路。

② 为电路添加子电路

选择菜单"Place"→"New Subcircuit"命令,在出现的对话框中为子电路输入名称。单击"OK"按钮,子电路的影子跟随鼠标移动,在主电路窗口中单击将子电路放置到主电路中。此时在设计工具箱中主电路文件下加入了子文件"Sub1(X1)";双击打开"Sub1(X1)"子文件,此时子电路窗口为空白窗口;复制或剪切需要的电路或电路的一部分到子电路窗口中;关闭子电路窗口返回主电路窗口,子电路添加完成。

(12) 打印电路

选择菜单"File"→"Print Options"→"Print Sheet Setup"命令,为电路设置打印环境,打印电路设置对话框。

选择菜单"File"→"Print Options"→"Print Instruments"命令,可以选中当前窗口中的仪表并打印出来,打印输出结果为仪表面板。电路运行后,打印输出的仪表面板将显示仿真结果。

选择菜单"File"→"Print"命令,为打印设置具体的环境。要想预览打印文件,选择菜单"File"→"Print Preview"命令,电路出现在预览窗口中,在预览窗口中可以随意缩放,逐页翻看,或发送给打印机。

(13) 放置总线

选择"Place"→"Place Bus"命令,在总线的起点单击鼠标,总线的第二点单击鼠标,继续单击鼠标直到画完总线,在总线的终点双击鼠标,完成总线的绘制。总线的颜色与虚拟元器件一样,在总线的任何位置双击连线,将自动弹出属性对话框。

(14) 使用弹出菜单

① 没有选中元器件时弹出菜单

在没有选中元器件的情况下,在电路窗口中单击鼠标右键,系统弹出属性命令菜单,主要命令说明如下:

- Place Component：浏览元器件，添加元器件；
- Place Junction：添加连接点；
- Place Wire：添加连线；
- Place Bus：添加总线；
- Place Input/Output：为子电路添加输入/输出结点；
- Place Hierarchical Block：打开子电路文件；
- Place Text：在电路上添加文字；
- Cut：把电路中的元器件剪切到剪贴板；
- Copy：复制；
- Paste：粘贴；
- Place as Subcircuit：在电路中放置子电路；
- Place by Subcircuit：由子电路取代被选中的元器件；
- Show Grid：显示或隐藏网格；
- Show Page Bounds：显示或隐藏图纸的边界；
- Show Title Block and Border：显示或隐藏电路标题块和边框；
- Zoom In：放大；
- Zoom Out：缩小；
- Find：显示电路中元器件的流水号的列表；
- Color：设置电路的颜色；
- Show：在电路中显示或隐藏元器件信息；
- Font：设置字体；
- Wire Width：为电路中的连线设置宽度；
- Help：打开 Multisim14.0 的帮助文件。

② 选中元器件时弹出菜单

在选中的元器件或仪器上单击鼠标右键，系统弹出属性命令菜单，主要命令说明如下：

- Cut：剪切被选中的元器件、电路或文字；
- Copy：复被选中的元器件、电路或文字；
- Flip Horizontal：水平翻转；
- Flip Vertical：垂直翻转；
- 90 Clockwise：顺时针旋转 90°；
- 90 CounterCW：逆时针旋转 90°；
- Color：更改元器件的颜色；
- Help：打开 Multisim14.0 的帮助文件。

③ 菜单来自选中的连线

在选中的连线上单击鼠标右键，系统弹出属性命令菜单，命令说明如下：

- Delete：删除选中的连线；
- Color：更改连线的颜色 。

2）电路分析和仿真

根据对电路性能的测试要求，从仪器库中选取满足要求的测试仪器、仪表，拖至电路工作区的合适位置，并与设计电路进行正确的电路连接，然后单击"Run/Simulation"按钮，即可实现对电路的仿真调试。

3）分析和扫描功能

在运用Multisim14.0进行电路设计时，通常会用虚拟仪器对电路的特征参数进行测量，以确定电路的性能指标是否达到了设计要求。然而，一般来说虚拟仪器只能完成电压、电流、波形和频率等测量，在反映电路的全面特性方面存在一定的局限性。例如，当需要了解元件参数、元件精度或温度变化对电路性能的影响时，仅靠仪器测量将十分费时、费力。此时，借助Multisim14.0提供的仿真分析功能不仅可以完成电压、电流、波形和频率的测量，而且能够完成电路动态特性和参数的全面描述。在主界面上，可以通过Simulate菜单中的Analyses and simulation命令，或工具栏相关按钮打开仿真分析界面。

（1）基本分析功能

基本分析功能有直流工作点分析（DC Operating Point Analysis）、交流分析（AC Analysis）、瞬态分析（Transient Analysis）、傅立叶变换（Fouier Analysis）、失真分析（Distortion Analysis）、噪声分析（Noise Analysis）六种。这六种基本分析功能可以测量电路的响应，以便于了解电路的基本工作状态，这些分析结果与设计者用示波器、万用表等仪器、仪表对实际连线构成的电路所测试的结果相同。但在进行电路参数的选择时，用该分析功能则要比使用实际电路方便很多。例如：双击鼠标左键就可选用不同型号的集成运放或其他电路的参数，来测试其对电路的影响，而对于一个实物电路而言，要做到这一点则需花费大量的时间去替换电路中的元器件。

直流工作点分析的目的是确定电路的静态工作点。在进行仿真分析时，电路中的电容被视为开路，电感被视为短路，交流电源和信号源被视为零输出，电路处于稳态。直流工作点的分析结果可用于瞬态分析、交流分析和参数扫描分析等。

单频交流分析能给出电路在某一频率交流信号激励下的响应，相当于在交流扫描分析中固定某一频率时的响应，分析的结果是输出电压或电流相量的"幅值/相位"或"实部/虚部"。

瞬态分析用于分析电路的时域响应，其结果是电路中指定变量与时间的函数关系。在瞬态分析中，系统将直流电源视为常量，交流电源按时间函数输出，电容和电感采用储能模型。

傅立叶分析可将非正弦周期信号分解成直流、基波和各次谐波分量之和，即可将信号从时间域变换到频率域。工程上，常采用长度与各次谐波幅值或初相位对应的线段，按频率高低依次排列成幅度频谱或相位频谱，直观表示各次谐波幅值和初相位与频率的关系。傅立叶分析的结果是幅度频谱和相位频谱。

失真分析能给出电路因非线性而产生的谐波失真和互调失真，对瞬态分析波形中不易观察的微小失真比较有效。当电路中只有一个频率为F_1的信号源时，失真分析的结果是电路中指定结点的二次和三次谐波响应;而当电路中有两个频率分别为 F_1 和 F_2 的信号源时(假设 $F_1 > F_2$),失真分析的结果是频率(F_1+F_2)、(F_1-F_2)和($2F_1-F_2$)相对 F_1 的互调失真。

噪声分析主要研究噪声对电路性能的影响。Multisim14.0 提供了三种噪声模型:热噪声(Thermal Noise)、散弹噪声(Shot Noise)和闪烁噪声(Flicker Noise)。热噪声由温度变化产生;散弹噪声由电流在电路中流动产生,是半导体器件的主要噪声;而晶体管在 1 kHz 以下常见的噪声是闪烁噪声。噪声分析的结果是噪声谱密度函数,表示指定元件对指定结点的噪声贡献。

噪声系数分析(Noise Figure Analysis)用于衡量电路输入输出信噪比的变化程度。

(2) 高级分析功能

高级分析功能有极点-零点分析(Pole Zero Analysis)和传递函数分析(Transfer Function Analysis)两种。

极点-零点分析可以给出交流小信号电路传递函数的极点和零点,用于电路稳定性的判断。

传递函数分析可以求出电路输入与输出间的关系函数,包括:电压增益(输出电压/输入电压)、电流增益(输出电流/输入电流)、输入阻抗(输入电压/输入电流)、输出阻抗(输出电压/输出电流)、互阻抗(输出电压/输入电流)等。

(3) 统计分析功能

统计分析功能有最坏情况分析(Worst Case Analysis)和蒙特卡罗分析(Monte Carlo Analysis)两种,是利用统计方法分析元器件参数不可避免的分散性对电路的影响,从而使所设计的电路成为最终产品,为有关电路的生产制造提供信息。

最坏情况分析是以统计分析的方式,在给定元件参数容差的条件下,分析电路性能相对元件参数标称时的最大偏差。其第一次仿真采用元件的标称值,然后计算电路中某结点电压或某支路电流相对每个元件参数的灵敏度,找出元件参数最小和最大值,最后在元件参数取最大偏差的情况下,完成用户指定的分析。最坏情况分析有助于电路设计人员掌握元件参数变化对电路性能造成的最坏影响。

蒙特卡罗分析是一种统计分析,由多次仿真完成。每次仿真时元件参数的容差可按指定的分布规律和范围随机变化。第一次仿真时采用元件的标称值,其余仿真则用带容差的元件值,其值为元件正常值减去或加上一个变化量,而变化量的数值取决于概率分布。蒙特卡罗分析中给出了均匀分布(Uniform)和高斯分布(Gaussian)两种概率分布。通过蒙特卡罗分析,用户可以了解元件容差对电路性能的影响。

(4) 扫描分析功能

扫描功能有参数扫描分析(Parameter Sweep Analysis)、温度扫描分析(Temperature Sweep Analysis)、交流灵敏度分析(Sensitivity Analysis)、直流灵敏度分析四种,是在各种条件和参数随机变化时观察电路的变化,从而评价电路的性能。

参数扫描分析是指在规定范围内改变指定元件参数,对电路的指定结点进行直流工作点分析、瞬态分析和交流频率特性等分析。该分析可用于电路性能的分析和优化。

温度扫描分析是指在规定范围内改变电路的工作温度,对电路的指定结点进行直流工作点分析、瞬态分析和交流频率特性等分析。该分析相当于在不同的工作温度下多次仿真电路性能,可用于检测温度变化对电路性能的影响。不过温度扫描分析只适用于半导体器件和虚拟电阻,并不对所有元件有效。

灵敏度分析研究的是电路中指定元件参数变化对电路直流工作点和交流频率响应特性的影响,灵敏度高表明指定元件的参数变化对电路响应的影响大,反之影响小。其中,直流灵敏度分析的结果是指定结点电压或支路电流对指定元件参数的偏导数,反映了指定元件参数的变化对指定结点电压或支路电流的影响程度,用表格形式显示;交流灵敏度分析的结果是指定元件参数变化时指定结点的交流频率响应,用幅频特性和相频特性曲线表示。

交流扫描分析能完成电路的频率响应分析,生成电路的幅频特性和相频特性。分析中所有直流电源被置零,电容和电感采用交流模型,非线性元件(二极管、三极管、场效应管等)使用交流小信号模型。无论用户在电路输入端加入了何种信号,交流扫描分析时系统均默认电路的输入是正弦波,并以用户设置的频率范围来扫描。

直流扫描分析(DC Sweep Analysis)能给出指定结点的直流工作状态随电路中1个或2个直流源变化的情况。当只考虑1个直流源对指定结点直流状态的影响时,分析过程相当于每改变一次直流源数值,计算一次结点的直流状态,其结果是一条结点直流状态与电源参数间的关系曲线;而当考虑2个直流源对指定结点直流状态的影响时,分析过程相当于每改变一次第2个直流源数值,确定一次结点直流状态与第1个直流电源的关系。

(5) 其他分析功能

线宽分析(Trace Width Analysis)是针对PCB板中有效传输电流所允许的导线最小宽度进行的分析。在PCB板中,导线的耗散功率取决于通过导线的电流和导线电阻,而导线的电阻又与导线的宽度密切相关。针对不同的导线耗散功率,确定导线的最小宽度是PCB设计人员十分需要和关心的。

批处理分析(Batched Analysis)是将不同分析或同一分析的不同实例组合在一起依次执行。例如,利用批处理分析可以对指定电路一次性地完成直流工作点分析、频率响应特性分析、瞬态分析等,不必分别逐个进行分析。

用户自定义分析(User Defined Analysis)是一种利用SPICE语言建立电路、仿真电路并显示仿真结果的方法。用户在进行用户自定义分析时,首先,用SPICE语言描述和建立电路,并将电路文件保存成. cir文件。然后,在Commands选项卡中,输入用SPICE语言编写的分析命令。最后,点击Run按钮即可得到相应的分析结果。用户自定义分析为用户提供了一条自行编辑分析项目、扩充仿真分析功能的新途径,但同时也要求用户具有熟练运用SPICE语言的能力。

3.1.4 使用注意事项

在计算机中安装Multisim14.0仿真软件之后,使用Multisim仿真实验时需要注意的是：Multisim仿真实验中用到的元器件要与实际实验一致，但如果在仿真元件库中找不到相同的元器件时，一定要用相同或相似性能的元器件代替；另外，Multisim仿真实验永远无法代替实际实验（实际实验过程中会遇到器件损坏、仪表误操作等方面的问题），但会使我们在处理实际问题的过程中，增加调试经验，锻炼动手能力。

以下Multisim仿真实验中，以单级组容耦合放大器的仿真步骤最为详细，后面的仿真实验可以以此作为参考。

3.2 单级阻容耦合放大器的仿真

3.2.1 仿真电路的建立

1）建立电路文件

双击Multisim14.0图标启动Multisim系统，在Multisim基本界面上总会自动打开一个空白的电路文件，如图3.2.1所示，系统自动命名为"设计1"，可以在保存电路文件时再重新命名为"单级阻容耦合放大器"，扩展名自动命名为.ms14。

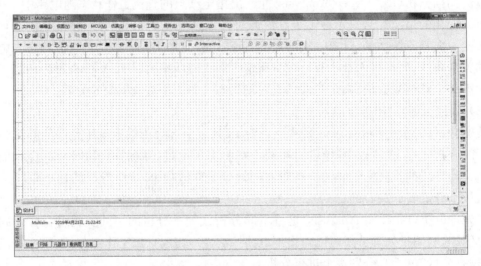

图 3.2.1 Multisim14.0 基本界面

该基本界面为Multisim14.0提供的主操作窗口（基本界面），主要由菜单栏、工具栏、元件库栏、电路工作区、状态栏、启动/停止开关、暂停/恢复开关等部分组成。菜单栏用于选择电路连接、实验所需的各种命令；工具栏包含了常用的操作命令按钮；元件库栏包含了电路实验所需的各种元器件和测试仪器、仪表；电路工作区用于电路连接、测试和分析；启动/停止开关用来运行或关闭运行的模拟实验。

2）选择并放置元件

Multisim已将精心设计的若干元件模型放置在元件工具栏的元件库中，如图3.2.2所示，这些元器件模型是进行电路仿真设计的基础。选取元件最直接的方法是从元件工具栏中选取。元件工具栏中有 20 个按钮,每个按钮对应一个元件盒,而每个元件盒中又包含了数量不等的性能相近的元件。

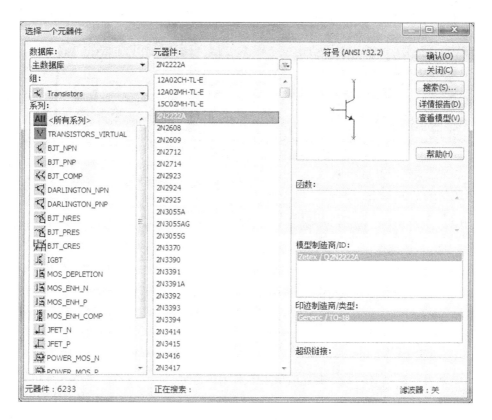

图 3.2.2　元件工具栏(元件选择图标)

"┿"放置源;"〜"放置基本元件;"╁"放置二极管;"�"放置晶体管;"↦"放置模拟元件;"呕"放置 TTL 元件;"ᶜᴹᴼˢ"放置 CMOS 元件;"回"放置其他数字元件;"⇪ᵧ"放置混合元件;"回"放置指示器;"ᗊ"放置功率元器件;"ᴹᴵˢᴄ"放置其他元件;"Υ"放置 RF 射频元件;"⊡"放置机电式元件;"✕"放置 NI 元器件;"℗"放置连接器;"ᶘ"放置 MCU;"ᵔ"层次块;"Γ"总线。

(1) 选取三极管放置到电路图中

用鼠标点击元件工具栏中的"↚"图标,进入基本元件库三极管选择界面,如图 3.2.3 所示。

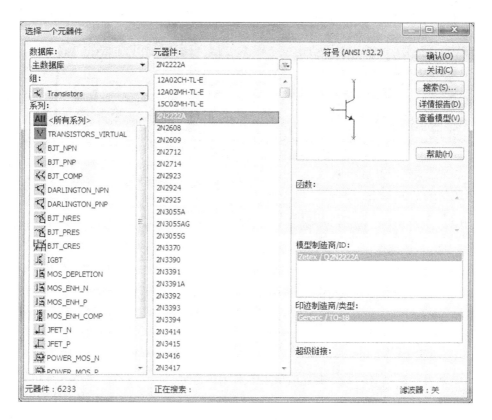

图 3.2.3　三极管选择界面

选中三极管"2N2222A",这是小信号放大常用的三极管,同类型
的还有 2SC945、DG6、3DG100、S9013 和 2N3904 等。点击"确认"按
钮,即可将 2N2222 三极管放入电路图中,如图 3.2.4 所示。

图 3.2.4　放置三极管

(2) 添加电阻、电容、电位器到电路图中

同三极管选择一样,用鼠标点击"⌇⌇⌇"图标,进入基本元件库电阻
选择界面,如图 3.2.5 所示。在电路图中放置选中的电阻,如图 3.2.6所示。

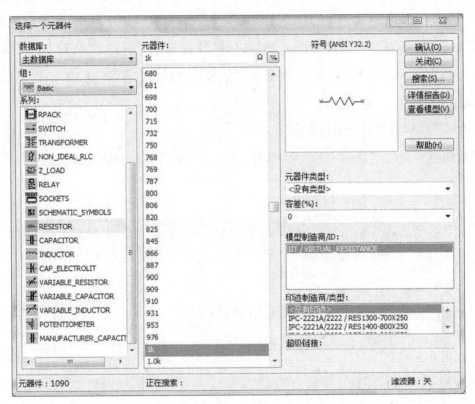

图 3.2.5　电阻选择界面

图 3.2.6　放置电阻

用鼠标点击"⌇⌇⌇"图标,进入基本元件库电容选择界面,如图 3.2.7 所示。在电路图中放
置选中的电容,如图 3.2.8 所示。

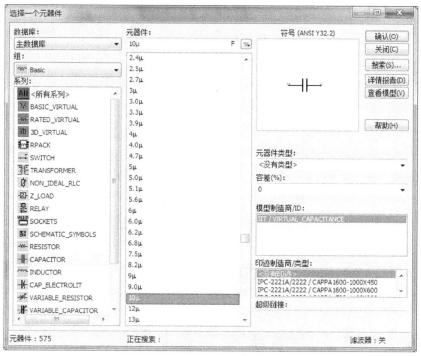

图 3.2.7 电容选择界面

用鼠标点击"~~~"图标,进入基本元件库电位器选择界面,如图 3.2.9 所示。在电路图中放置选中的电位器,如图 3.2.10 所示。

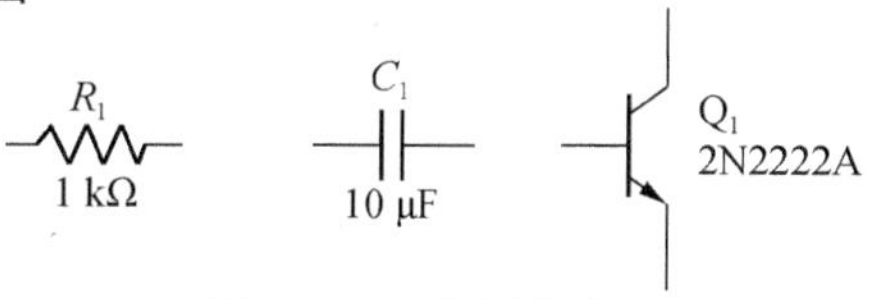

R_1 1 kΩ C_1 10 μF Q_1 2N2222A

图 3.2.8 放置电容

图 3.2.9 电位器选择界面

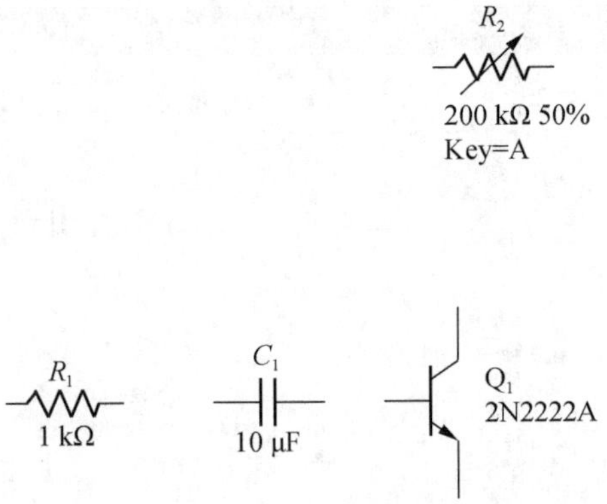

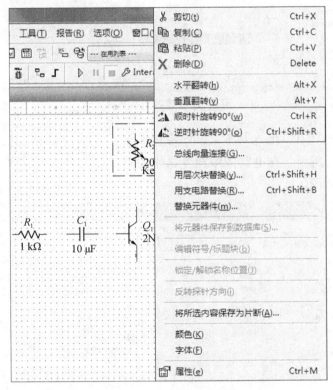

图 3.2.10　放置电位器

选中电位器,点击右键出现图示菜单,选择顺时针或者逆时针旋转 90°,即可将电位器旋转至合适位置,如图 3.2.11 所示。

图 3.2.11　旋转电位器

(3) 添加直流稳压电源及输入信号电压源到电路图中

用鼠标点击"✛"图标,分别选中"DC_POWER"(直流电源)和"GROUND"(地),添加至电路图中,如图 3.2.12、图 3.2.13 所示。双击直流电源,打开其参数设置窗口,设置直流电源电压为 12 V。

用鼠标点击"✛"图标,选中"AC_VOLTAGE"(交流电压源),添加至电路图中作为输入信号源,如图 3.2.14 所示。双击信号源,打开其参数设置窗口,设置输入信号源的频率为

1 kHz,电压峰峰值为 10 mV。

图 3.2.12 直流稳压电源选择界面

图 3.2.13 地选择界面

图 3.2.14　添加输入信号电压源

（4）连接完整的电路图

当鼠标靠近元器件的端点，会出现连线的提示，根据提示连接电路。可以双击电路图中该元器件，更改元器件的参数、位号和显示内容。如果要移动、复制、旋转、删除电路图中的元件，必须选中该元器件，使用鼠标左键单击该元件，被选中元件的四周会出现一个矩形框，拖动鼠标就可以移动。点鼠标右键，在随之出现的菜单中可选择相应的操作。连接完的电路如图 3.2.15 所示。

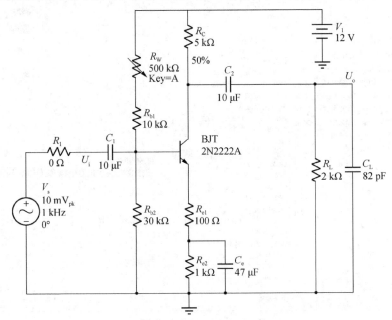

图 3.2.15　单级阻容耦合放大器仿真电路

3.2.2 电路仿真与分析

编辑好电路原理图之后,在电路中加入虚拟仪器,就可以对所编辑的电路进行仿真分析了。Multisim14.0提供了21种仪表,仪表工具栏通常位于电路窗口的右边,也可以用鼠标将其拖至界面的其他位置呈水平状,方便调用,如图3.2.16所示。

图 3.2.16　仪表工具栏

"📷"万用表;"📈"函数发生器;"📊"瓦特计;"📉"示波器;"📶"4通道示波器;"📐"波特测试仪;"🔢"频率计数器;"📟"字发生器;"📋"逻辑变换器;"📊"逻辑分析仪;"📈"IV分析仪;"📉"失真分析仪;"📊"光谱分析仪;"📶"网络分析仪;"📷AG"Agilent函数发生器;"📟AG"Agilent万用表;"📊AG"Agilent示波器;"📉TK"Tektronix示波器;"▶️"labVIEW仪器;"🖊️"NI ELVISmx仪器;"🔧"电流探针。

用鼠标点击仪器工具栏中所选用的仪器图标按钮,并拖放至电路工作界面即可,操作过程类似于元器件的拖放。这里用到了万用表、示波器和扫频仪。用鼠标点击仪器工具栏中的"📊"图标按钮,选中双踪示波器并拖放至电路工作界面,与电路连接,A通道接输入信号,B通道接输出信号;用鼠标点击"📷"图标按钮,选中万用表并拖放至三极管的发射极和集电极,设置万用表均为直流电压挡,添加了万用表和示波器的完整仿真电路连接图如图3.2.17所示。

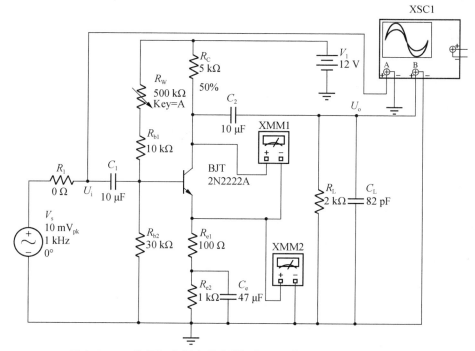

图 3.2.17　单级阻容耦合放大器添加万用表和示波器的完整电路

用鼠标点击仿真开关图标"▷",进行电路仿真,双击仿真电路中的万用表和示波器,得到仿真结果如图 3.2.18 所示。

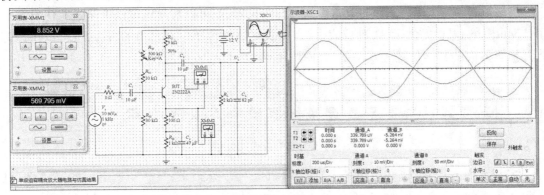

图 3.2.18　单级阻容耦合放大器电路与仿真结果

最佳工作点调节是实现三极管放大最佳性能的关键。最佳工作点的调节方法如下:增大信号源 V_s 的幅度,直到输出波形出现上半周截止失真(见图 3.2.19)或者下半周饱和失真(见图 3.2.20),再调节 R_w,使失真消失或使上半周和下半周同时失真。调节 R_w 为 30% 时可看到明显的截止失真,如图 3.2.19 所示;调节 R_w 为 10% 时可以看到明显的饱和失真。观察失真时输入信号最大幅度为 220 mV。

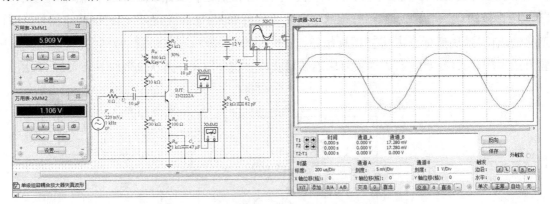

图 3.2.19　单级阻容耦合放大器输出波形截止失真

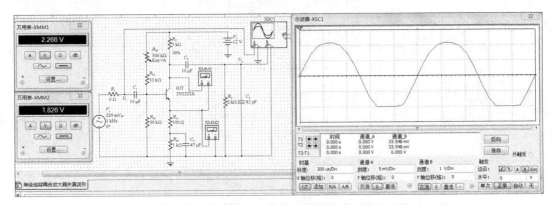

图 3.2.20　单级阻容耦合放大器输出波形饱和失真

如图 3.2.21 所示,当 R_w=100 kΩ 即 20%时,输出波形失真最小,这时三极管的静态工作点是最佳的。后面的仿真实验都是基于最佳工作点的条件下进行的,否则不能测量出电路的最佳交流性能。

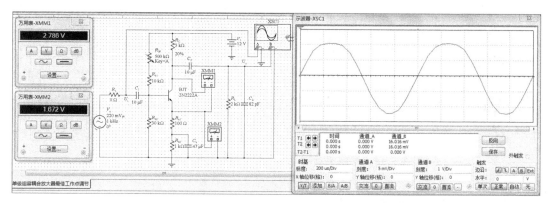

图 3.2.21 单级阻容耦合放大器的最佳工作点调节

三极管最佳静态工作点的测量不能在输出波形失真的情况下测量,因为失真波形的平均电压不是 0 V,会影响工作点的测量。因此,最好是关闭输入信号源 V_s,再测量电路中三极管的静态工作点,如图 3.2.22 所示。

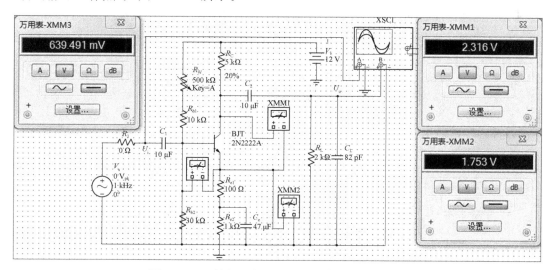

图 3.2.22 单级阻容耦合放大器静态工作点测量

测量结果为:U_{BEQ}=0.639 V、U_{CEQ}=2.316 V、U_{EQ}=1.753 V。

其他静态工作点的值可以通过计算得到:

U_{BQ}=U_{EQ}+U_{BEQ}=2.392 V,

U_{CQ}=U_{EQ}+U_{CEQ}=4.069 V,

I_{CQ}≈U_{EQ}/(R_{e1}+R_{e2})=1.594 mA。

在输出端并接一个波特图仪,启动仿真,双击其图标可以测量单级阻容耦合放大器的幅频特性曲线,如图 3.2.23 所示。

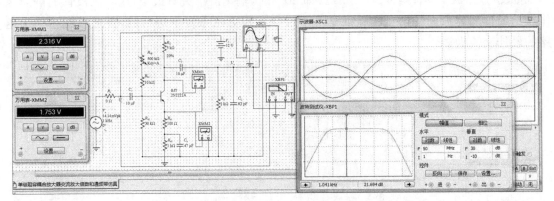

图 3.2.23　单级阻容耦合放大器电路及其幅频特性曲线

3.2.3　直流工作点分析仿真法

直流工作点分析是用来分析和计算电路静态工作点的,进行分析时,Multisim 14.0 自动将电路分析条件设为电感、交流电压源短路,电容断开。

(1) 在电子仿真软件 Multisim 14.0 电子平台中组建如图 3.2.24 所示的仿真电路(可以利用图 3.2.15,将电位器 R_W 的百分比调为 20% 即可)。

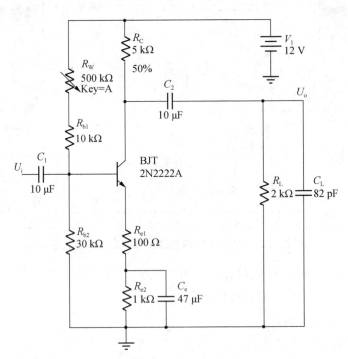

图 3.2.24　单级阻容耦合器直流工作点分析电路

（2）在如图 3.2.24 所示的仿真电路中添加各节点编号操作如下：

在电子仿真软件 Multisim 14.0 电路图编辑界面空白处点击右键，出现如图 3.2.25 所示菜单，点击"属性"。

图3.2.25　在菜单中选择"属性"
命令 Sheet Properties

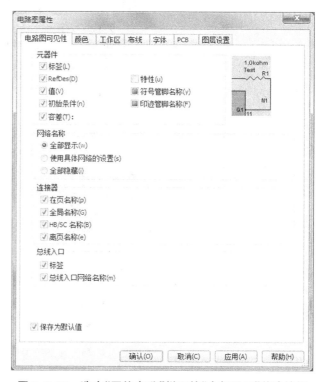

图 3.2.26　选中"网络名称"栏下的"全部显示"单选按钮

在弹出的"Sheet Properties"对话框中，将"网络名称"栏下的"全部显示"单选按钮选中，如图 3.2.26 所示；最后单击对话框下方的"确认"按钮退出，仿真电路上的每个节点即自动产生编号，如图 3.2.27 所示（注意：读者进行以上操作后，有可能出现节点编号与图 3.2.27 不完全吻合的现象，但不影响下面的工作点分析）。

（3）选择主菜单中"仿真"命令，在出现的下拉菜单中再选择"Analyses and simulation"命令，然后选取下级菜单中的"直流工作点"命令，如图 3.2.28、图 3.2.29所示。

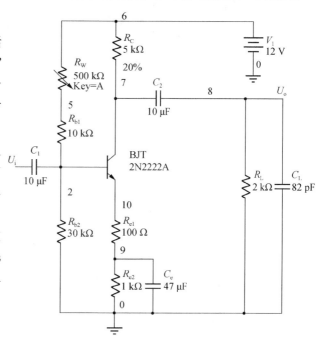

图 3.2.27　仿真电路上的每个节点自动产生编号

**图 3. 2. 28　在下拉菜单中选择
"Analyses and simulation"命令**

图 3. 2. 29　选择"直流工作点"

（4）在弹出的"直流工作点"分析对话框中，将左面的 V(10)、V(2)、V(7)、I(RE1)、I(RE2)节点全部选中呈蓝色，然后单击中间的"添加"按钮，此时会将全部节点移至右面框内，最后单击下方的"Run"按钮即可出现直流工作点分析法的分析结果数据，如图 3.2.30 所示。

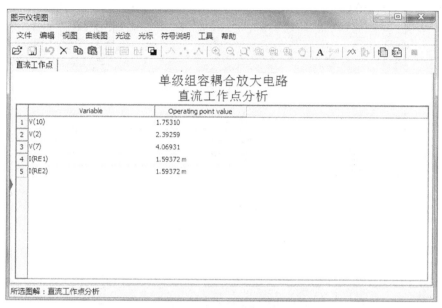

图 3.2.30 "直流工作点"分析结果

（5）图 3.2.30 中列出了单级阻容耦合放大电路各节点对地电压数据，根据各节点对地电压数据，可以得到电路的静态工作点 I_{CQ}、U_{CEQ} 和 U_{BEQ} 的值，比如节点"10"的电压 $U(10)=1.753\,10\ \text{V}=U_{EQ}$，节点"2"的电压 $U(2)=2.392\,59\ \text{V}=U_{BQ}$，节点"7"的电压 $U(7)=4.069\,31\ \text{V}=U_{CQ}$，从而可算得 $U_{BEQ}=0.639\,49\ \text{V}$，$U_{CEQ}=2.316\,21\ \text{V}$，$I_{CQ}\approx U_{EQ}/R_e=I(RE1)=I(RE2)=1.593\,72\ \text{mA}$，与前面的计算结果吻合。

3.3 集成运算放大器线性应用的仿真

3.3.1 同相比例运算放大电路仿真

（1）用鼠标点击元件工具栏的"⊅"图标，选取"OPAMP"中的元件"741"，调出一只集成运算放大器，将它放置在 Multisim14.0 基本界面的电路工作区。

（2）用鼠标点击元件工具栏的"⌁"图标，选取电阻、电容，将它们放置在电路工作区。双击元件修改其参数。

（3）用鼠标点击元件工具栏的"÷"图标，选取"POWER_SOURCES"中的电源"VCC"、地"GROUND"和交流信号源"AC_POWER"，分别将它们添加至电路工作区。双击交流信号源 V_1 图标，将其频率设置为 1 kHz，幅度设置为 10 mV 有效值。

（4）用鼠标分别点击仪器工具栏中的"▦"图标和"▦"按钮，选中双踪示波器和波特图仪并拖放至电路工作界面,与电路连接,A 通道接输入信号,B 通道接输出信号,如图 3.3.1 所示。

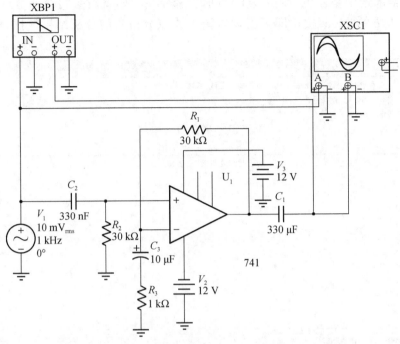

图 3.3.1 集成运算放大器构成同相比例运算放大电路

(5)启动仿真开关"▷",双击虚拟示波器和波特图仪图标,示波器显示输入与输出信号波形,波特测试仪显示幅频特性曲线,如图 3.3.2 所示。

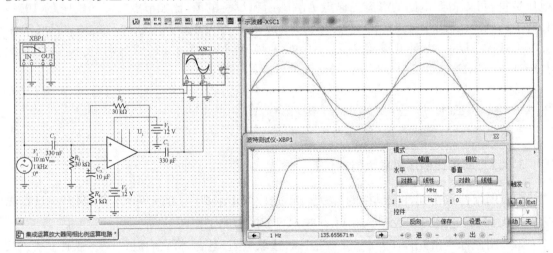

图 3.3.2 集成运放构成同相比例运算放大电路及其示波器和波特图仪显示波形

(6)示波器的输入/输出波形及其面板设置如图 3.3.3 所示,可以计算出同相比例运算电路的放大倍数。

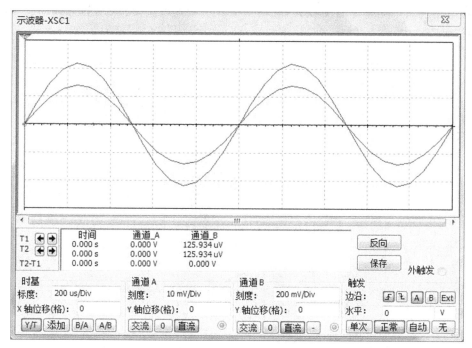

图 3.3.3　同相比例运算放大电路示波器显示的输入/输出波形及其面板设置

（7）调节电位器可观察到通频带内的变化，移动波特测试仪中的测试线可以直接测量通频带的各项指标，如图 3.3.4 所示。

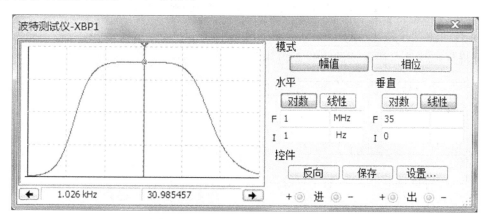

图 3.3.4　同相比例运算放大电路波特测试仪显示的幅频特性曲线及其面板设置

（8）如果要观察集成电路各个引脚的直流电压，只需在每个引脚上接一个万用表进行分析测量即可。如果要测量同相放大电路的输入输出电阻，方法是在信号源接入处串一个采样电阻来测量输入电阻，在集成电路输出端（引脚 6）接负载电阻来测量电路的输出电阻。

3.3.2　反相比例运算放大电路仿真

（1）先在 Multisim 中搭建好电路，如图 3.3.5 所示，具体的搭建电路与仿真步骤同同相比例运算电路仿真。由于是直流放大,电路中接入了调零电路,可采用静态或动态调零法对输出电压调零。

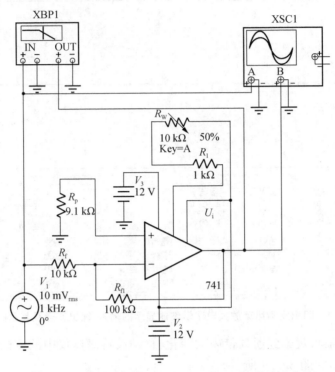

图 3.3.5　集成运算放大器构成反相比例运算放大电路

(2)启动仿真开关"▷",双击虚拟示波器和波特图仪图标,示波器显示输入与输出信号波形,波特测试仪显示幅频特性曲线如图 3.3.6 所示。

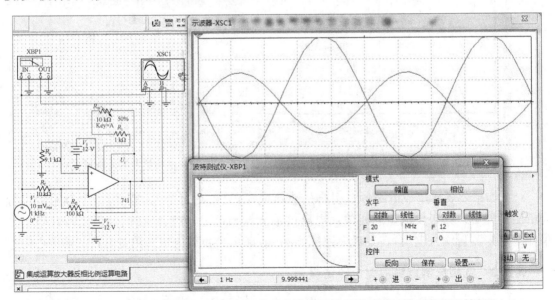

图 3.3.6　集成运放构成反相比例运算放大电路及其示波器和波特图仪显示波形

（3）示波器的输入/输出波形及其面板设置如图 3.3.7 所示，可以计算出电路的放大倍数。

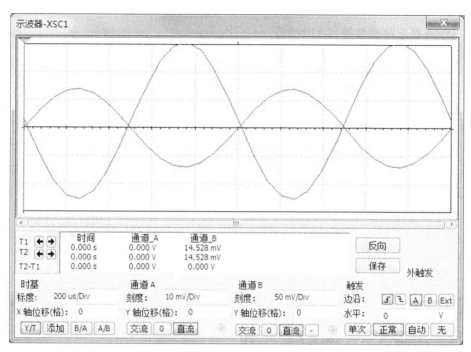

图 3.3.7　反相比例运算放大电路示波器显示的输入输出波形及其面板设置

（4）调节电位器可观察到通频带内的变化，移动波特测试仪中的测试线可以直接测量通频带的各项指标，如图 3.3.8 所示。

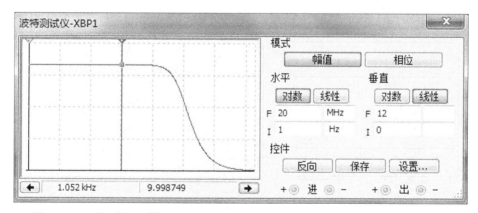

图 3.3.8　反相比例运算放大电路波特测试仪显示的幅频特性曲线及其面板设置

3.4　集成运算放大器构成滤波器的仿真

3.4.1　有源低通滤波器(LPF)仿真

（1）用鼠标点击元件工具栏的"⇥"图标，选取"OPAMP"中的元件"741"，调出一只集成运算放大器，将它放置在 Multisim14.0 基本界面的电路工作区。

（2）用鼠标点击元件工具栏的"⌁"图标，选取电阻、电容、可调电阻器，将它们放置在电路工作区。双击元件修改其参数。

（3）用鼠标点击元件工具栏的"⊹"图标，选取"POWER_SOURCES"中的电源"VCC"、地"GROUND"和交流信号源"AC_POWER"，分别将它们添加至电路工作区。双击交流信号源 V_1 图标，将其频率设置为 1 kHz，幅度设置为 10 mV 有效值；双击直流电源 V_2 和 V_3 分别将其电压设置为 12 V。

（4）用鼠标分别点击仪器工具栏中的"▨"图标和"▨"按钮，选中双踪示波器和波特图仪并拖放至电路工作界面，与电路连接，A 通道接输入信号，B 通道接输出信号，如图 3.4.1所示。

（5）启动仿真开关"▷"，双击虚拟示波器和波特图仪图标，示波器显示输入与输出信号波形，波特测试仪显示幅频特性曲线如图 3.4.2 所示。

（6）示波器的输入输出波形及其面板设置如图 3.4.3 所示。

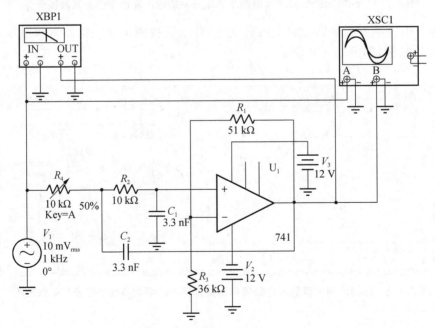

图 3.4.1　集成运算放大器构成有源低通滤波器(LPF)电路

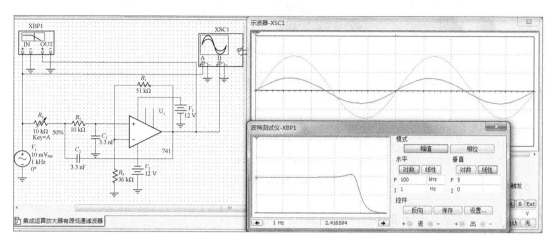

图 3.4.2 集成运放构成有源低通滤波器(LPF)电路及示波器和波特图仪显示波形

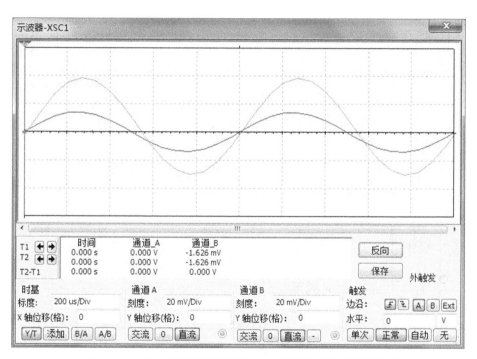

图 3.4.3 LPF 电路示波器显示的输入/输出波形及其面板设置

(7) 调节电位器可观察到通频带内的变化,移动波特测试仪中的测试线可以直接测量通频带的各项指标,如图 3.4.4 所示。

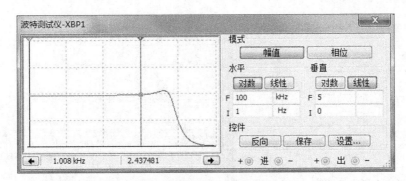

图 3.4.4　LPF 电路波特测试仪显示的幅频特性曲线及其面板设置

3.4.2　有源高通滤波器(HPF)仿真

(1) 先在 Multisim 中搭建好电路,如图 3.4.5 所示,具体的搭建电路与仿真步骤同有源低通滤波器(LPF)仿真。为了消除自激,仿真中在反馈支路上并联了 1 μF 的电容。

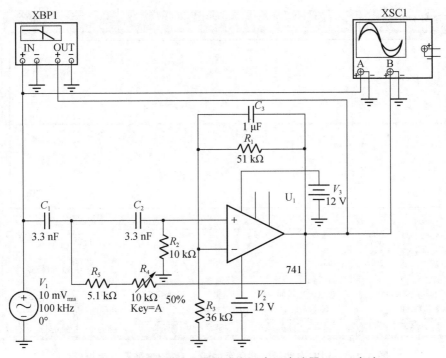

图 3.4.5　集成运算放大器构成有源高通滤波器(HPF)电路

(2) 启动仿真开关"▷",双击虚拟示波器和波特图仪图标,示波器显示输入与输出信号波形,波特测试仪显示幅频特性曲线如图 3.4.6 所示。

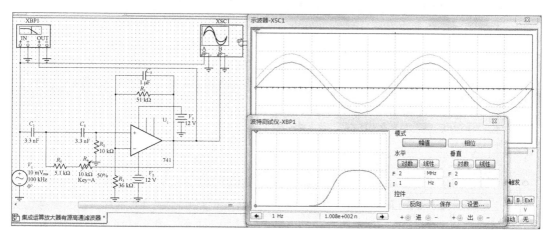

图 3.4.6　集成运放构成有源高通滤波器(HPF)电路及示波器和波特图仪显示波形

（3）示波器的输入输出波形及其面板设置如图 3.4.7 所示。

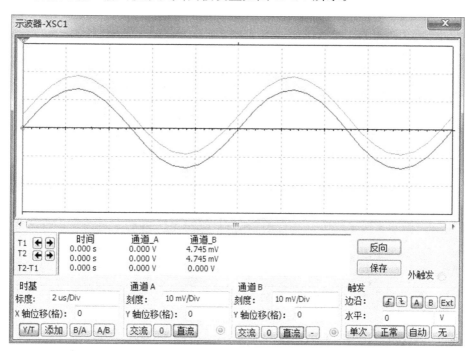

图 3.4.7　HPF 电路示波器显示的输入/输出波形及其面板设置

　　（4）调节电位器可观察到通频带内的变化，移动波特测试仪中的测试线可以直接测量通频带的各项指标，如图 3.4.8 所示。在频率很高时，电路的增益会下降，这是由集成运放有限的截止频率造成的，更换理想运放或者更高速的运放会消除或缓解这种高频增益下降的现象。

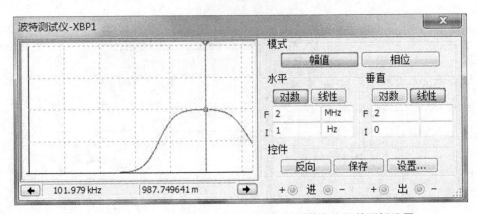

图 3.4.8　HPF 电路波特测试仪显示的幅频特性曲线及其面板设置

3.4.3　有源带通滤波器(BPF)仿真

(1) 先在 Multisim 中搭建好电路,如图 3.4.9 所示,具体的搭建电路与仿真步骤同有源低通滤波器(LPF)仿真。

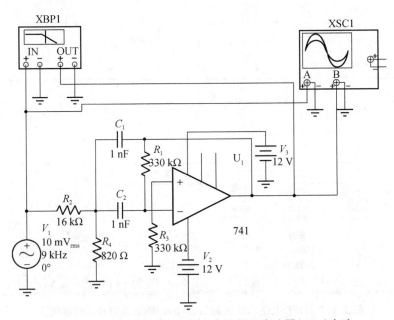

图 3.4.9　集成运算放大器构成有源带通滤波器(BPF)电路

(2) 启动仿真开关"▷",双击虚拟示波器和波特图仪图标,示波器显示输入与输出信号波形,波特测试仪显示幅频特性曲线如图 3.4.10 所示。

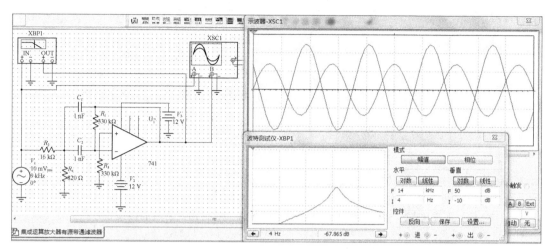

图 3.4.10　集成运放构成有源带通滤波器(BPF)电路及示波器和波特图仪显示波形

（3）示波器的输入/输出波形及其面板设置如图 3.4.11 所示。

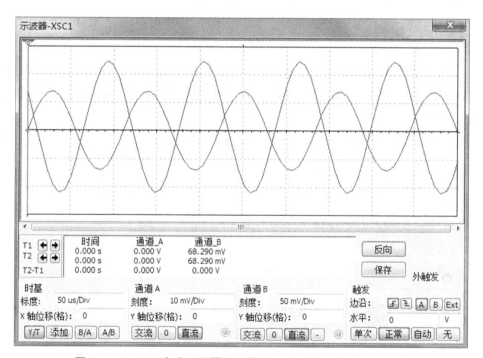

图 3.4.11　BPF电路示波器显示的输入/输出波形及其面板设置

（4）调节电位器可观察到通频带内的变化,移动波特测试仪中的测试线可以直接测量通频带的各项指标,如图 3.4.12 所示。

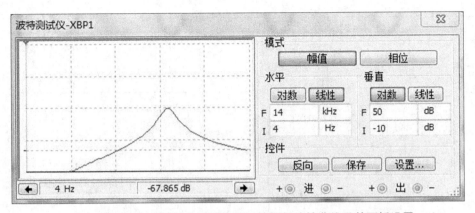

图 3.4.12　BPF 电路波特测试仪显示的幅频特性曲线及其面板设置

3.5　竞争-冒险现象及其消除的仿真

（1）用鼠标点击元件工具栏的"MOS"图标，选取"CMOS_5V"中的元件"4081BD_5V"，调出两只与门，再选取"4069BCL_5V"，调出一只反相器，将它们放置在 Multisim14.0 基本界面的电路工作区。

（2）用鼠标点击元件工具栏的"TTL"图标，选取"74STD"中的元件"7432N"，调出一只或门，将它放置在电路工作区。

（3）用鼠标点击元件工具栏的"图"图标，从虚拟元件列表框中调出一盏红色指示灯。

（4）用鼠标点击元件工具栏的"+"图标，分别将电源"VDD"、地"GROUND"和时钟脉冲信号"CLOCK_VOLTAGE"添加至电路工作区。

（5）双击脉冲信号源图标，将频率设置为 100 Hz，如图 3.5.1 所示。

（6）将所有调出元件整理并连成仿真电路。从基本界面右侧虚拟仪器工具条中调出双踪示波器，并将它的 A 通道接到电路的输入端，将 B 通道接到电路的输出端，如图 3.5.2 所示。

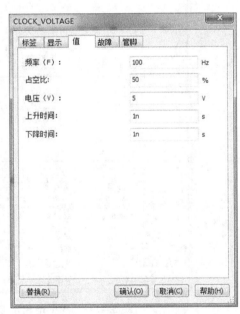

图 3.5.1　设置脉冲信号源频率

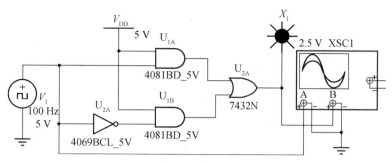

图 3.5.2　测试竞争－冒险现象仿真电路

（7）启动仿真开关"▷"，双击虚拟示波器图标，将从弹出的放大面板上看到由于电路存在竞争－冒险现象，B通道的输出波形存在尖峰脉冲，如图 3.5.3 所示，放大面板各栏数据可参照图中设置。

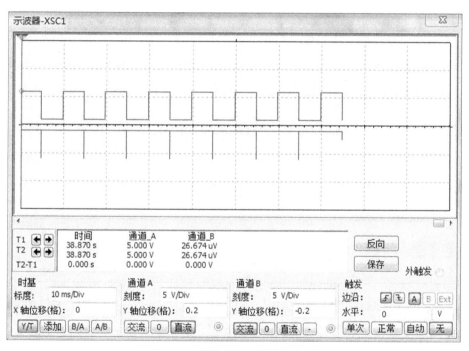

图 3.5.3　测试竞争－冒险现象波形

（8）采用修改设计的方法消除组合电路的竞争－冒险现象，先关闭仿真开关，再从CMOS元件工具栏中调出"4081BD_5V"与门和"4069BCL_5V"或门各一只，将电路改成图 3.5.4 所示的电路。

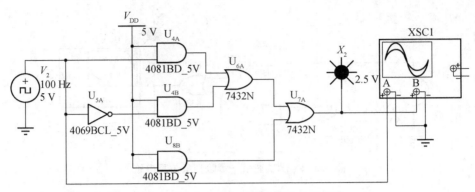

图 3.5.4　消除竞争—冒险现象仿真电路

（9）重新打开仿真开关，并双击虚拟示波器图标，从放大面板的屏幕上看到输出波形已经消除了尖峰脉冲，如图 3.5.5 所示。

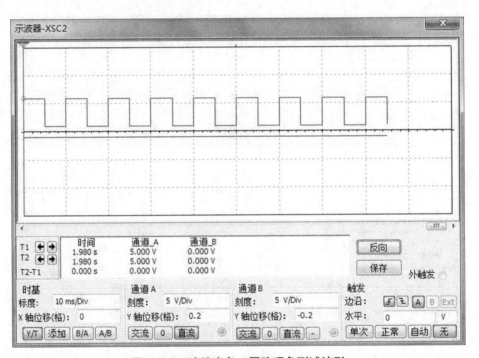

图 3.5.5　消除竞争—冒险现象测试波形

3.6　与非门动态测试的仿真

1）与非门 74LS00 一个输入端接方波、另一输入端接高电平

（1）用鼠标点击元件工具栏的"㊉"图标，选取"74LS"中的元件"74LS00D"，调出一只与非门，将它放置在 Multisim14.0 基本界面的电路工作区。

（2）用鼠标点击元件工具栏的"÷"图标，分别将电压"VCC"、地"GROUND"和时钟脉冲信号"CLOCK_VOLTAGE"添加至电路工作区。双击脉冲信号源图标，将频率设置为 1 Hz。

（3）用鼠标点击仪器工具栏中的"▨"图标按钮，选中双踪示波器并拖放至电路工作界面，与电路连接，A通道接输入信号，B通道接输出信号，如图 3.6.1 所示。

（4）启动仿真开关"▷"，双击示波器图标，可以看到输出波形是与输入波形反相的方波，如图 3.6.2 所示。

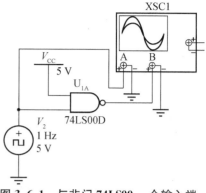

图 3.6.1　与非门 74LS00 一个输入端接方波、另一输入端接高电平的电路

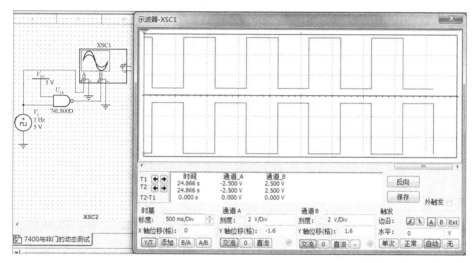

图 3.6.2　与非门 74LS00 一个输入端接方波、另一输入端接高电平的电路输出端的波形

2）与非门 74LS00 一个输入端接方波、另一输入端接低电平

（1）用鼠标点击元件工具栏的"▯"图标，选取"74LS"中的元件"74LS00D"，调出一只与非门，将它放置在 Multisim14.0 基本界面的电路工作区。

（2）用鼠标点击元件工具栏的"÷"图标，分别将地"GROUND"和时钟脉冲信号"CLOCK_ VOLTAGE"添加至电路工作区。双击脉冲信号源图标，将频率设置为 1 Hz。

（3）用鼠标点击仪器工具栏中的"▨"图标按钮，选中双踪示波器并拖放至电路工作界面，与电路连接，A通道接输出信号，如图 3.6.3 所示。

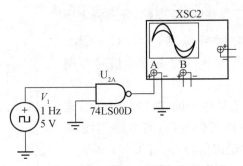

**图 3.6.3　与非门 74LS00 一个输入端接方波、
另一输入端接低电平的电路**

（4）启动仿真开关"▷"，双击示波器图标，可以看到输出波形为一条＋5 V 的直线，如图 3.6.4所示。

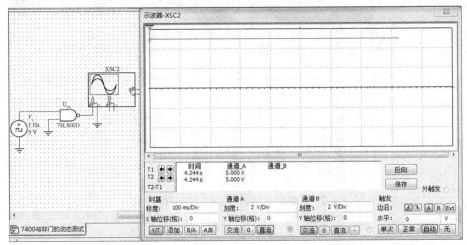

图 3.6.4　与非门 74LS00 一个输入端接方波、另一输入端接低电平的电路输出端的波形

3.7　三态门构成单向总线测试的仿真

（1）用鼠标点击元件工具栏的"⊞"图标，选取"74LS"中的元件"74LS125D"，调出三只三态门，将它们放置在 Multisim14.0 基本界面的电路工作区。

（2）用鼠标点击元件工具栏的"〰"图标，选取"SWITCH"中的元件"SPDT"，调出三只单刀双掷开关，将它们放置在电路工作区。

（3）用鼠标点击元件工具栏的"＋"图标，分别将电压"VCC"、地"GROUND"和时钟脉冲信号 CLOCK_ VOLTAG 添加至电路工作区。双击脉冲信号源图标，将频率设置为 1 Hz。

（4）用鼠标点击仪器工具栏中的"▨"图标按钮，选中双踪示波器并拖放至电路工作界面，与电路连接，A 通道接输出信号，如图 3.7.1 所示。

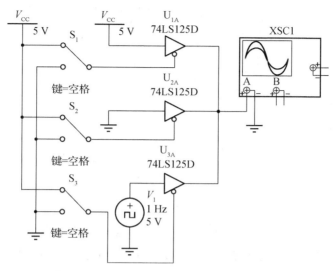

图 3.7.1　三态门 74LS125 构成单向总线电路

（5）将开关 S_1 接地即低电平，开关 S_2 和 S_3 分别接＋5 V 电压 V_{CC} 即高电平，此时三态门 U_{1A} 正常工作，三态门 U_{2A} 与 U_{3A} 呈现高阻态，此时总电路输出即为 U_{1A} 的输入，也就是＋5 V 的电压，所以此时示波器输出一条＋5 V 的直线，如图 3.7.2 所示。

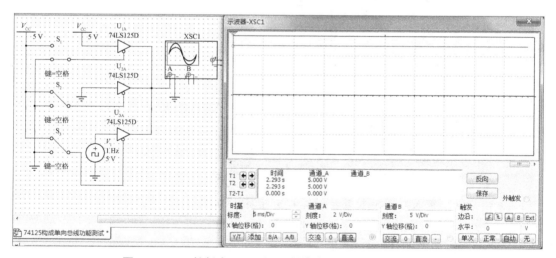

图 3.7.2　S_1 接低电平、S_2 和 S_3 接高电平时电路输出的波形

（6）将开关 S_2 接地即低电平，开关 S_1 和 S_3 分别接＋5 V 电压 V_{CC} 即高电平，此时三态门 U_{2A} 正常工作，三态门 U_{1A} 与 U_{3A} 呈现高阻态，此时总电路输出即为 U_{2A} 的输入，也就是 0 V 的电压，所以此时示波器输出一条 0 V 的水平线，如图 3.7.3 所示。

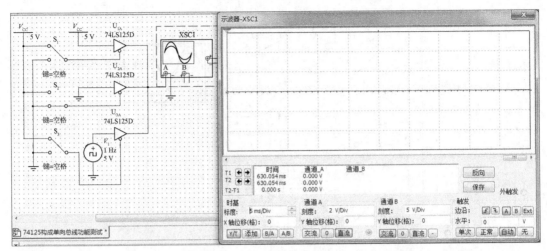

图 3.7.3　S₂ 接低电平、S₁ 和 S₃ 接高电平时电路输出的波形

（7）将开关 S₃ 接地即低电平，开关 S₁ 和 S₂ 分别接＋5 V 电压 V_{CC} 即高电平，此时三态门 U₃ₐ 正常工作，三态门 U₁ₐ 与 U₂ₐ 呈现高阻态，此时总电路输出即为 U₃ₐ 的输入，也就是 1 Hz、5 V 的时钟脉冲信号，所以此时示波器输出 1 Hz、5 V 的方波，如图 3.7.4 所示。

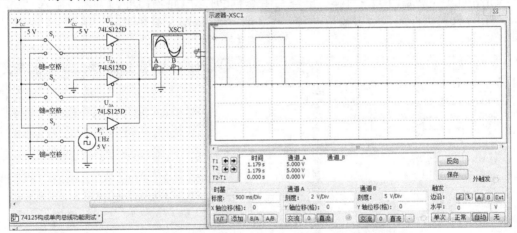

图 3.7.4　S₃ 接低电平、S₁ 和 S₂ 接高电平时电路输出的波形

3.8　数据选择器功能测试的仿真

（1）用鼠标点击元件工具栏的"⊟"图标，选取"74LS"中的元件"74LS153D"，调出一只数据选择器，将它放置在 Multisim14.0 基本界面的电路工作区。

（2）用鼠标点击元件工具栏的"⌇"图标，选取"SWITCH"中的元件"SPDT"，调出三只单刀双掷开关，将它们放置在电路工作区。

（3）用鼠标点击元件工具栏的"⏚"图标，分别将电压"VCC"、地"GROUND"和时钟脉冲信号"CLOCK_ VOLTAGE"添加至电路工作区。双击脉冲信号源图标，分别将频率设置为

1 Hz、1 kHz。

（4）用鼠标点击仪器工具栏中的"▨"图标按钮，选中双踪示波器并拖放至电路工作界面，与电路连接，A 通道接输出信号，如图 3.8.1 所示。

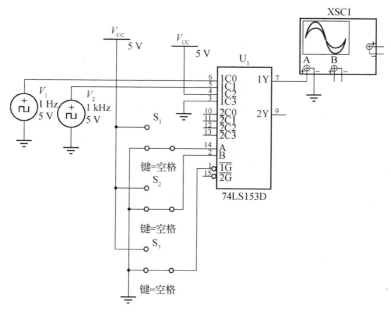

图 3.8.1　数据选择器 74LS153 的功能测试电路

（5）当开关 S_3 接＋5 V 电压即高电平时，数据选择器 74LS153 不工作，输出为零，此时示波器输出一条 0 V 的水平线，如图 3.8.2 所示。

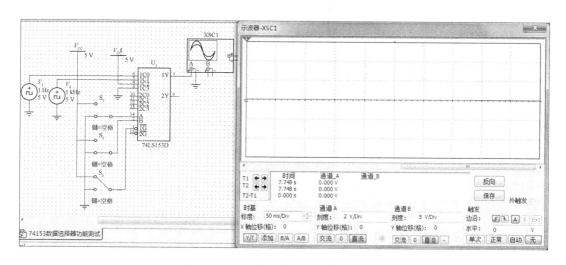

图 3.8.2　S_3 接高电平时电路输出波形

（6）当开关 S_3 接地即低电平时，数据选择器 74LS153 正常工作，当开关 S_1 和 S_2 都接地，即 $BA=00$ 时输出 $1Y=1C0$，此时示波器输出的应是 V_1 的波形，即 1 Hz、5 V 的方波，如图 3.8.3所示。

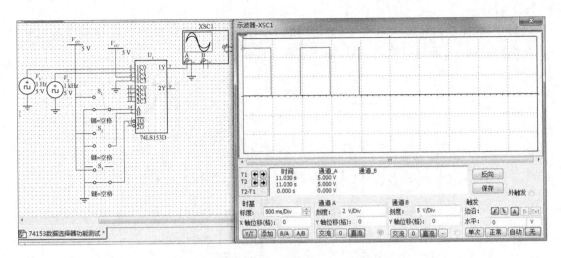

图 3.8.3　S_3 接低电平，S_2、S_1 均接低电平时电路输出波形

（7）当开关 S_3 接地即低电平时，数据选择器 74LS153 正常工作，当开关 S_2 接地、S_1 接 +5 V 电压，即 $BA=01$ 时输出 $1Y=1C1$，此时示波器输出应是 V_2 的波形，即 1 kHz、5 V 的方波，如图 3.8.4 所示。

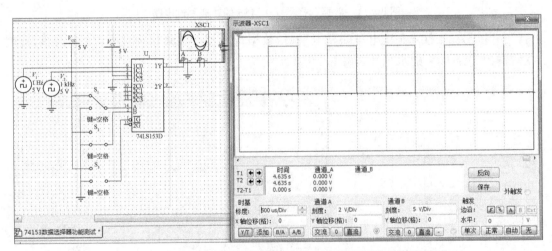

图 3.8.4　S_3 接低电平，S_2 接高电平、S_1 接低电平时电路输出波形

（8）当开关 S_3 接地即低电平时，数据选择器 74LS153 正常工作，当开关 S_1 接地、S_2 接 +5 V 电压，即 $BA=10$ 时输出 $1Y=1C2$，此时 $1Y$ 应输出 +5 V 电压，示波器显示应是一条 +5 V 的直线，如图 3.8.5 所示。

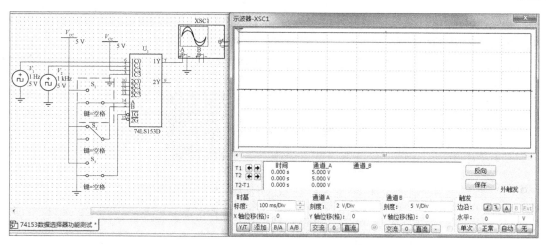

图 3.8.5 S_3 接低电平,S_2 接低电平、S_1 接高电平时电路输出波形

（9）当开关 S_3 接地即低电平时,数据选择器 74LS153 正常工作,当开关 S_1 和 S_2 都接 +5 V 电压,即 $BA=11$ 时输出 $1Y=1C3$,此时 $1Y$ 应输出 0 V 电压,示波器显示应是一条 0 V的水平线,如图 3.8.6 所示。

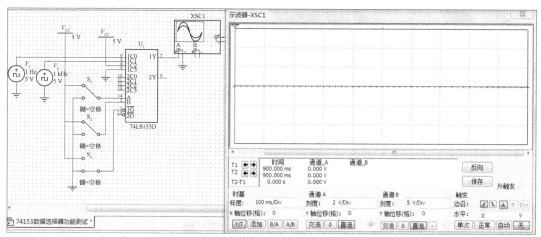

图 3.8.6 S_3 接低电平,S_2、S_1 均接高电平时电路输出波形

3.9　计数器仿真

3.9.1　十进制计数器的仿真

（1）在元件库中选中"74163N",再利用同步置数的 $\overline{LOAD}$ 构成十进制计数器,故取清零端 $\overline{CLR}$、计数控制端 ENP、ENT 接高电平"1"(V_{CC})。

（2）取方波信号作为时钟计数输入。双击信号发生器图标,设置电压 V_1 为 5 V,频率为 0.1 kHz。

（3）置数端 $\overline{LOAD}$ 同步作用,设并行数据输入 $DCBA=0000$,$\overline{LOAD}$ 取 Q_DQ_A的与非,当

$Q_DQ_CQ_BQ_A = 1001$ 时，$\overline{LOAD} = 0$，等待下一个时钟脉冲上升沿到来，将并行数据 $DCBA = 0000$ 置入计数器。

（4）在元（器）件库中单击显示器件选中带译码的七段 LED 数码管 U_3。连接电路如图 3.9.1 所示。

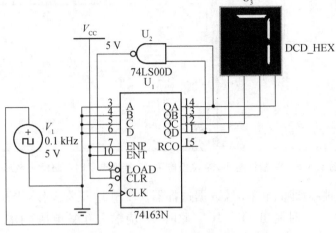

图 3.9.1 74163N 构成的十进制计数器

（5）启动仿真开关"▷"，数码管循环显示 0,1,2,3,4,5,6,7,8,9。

（6）仿真输出也可以用逻辑分析仪观察，查看一个计数周期的计数情况，从逻辑分析仪中，可以看出计数过程。双击信号发生器图标，频率改为 1 kHz。将 74163N 时钟输入 CLK、输出 $Q_AQ_BQ_CQ_D$ 及 RCO 进位从上到下依次接逻辑分析仪，如图 3.9.2 所示。双击逻辑分析仪图标，点击面板中的"设置…"按钮，弹出"时钟设置"对话框，将时钟源设置为"内部"，并选择频率和外电路时钟频率一致，即将时钟频率设置为 1kHz，如图 3.9.3 所示，点击"接受"，经过以上设置，逻辑分析仪显示的时序图波形如图 3.9.4 所示。显然输出 $Q_DQ_CQ_BQ_A$ 按 0000、0001、0010、0011、0100、0101、0110、0111、1000、1001 循环，且 $Q_DQ_CQ_BQ_A = 1001$ 时，R_{CO} 无进位输出。

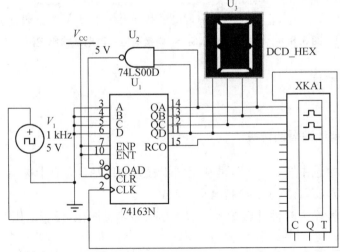

图 3.9.2 74163N 构成的十进制计数器输出接逻辑分析仪

图 3.9.3 逻辑分析仪的时钟设置

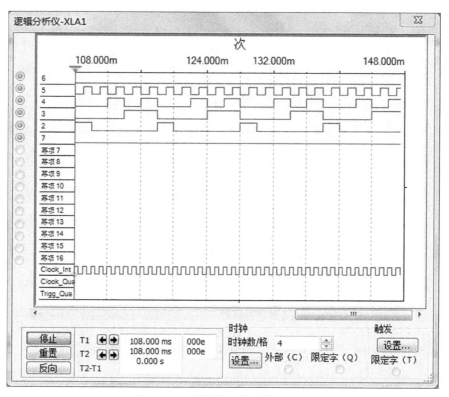

图 3.9.4 逻辑分析仪的输出波形

3.9.2 触发器构成三进制计数器的仿真

(1) 用鼠标点击元件工具栏的"⏚"图标,选取"74LS"中的元件"74LS112D",调出两只JK 触发器,将它们放置在 Multisim14.0 基本界面的电路工作区。

(3) 用鼠标点击元件工具栏的"⊞"图标,从虚拟元件列表框中调出两盏红色指示灯。

(4) 用鼠标点击元件工具栏的"╪"图标,分别将电源"VCC"、地"GROUND"和时钟脉冲信号"CLOCK_ VOLTAGE"添加至电路工作区。

(5) 双击脉冲信号源图标,将频率设置为 1 Hz,连接电路,如图 3.9.5 所示。

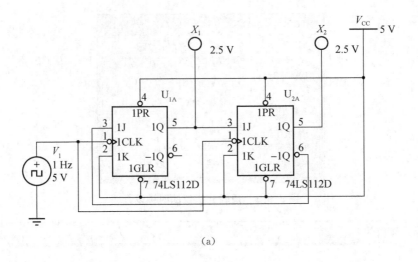

(a)

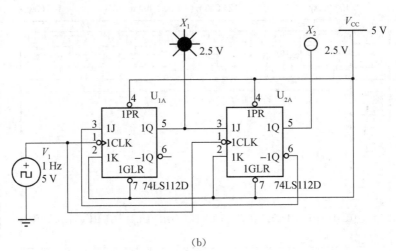

(b)

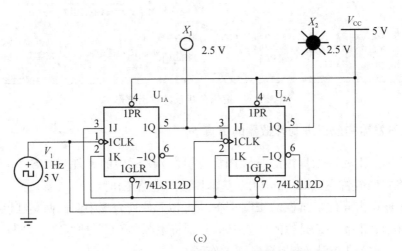

(c)

图 3.9.5　两只 JK 触发器 74LS112 构成计数器电路

（6）按下仿真开关"▷"，观察指示灯状态，X_2 为高位，X_1 为低位，X_2X_1 循环三种状态：00、01、10，如图 3.9.5(a)、(b)、(c) 所示，即这两只 JK 触发器 74LS112 构成模为 3 的计数器。

3.10 数字钟的 Multisim 仿真

数字钟基本系统实验参考电路共分为四大模块：脉冲产生部分、计数部分、译码部分、显示部分，主要由振荡器、秒计数器、分计数器、时计数器、BCD 七段显示译码/驱动器、LED 七段显示数码管构成。

数字钟要实现秒、分、时的计时需要六十进制计数器和二十四进制计数器，六十进制应由六进制和十进制的计数器串联而成，二十四进制应由二进制和四进制的计数器串联而成，因此要完成时钟显示需要六个数码管。七段的数码管需要译码器才能显示，计数器的输出分别经译码器送显示器显示，将译码器、七段数码管连接起来，组成十进制数码显示电路，即数字钟时钟数字显示。在仿真软件中发生信号可以用函数发生器仿真，频率可以随意调整。频率振荡器可以由晶体振荡器分频来提供，也可以由 555 定时器来产生脉冲并分频为 1 Hz。

3.10.1 信号发生电路仿真

振荡器可由晶振组成，也可以由 555 定时器与 R_C 组成多谐振荡器。采用 555 定时器及电阻电容构成一个能够产生 1 kHz 时钟信号的电路（见图 3.10.1），再用三个十进制的 74LS90 进行分频从而产生 1 Hz 的脉冲信号（见图 3.10.2），功能主要是产生标准秒脉冲信号和提供功能扩展电路所需要的信号。

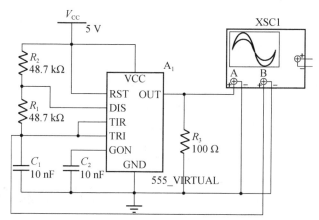

图 3.10.1 多谐振荡器 1 kHz 信号发生电路

振荡器的仿真可以直接运行，然后用示波器观察现象即可。图 3.10.1 电路其产生 1 kHz脉冲信号波形如图3.10.3所示，图 3.10.2 电路其产生 1 Hz 脉冲信号波形如图3.10.4所示。由于实际 1 Hz 的时钟秒信号仿真起来很慢，要等很久才会跳"1"，为了便于观察特把频率加大。仿真分析开始前可双击仪器图标打开仪器面板，准备观察被测试波形。按下程序窗口右上角的启动/停止开关状态为 1，仿真分析开始。若再次按下，启动/停止开关状态为0,仿真分析停止。电路启动后,需要调整示波器的时基和通道控制,使波形显示正常。由示波器观察输出波形可知图 3.10.1 的电路可以产生方波,产生的方波信号作为总电路的初输入时钟脉冲。

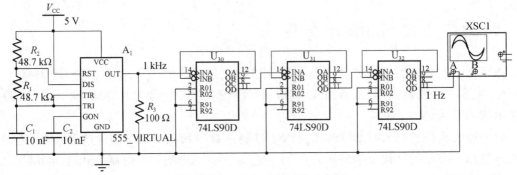

图 3.10.2　1 Hz 秒信号发生电路

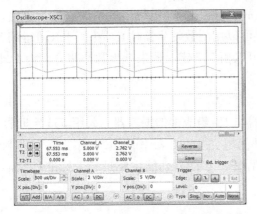

图 3.10.3　产生 1 kHz 的脉冲波形

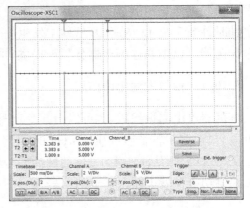

图 3.10.4　产生 1 Hz 的脉冲波形

3.10.2　脉冲输出电压观察

在仪表栏里选用万用表接到 555 定时电路的输出端,设置万用表输出为直流电压。点击"运行"按钮,由仿真结果可知脉冲输出电压较稳定,开始小幅度变化,最后稳定在 3.33 V,如图 3.10.5 所示。由此可见产生的初始输入时钟脉冲信号准确稳定。

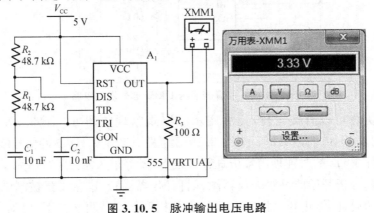

图 3.10.5　脉冲输出电压电路

3.10.3 六十进制计数器计数仿真

在数字钟的控制电路中,"分"和"秒"的控制都是一样的,都是由一个六进制计数器和一个十进制计数器串联而成的,利用十六进制的74LS161和与非门分别构成0~5循环计数器和0~9循环计数器,图中采用的均是清零法。

在Multisim软件里按设计方案及模块框图要求调出需要的元件,然后连接电路图,打开仿真开关,进行仿真,电路可以正常工作,如图3.10.6所示。计数显示从0到59。当计数器数到59后有一个短暂的60显示,这是异步清零的原因。实际工作后不会出现计数不准的现象。

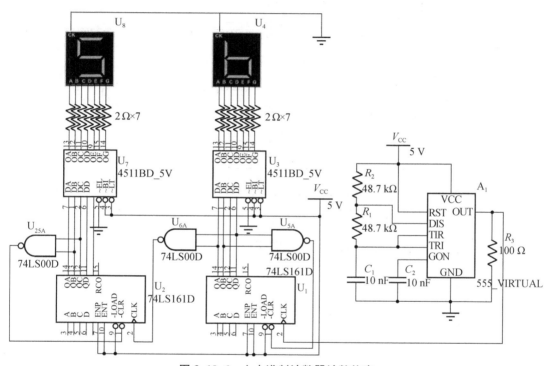

图3.10.6 六十进制计数器计数仿真

3.10.4 二十四进制计数器计数仿真

"时"计数电路设计利用十六进制的74LS161和与非、非门构成一个0~9循环计数器并能够进位,但左右两个计数器同时达到"2"和"4"时将它们同时清零,从而实现00~23循环计数的功能,如图3.10.7所示。给电路加脉冲信号源,频率可以加大。如图3.10.7所示,频率为1 kHz,经过观察电路的仿真结果可以看到显示数字是从0~23,特别注意74LS161的连接。

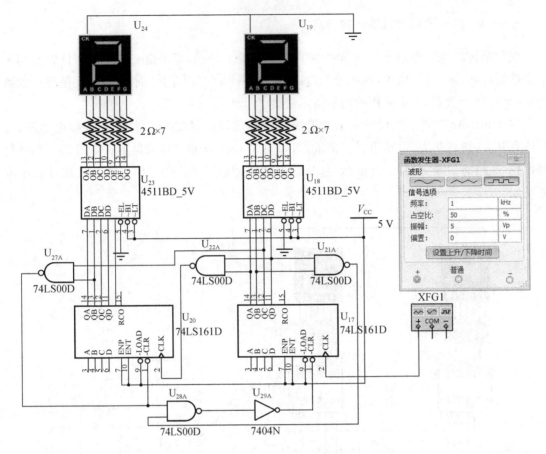

图 3.10.7　二十四进制计数器计数仿真

3.10.5　数字钟整体电路仿真

1) 秒计数向分计数进位仿真

如图 3.10.8 所示连接好电路，点击"运行"后，可以看到秒计数计到 59 后可以向分计数器进位，电路运行正常。

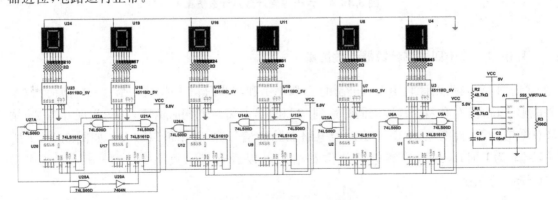

图 3.10.8　秒计数向分计数进位仿真

2）分计数向时计数进位仿真

经过运行仿真后，可以看出分位计数到 59 时可以向时位进位，电路运行正常，如图 3.10.9 所示。

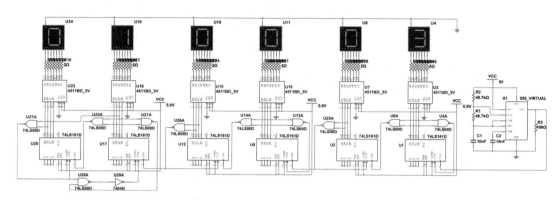

图 3.10.9 分计数向时计数进位仿真

3）整体电路仿真

由振荡器、秒计数器、分计数器、时计数器、BCD 七段显示译码/驱动器、LED 七段显示数码管设计的数字时钟电路，经过仿真可以实现所要求的基本功能：计时、显示精确到时分秒，得出较理想的结果，如图 3.10.10 所示。

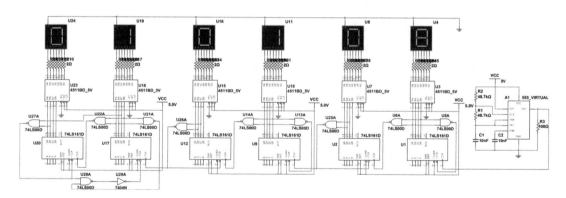

图 3.10.10 整体电路仿真

加上分频电路，实际上完整的数字钟仿真电路应该如图 3.10.11 所示。只是前期为了仿真速度，为了便于观察仿真结果，用 1 kHz 的脉冲信号代替 1 Hz 的秒信号作为数字钟总电路的信号输入，而省略了分频电路。

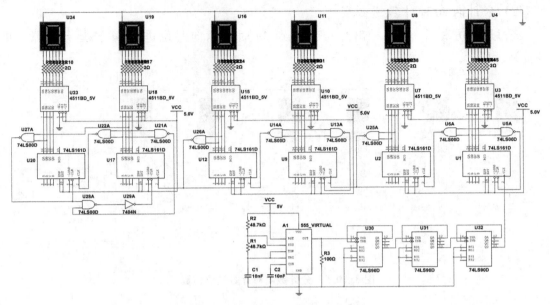

图 3.10.11　数字钟整体仿真电路

习　　题

3.1　如何向 Multisim 元件库中添加元件?

3.2　Multisim 中示波器如何与电路连接?

3.3　启动 Simulate 菜单中的 Digital Simulation Settings 命令,打开 Digital Simulation Settings 对话框,比较 Real 情况下和 Ideal 情况下的输出波形的幅度,并分析与实际情况是否符合。理想化模型与现实模型都考虑了传输延迟,但理想化模型输出波形的上升沿比现实模型的效果好,哪种模型更接近实际情况呢?

3.4　放置虚拟元件与实际元件有何区别?

3.5　调整可变电阻的阻值,调整信号源特性,通过示波器观察波形输出,将测量值与理论值相比较,对电路进行分析。

3.6　试根据仿真结果计算单级阻容耦合放大电路的输入电阻 R_i 和输出电阻 R_o,并与理论值相比较。

3.7　根据同相比例运算放大电路的仿真结果,测量其放大倍数和截止频率,并与理论值相比较。分析同相比例运算电路的特点。

3.8　根据反相比例运算放大电路的仿真结果,测量其放大倍数和截止频率,并与理论值相比较。分析反相比例运算电路的特点。

3.9　根据低通滤波器的仿真结果,测量其放大倍数和截止频率,并与理论值相比较。分析低通滤波器的特点。

3.10　根据高通滤波器的仿真结果,测量其放大倍数和截止频率,并与理论值相比较。分析高通滤波器的特点。

3.11　根据带通滤波器的仿真结果,测量其放大倍数和截止频率,并与理论值相比较。分析带通滤波器的特点。

3.12 试用集成运算放大器设计一个方波信号发生电路,并进行仿真测试。

3.13 在电路窗口上示意性地放置一个电源(如 V_{CC}),目的是什么?

3.14 通过仿真可以看到电路中的竞争冒险现象,调整示波器的时间尺度,可以对该现象做进一步分析,从而分析导致竞争冒险的原因。

3.15 根据仿真结果分析:与非门的一个输入端接连续脉冲,其余端是什么状态时允许脉冲通过,什么状态时禁止脉冲通过?

3.16 构建一个非门测试电路,若启动仿真开关时出现 Simulation error 提示框,试分析对于 Ideal 的仿真,消除仿真错误的措施有哪几种?

3.17 74LS125 三态门构成单向总线的时候能同时使两个或多个三态门处于有效状态吗? 为什么? 这样会造成什么样的后果?

3.18 根据仿真结果,分析 74LS125 三态门的特点。

3.19 根据仿真结果,分析 74LS153 数据选择器的特点。

3.20 试用一片双四选一数据选择器 74LS153 和一片反相器 74LS04 设计一个八选一的数据选择器,并进行仿真测试。

3.21 移动逻辑分析仪的游标,观察不同时刻的输出结果,验证仿真结果是否满足逻辑设计要求。

3.22 改变时钟信号源的频率,观察输出显示速度的变化,若输入端时钟信号源频率升高到 10 MHz,观察输入波形与输出波形是否有明显的延迟。在此基础上对电路进行改动,设计一个一百进制的计数器。

3.23 根据两片 74LS112 构成计数器的仿真结果,分析 74LS112JK 触发器的特点。

3.24 若输入端函数信号发生器输入方波信号的频率升高到 10 MHz,观察输出显示有什么变化。若输入信号的频率进一步升高到 64MHz 呢,集成电路还能不能正常工作?

3.25 若用一片 74LS161 和一片 74LS00 设计一个十进制计数器,分别用同步置数法和异步清零法对电路进行仿真,观察仿真结果,试说明采用异步清零法提取清零信号时是否会出现竞争冒险现象。

4 机器人技术

电子技术正在向自动化、智能化发展,典型的应用有智能家电、智能家居和智能机器人等。智能机器人是自动执行工作的机器装置。它既可以接受人类指挥,又可以运行预先编排的程序,也可以根据以人工智能技术制定的原则纲领行动。机器人技术是传统的电子技术与智能技术相结合的产物,是当代高新技术发展的一项重要内容。本章从机器人的概念、组成和分类、应用等多个方面对机器人进行简单介绍,并采用"轮式避障小车的制作项目"为驱动,引导读者学习如何使用单片机作为主控制器实现轮式避障小车的综合设计。

4.1 机器人概述

4.1.1 机器人的概念

"什么叫机器人?"目前在全世界没有统一定义。国际标准化组织(ISO)的定义是:机器人是一种自动的、位置可控的、具有编程能力的多功能机械手,这种机械手具有几个轴,能够借助可编程序操作来处理各种材料、零件、工具和专用装置,以执行种种任务。美国国家标准局(NBS)的定义是:机器人是一种能够进行编程并在自动控制下执行某些操作和移动作业任务的机械装置。日本工业机器人协会(JIRA)的定义:工业机器人是一种装备有记忆装置和末端执行器的,能够转动并通过自动完成各种移动来代替人类劳动的通用机器。根据自动化和智能化程度,机器人可分为自主机器人、半自主机器人或遥控机器人。自主机器人本体自带各种必要的传感器、控制器,在运行过程中无外界人为信息输入和控制的条件下,可以独立完成一定的任务。半自主和遥控机器人需要人的干预才能完成特定的任务。

根据上面的定义可以按以下特征来描述机器人:① 动作机构具有类似于人或其他生物体某些器官的功能;② 机器人具有通用性,工作种类多样,动作程序灵活易变,是柔性加工主要组成部分;③ 机器人具有不同程度的智能,如记忆、感知、推理、决策、学习等;④ 机器人具有独立完整的机器人系统,在工作中可以不依赖于人的干预。

4.1.2 机器人的组成

机器人是一个机电一体化的设备。机器人系统可以分成五大部分:机器人电源系统、执行机构、驱动装置、控制系统、感知系统。

1) 电源系统

机器人的电源系统是为机器人上所有控制子系统、驱动及执行子系统提供电源的部分,常见的供电方式有电池供电、发电机供电和电缆供电。目前小型移动机器人的供电主要选择锂电池。

2）执行机构

机器人的执行机构主要指的是执行驱动装置由机身、手腕、肩部、末端操作器、基座以及行走机构等部分组成，其中机器人基座类似于人的下肢。基座，是整个机器人的支撑部分，相当于人的两条腿，需要具备足够的刚度和稳定性，包含固定式和移动式两种类型，在移动式的类型中，又分为轮式、履带式和仿人形机器人的步行式等。

3）驱动装置

驱动装置是驱使执行机构运动的机构，根据控制系统发出的指令信号，借助于动力元件使机器人执行动作。通常包括驱动源、传动机构等，它相当于人的肌肉、经络。驱动系统一般分为液压、电气、气压驱动系统以及几种结合起来应用的综合系统组合，这部分的作用相当于人的肌肉。

4）感知系统

感知系统由内部传感器和外部传感器组成，类似于人的感官。其中内部传感器用于检测各关节的位置、速度等变量，为闭环伺服控制系统提供反馈信息；外部传感器用于检测机器人与周围环境之间的一些状态变量，如距离、接近程度、接触程度等，用于引导机器人，便于其识别外部环境并做出相应的处理。

5）控制系统

控制系统通常包括处理器及关节伺服控制器等，用于进行任务及信息处理，并给出控制信号，类似于人的大脑和小脑。这部分一般用于负责系统的管理、通讯、运动学和动力学计算，并向下级微处理器发送指令信息。根据机器人的作业指令程序及从传感器反馈回来的信号，控制机器人的执行机构，使其完成规定的运动和功能。

除了电源系统以外，机器人各部分之间的关系如图 4.1.1 所示。

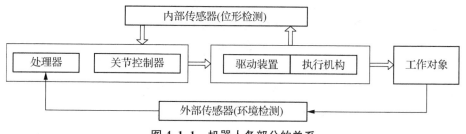

图 4.1.1 机器人各部分的关系

4.1.3 机器人的分类

机器人的种类多样，可以按驱动形式、用途、结构和智能水平等不同观点进行划分。

1）按用途分类

国际上通常将机器人分为工业机器人和服务机器人两大类。我国按照应用环境将机器人分为工业机器人和特种机器人两大类。工业机器人就是面向工业领域的多关节机械手或多自由度机器人，可以完成搬运、装配、喷涂、点焊等工作。特种机器人则是除了工业机器人之外的、用于非制造业并服务于人类的各种先进机器人，包括：服务机器人、水下机器人、娱乐机器人、军用机器人、农业机器人等。在特种机器人中，有些分支发展很快，有独立成体系的趋势,如服务机器人、水下机器人等。

　　2)按驱动形式分类

　　按驱动形式来分,机器人可分为气压驱动、液压驱动和电驱动三类。

　　气压驱动系统具有速度快、系统结构简单、维修方便、价格低等特点,适于在中、小负荷的机器人中使用。但因难于实现伺服控制,多用于程序控制的机器人中,如在上、下料和冲压机器人中应用较多,如图4.1.2所示。气压系统的主要优点之一是操作简单、易于编程,所以可以完成大量的点位搬运操作任务。但是用气压伺服实现高精度很困难。不过在能满足精度的场合,气压驱动在所有机器人中是重量最轻的,成本也最低。

　　由于液压技术是一种比较成熟的技术。液压驱动系统具有动力大、力(或力矩)与惯量比大、快速响应高、易于实现直接驱动等特点,适于在承载能力大、惯量大以及在防焊环境中工作的这些机器人中应用,如图4.1.3所示。但液压系统需进行能量转换(电能转换成液压能)、速度控制多数情况下采用节流调速,效率比电动驱动系统低。液压系统的液体泄漏会对环境产生污染,工作噪声也较高。

　　由于低惯量,大转矩交、直流伺服电机及其配套的伺服驱动器(包括交流变频器、直流脉冲宽度调制器等)的广泛采用,电动驱动系统在机器人中被大量选用。这类系统不需能量转换,使用方便,控制灵活。大多数电机后面需安装精密的传动机构。直流有刷电机不能直接用于要求防爆的环境中,成本也较上两种驱动系统的高,但因这类驱动系统优点比较突出,因此在机器人中被广泛选用。电气驱动是利用各种电动机产生的力或力矩,直接或经过减速机构去驱动机器人的关节,以获得要求的位置、速度和加速度。电气驱动具有无环境污染、易于控制、运动精度高、成本低、驱动效率高等优点,应用最为广泛,电气驱动可分为步进电机驱动、直流伺服电机驱动、交流伺服电机驱动、直流电动机驱动。交流伺服电机驱动具有大的转矩质量比和转矩体积比,没有直流打击的电刷和整流子,因而可靠性高,运行时几乎不需要维护,可用在防爆场合,因此在现代机器人中广泛应用。

　　电气驱动是利用各种电动机产生的力或力矩,直接或经过减速机构去驱动机器人的关节,以获得要求的位置、速度和加速度。电气驱动具有无环境污染、易于控制、运动精度高、成本低、驱动效率高等优点,所以电动驱动系统在机器人中被大量选用。电气驱动可分为步进电机驱动、直流伺服电机驱动、交流伺服电机驱动、直流电动机驱动等。直流有刷电机不能直接用于要求防爆的环境中,成本也较气压和液压驱动系统的高,交流伺服电机驱动具有大的转矩质量比和转矩体积比,没有直流电机的电刷和整流子,因而可靠性高,运行时几乎不需要维护,可用在防爆场合。图4.1.4给出了一种电气驱动的排爆机器人。

图4.1.2　气压机械臂　　　　图4.1.3　液压机械臂　　　图4.1.4　电气驱动的排爆机器人

3）按智能水平分类

机器人按照智能化水平可以分为程序控制机器人、自适应机器人和智能机器人三代。

第一代机器人是程序控制机器人，它完全按照事先装入到机器人存储器中的程序安排的步骤进行工作。程序的生成及装入有两种方式：一种是由人根据工作流程编制程序并将它输入到机器人的存储器中；另一种是"示教—再现"方式，所谓"示教"是指在机器人第一次执行任务之前，由人引导机器人去执行操作，即教机器人去做应做的工作，机器人将其所有动作一步步地记录下来，并将每一步表示为一条指令，示教结束后机器人通过执行这些 指令以同样的方式和步骤完成同样的工作（即再现）。如果任务或环境发生了变化，则要重新进行程序设计。这一代机器人能成功地模拟人的运动功能，它们会拿取和安放、会拆卸和安装、会翻转和抖动，能尽心尽职地看管机床、熔炉、焊机、生产线等，能有效地从事安装、搬运、包装、机械加工等工作。目前国际上商品化、实用化的机器人大都属于这一类。这一代机器人的最大缺点是它只能刻板地完成程序规定的动作，不能适应变化的情况，一旦环境情况略有变化（如装配线上的物品略有倾斜），就会出现问题。更糟糕的是它会对现场的人员造成危害，由于它没有感觉功能，有时会出现机器人伤人的情况。日本就曾经出现机器人把现场的一个工人抓起来塞到刀具下面的情况。

第二代机器人是自适应机器人，其主要标志是自身配备有相应的感觉传感器，如视觉传感器、触觉传感器、听觉传感器等，并用计算机对其进行控制。这种机器人通过传感器获取作业环境、操作对象的简单信息，然后由计算机对获得的信息进行分析、处理、控制机器人的动作。由于它能随着环境的变化而改变自己的行为，故称为自适应机器人。目前，这一代机器人也已进入商品化阶段，主要从事焊接、装配、搬运等工作。第二代机器人虽然具有一些初级的智能，但还没有达到完全"自治"的程度，有时也称这类机器人为协调型机器人。

第三代机器人是智能机器人，是指具有类似于人的智能的机器人，它具有感知环境的能力，配备有视觉、听觉、触觉、嗅觉等感觉器官，能从外部环境中获取有关信息，具有思维能力，能对感知到的信息进行处理，以控制自己的行为，具有作用于环境的行为能力，能通过传动机构使自己的"手"、"脚"等肢体行动起来，正确、灵巧地执行思维机构下达的命令。目前研制的机器人大多都只具有部分智能，真正的智能机器人还处于研究之中，但现在已经迅速发展为新兴的高技术产业。

4.1.4 机器人的应用

随着机器人技术的快速发展，机器人的应用领域也越来越广泛。机器人技术所涉及的应用领域众多，本节选取搬运机器人、娱乐机器人和服务机器人领域中的小部分典型的应用来进行介绍。

1）搬运机器人

为了提高自动化程度和生产效率，制造企业通常需要快速高效的物流线来贯穿整个产品的生产及包装的过程，搬运机器人在物流线中发挥着举足轻重的作用。

用于搬运的串联机器人，一般有四轴机器人和六轴机器人。六轴机器人一般用于各行业的重物搬运，特别是重型夹具、重型零部件的起吊、车身的转动等。四轴机器人的轴数较少,运动轨迹接近于直线,所以具有速度优势,适合于高速包装、码垛等工序。酷卡公司的 KR 1000 titan(Kuka Robot,KR)重载型机器人是载入吉尼斯世界纪录的目前世界上最强壮的机器人,如图 4.1.5(a)所示,它采用四轴设计,最大承载可达 1 000 kg,主要应用于玻璃工业、铸造工业、建筑材料工业及汽车工业。

并联机器人适用于高速轻载的工作场合,在物流搬运领域有广泛的应用。作为全球最早实现并联机器人产业化的领军者,ABB(Asea Brown Boveri)公司研发的 IRB 360－3 并联机器人(见图 4.1.5(b)),采用双动平台结构,可负载 3 kg,完成 25/305/25 mm 标准动作可达 140 次/min,重复定位精度达 0.1 mm,可用于肉类和奶制品生产线上进行分拣、装箱和装配等搬运作业。

机器人一方面具有人工难以达到的精度和效率,另一方面可承担大重量和高频率的搬运作业,因此,在搬运、码垛、装箱、包装和分拣作业中,使用机器人替代人工将是必然趋势。

(a) 酷卡工业机器人　　　　(b) ABB 并联机器人　　　　(c) 移动工业机器人

图 4.1.5　工业机器人

2) 服务机器人

国际机器人联合会定义服务机器人是一种半自主或全自主工作的机器人,它能完成有益于人类的服务工作,但不包括从事生产的设备。在我国《国家中长期科学和技术发展规划纲要(2006—2022 年)》中对智能服务机器人给予了明确的定义:"智能服务机器人是在非结构环境下为人类提供必要服务的多种高技术集成的智能化装备"。服务机器人目前分为家庭服务机器人、医疗服务机器人和助老服务机器人等。

家庭服务机器人,也称为家政服务机器人,是指能够完成一些家庭杂务的机器人。根据国际机器人联合会(IFR)的分类,家务机器人包括机器人管家、伴侣、助理、类人型机器人、吸尘器机器人、地板清洁机器人、修剪草坪机器人、水池清理机器人、窗户清洁机器人等,如图 4.1.6 所示。

(a) 保姆机器人　　　　　　(b) 清洁机器人　　　　　　(c) 安保机器人

图 4.1.6　常规服务机器人

　　医疗服务机器人是集图像识别及处理、电子学、计算机学、控制学等多项现代高科技手段于一体的综合体,已广泛应用于临床多个学科,典型的有泌尿外科,比如前列腺切除术、肾移植、输尿管成形术等;脑外科手术;普通外科,比如胆囊切除术等。近年来,国内外研究机构对手术机器人的关键技术开展研究,核心技术主要包括:优化设计技术、系统集成技术、遥控和远程手术技术、手术导航技术、图像识别及处理技术、复杂环境下机器人动力学控制等,如图 4.1.7 所示。

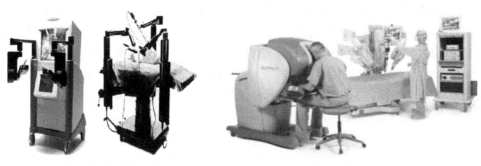

(a) ZEUS 系统　　　　　　　　　　(b) 达·芬奇手术机器人

图 4.1.7　医疗服务机器人

　3) 娱乐机器人

　　娱乐机器人以供人观赏、娱乐为目的,具有机器人的外部特征,可以像人或某种动物一样,同时具有机器人的功能,可以行走或完成动作,有语言能力,会唱歌,有一定的感知能力,如机器人歌手、足球机器人、玩具机器人、舞蹈机器人等,如图 4.1.8 所示。

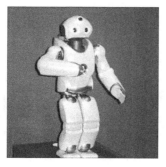

(a) QRIO　　　　　　　　　(b) 仿狗的娱乐机器人 Aibo ERS-7

图 4.1.8　娱乐机器人

　4) 水下机器人

　　水下机器人又称水下无人航行器(Unmanned Underwater Vehicle,UUV),是一种可以在水下代替人完成某种任务的装置。随着智能控制和传感器技术的发展,用机器人来替代人完成水下作业,得到国内外的广泛重视。尤其是在未知的水下环境,由于机器人的承受能力大大超过载人系统,并且能完成许多载人系统无法完成的工作,所以水下机器人逐渐扮演着越来越重要的角色。作为一个可以在复杂海洋环境中执行各种军用和民用任务的智能化无人平台,可以辅助人类完成海洋探测、水下救援等工作,也可以用于长时间地在水下侦察敌方潜艇、舰艇的活动情况,在未来水下信息获取、精确打击也有广泛应用,在民用和军用上都有广泛的应用前景。

水下机器人工作方式可分为有缆遥控和无缆自主式。有缆遥控式机器人(Remotely Operated Vehicle,ROV)后面拖带电缆,由操作人员控制其航行和作业,拖带电缆的 ROV 依靠母船提供的能源进行航行和作业,并采集各类周围环境信息、目标信息和自身状态信息给母船,以便母船控制。无缆自主式机器人(Autonomous Underwater Vehicle,AUV)是一种自带能源、自推进、自主控制的机器人,它不需要母船通过电缆供电,母船可以对它进行有限监督和控制,它也可以把各类信息传送给母船。自主式水下机器人由于可以在没有人工实时控制的情况下自主决策,代替人类在复杂的水下完成预定任务,其重要的应用价值在民用领域与军事领域受到越来越多科学家和技术人员的重视,将成为完成各种水下任务的有力工具。

随着近年来对海洋的考察和开发的需要,水下机器人发展速度极快,并被广泛应用于水下工程、打捞救生、海洋工程和海洋科学考察等方面。图 4.1.9(a)是美军在 2014 年搜寻马航客机残骸出动的"蓝鳍金枪鱼"自主式水下航行器,其身长近 4.9 m,直径为 0.5 m,重 750 kg,最大下潜深度为 4 500 m,最长水下行动时间为 25 小时。"蓝鳍金枪鱼"通过声呐脉冲扫描海底,利用反射的声波阴影判断物体高度并形成图像,可以以最高 7.5 cm 的分辨率搜寻水下物体。图 4.1.9(b)所示的"探索者"号水下机器人是我国自行研制的第一台无缆水下机器人,它工作深度达到 1 000 m,甩掉了与母船间联系的电缆,实现了从有缆向无缆的飞跃。2016 年自主遥控混合式水下机器人"海斗"号在我国首次万米深渊科考航次中成功应用,最大下潜深度 10 767 m,体现了我国在水下机器人研究领域取得的巨大成功。

(a)"蓝鳍金枪鱼"水下机器人　　　　　　　　(b)"探索者"号水下机器人

图 4.1.9　水下机器人

5)无人机

无人机也称为无人飞行器(Unmanned Aerial Vehicle,UAV),是指无人驾驶的,且具有一定智能的控制飞行器,它是一种可利用无线电遥控设备和自备的程序控制装置操纵的不载人飞行器。

按用途分类,无人机可分为军用无人机和民用无人机。军用无人机可分为侦察无人机、诱饵无人机、电子对抗无人机、通信中继无人机、无人战斗机以及靶机等;民用无人机可分为巡查/监视无人机、农用无人机、气象无人机、勘探无人机以及测绘无人机等。由于无人驾驶飞机对未来空战有着重要的意义,世界各主要军事国家都在加紧进行无人驾驶飞机的研制工作。

按飞行平台构型分类,无人机可分为固定翼无人机、旋翼无人机、无人飞艇、伞翼无人机、扑翼无人机等,如图 4.1.10 所示。

(a) 四旋翼飞行器　　　　　　　　　　　　　　(b) 固定翼飞行器

(c) 无人飞艇　　　　　　　(d) 伞翼飞行器　　　　　　　(e) 扑翼飞行器

图 4.1.10　各种类型的无人机

(1)旋翼无人机。旋翼无人机是依靠多个旋翼产生的升力来平衡飞行器的重力,让飞行器可以飞起来,并通过改变每个旋翼的转速来控制飞行器的平稳和姿态。所以多旋翼飞行器可以悬停,在一定速度范围内以任意的速度飞行,基本上就是一个空中飞行的平台,可以在平台上加装自己的传感器、相机等,甚至机械手之类的仪器。通过搭载高清摄像机,在无线遥控的情况下,在遥控操纵下从空中进行拍摄。

(2)固定翼无人机。飞机靠螺旋桨或者涡轮发动机产生的推力作为飞机向前飞行的动力,主要的升力来自机翼与空气的相对运动。所以,固定翼飞机必须要有一定的无空气的相对速度才会有升力来飞行。因为这个原理,固定翼飞行器具有飞行速度快、比较经济、运载能力大的特点。在有大航程和高度的需求时,一般选择固定翼无人机,比如电力巡线,公路的监控等等。

(3)无人飞艇。飞艇是一种轻于空气的航空器,由巨大的流线型艇体、位于艇体下面的吊舱、起稳定控制作用的尾面和推进装置组成。飞艇相对于飞机来说最大的优势就是它具有保持较长滞空时间,这可使其上搭载的侦察仪器可以既精确又高效地探测目标。飞艇还可以悄无声息地在空中飞行,其雷达反射面积也要比现代飞机小许多,在军事上有着重要应用价值。同样在民用中,大型飞艇还可以用于交通、运输、娱乐、赈灾、影视拍摄、科学实验等等。比如,发生自然灾害遇到通讯中断时就可以迅速发射一个飞艇,通过浮空气球搭载通讯转发器,就能够在非常短的时间内完成对整个灾区的移动通讯恢复。但是飞艇存在高昂的造价和过低的速度的缺点。

(4)伞翼无人机。也叫柔翼无人机,是以翼伞为升力面的航空器。通常翼伞位于全机的上方,用纤维织物制成的伞布形成柔性翼面。它以冲压翼伞的柔性翼面为机翼提供升力,以螺旋桨发动机提供前进动力,可具备遥控飞行和自动飞行能力。它具有有效载荷大、体积小、速度慢、安全可靠、成本低廉等特点,可用于运输、通信、侦察、勘探和科学考察等任务。

(5) 扑翼无人机。扑翼无人机在侦察上有很多优点。首先是飞行形态和鸟类相似,中远距离侦察时迷惑性较强;其次是续航飞行中产生的声音较小,隐蔽性较强,尤其在夜间侦察,更加难以发现;再次就是飞行控制能力更有优势,速度比旋翼无人机更快,飞控发展空间比固定翼无人机更大,更适合各种条件下的侦察任务执行。在同等驱动技术下,能耗要小于螺旋桨无人机,续航更长,所以在执行任务时具有更大的优势。

4.2　机器人控制系统

机器人的处理控制系统是机器人所需要的承载程序和算法的硬件载体,即机器人的大脑。大脑是机器人区别于简单的自动化设备的主要标志。简单的自动化设备在重复指令下完成一系列重复操作。机器人大脑能够处理外界的环境参数(如灰度信息、距离信息、颜色信息等),然后根据编程或者接线的要求去决定合适的系列反应。在机器人中常见的大脑是一种或者多种处理器如 PC 机、微处理器、FPGA、DSP 等和外接相应的外围电路所构成的。由于现有的机器人大脑使用最多的是各种微处理器,即单片机,所以本节简单介绍几种常用的单片机的结构及组成:MCS-51 系列单片机、STM32 系列单片机、Arduino 系列单片机。

4.2.1　单片机概述

单片机是一种广泛应用的微处理器技术。单片机种类繁多、价格低、功能强大,同时扩展性也强,它包含了计算机的三大组成部分:CPU、存储器和 I/O 接口等部件。由于它是在一个芯片上,形成芯片级的微型计算机,称为单片微型计算机(Single Chip Microcomputer),简称单片机(见图 4.2.1)。

图 4.2.1　常见的单片机

单片机系统结构均采用冯·诺依曼提出的"存储程序"思想,即程序和数据都被存放在内存中的工作方式,用二进制代替十进制进行运算和存储程序。人们将计算机要处理的数据和运算方法、步骤,事先按计算机要执行的操作命令和有关原始数据编制成程序(二进制代码),存放在计算机内部的存储器中,计算机在运行时能够自动地、连续地从存储器中取出并执行,不需人工加以干预。

1）单片机的组成

单片机是中央处理器,将运算器和控制器集成在一个芯片上。它主要由以下几个部分组成:运算器(实现算术运算或逻辑运算),包括算术逻辑单元 ALU、累加器 A、暂存寄存器 TR、标志寄存器 F 或 PSW、通用寄存器 GR;控制器(中枢部件,控制计算机中的各个部件工作),包括指令寄存器 IR、指令译码器 ID、程序计数器 PC、定时与控制电路;存储器(记忆,由存储单元组成),包括 ROM、RAM;总线 BUS(在微型计算机各个芯片之间或芯片内部之间传输信息的一组公共通信线),包括数据总线 DB(双向,宽度决定了微机的位数)、地址总线 AB(单向,决定 CPU 的寻址范围)、控制总线 CB(单向);I/O 接口(数据输入输出)包括:输入接口、输出接口(见图 4.2.2)。

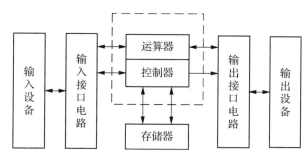

图 4.2.2　单片机的组成

单片机能够一次处理的数据的宽度有:1 位机、4 位机、8 位机、16 位机、32 位机。典型的 8 位单片机是 MCS-51 系列;16 位单片机是 AVR 系列;32 位单片机是 ARM 系列。

2）单片机主要技术指标

字长:CPU 能并行处理二进制的数据位数有 8 位、16 位、32 位和 64 位;内存容量:存储单元能容纳的二进制数的位数;容量单位:1 KB、8 KB、64 KB、16 MB、64 MB;运算速度:CPU 处理速度;时钟频率、主频、每秒运算次数有:6 MHz、12 MHz、24 MHz、100 MHz、300 MHz;内存存取时间:内存读写速度 50 ns、70 ns、200 ns。

3）单片机开发环境

单片机在使用的时候,除了硬件开发平台外,还需要一个友好的软件编程环境。在单片机程序开发中,Keil 系列软件是最为经典的单片机软件集成开发环境,同时使用的编程语言比较普遍的是 C 语言,MCS-51 系列单片机和 STM32 单片机均使用 Keil 集成开发环境。

基于单片机编程实际上就是基于硬件的编程,在使用过程中,一定要注意单片机的性质,相关的外设电路与单片机接口的连接关系,始终做到软件要配合硬件,软硬件结合使用,在编程前先对外设使用的输入输出口或者其他功能进行电气定义或者是初始化操作。

4.2.2　认识 51 系列单片机

MCS-51 系列是经典的 8 位处理器,如 8051、8751 和 8031 均采用 40 引脚双列直插封装(DIP)方式。对于不同 MCS-51 系列单片机来说,不同的单片机型号,不同的封装具有不同的引脚结构,但是 MCS-51 单片机系统只有一个时钟系统。因受到引脚数目的限制,有不少引脚具有第二功能。MCS-51 单片机引脚如图 4.2.3 所示。

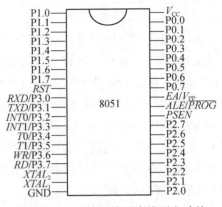

图 4.2.3　单片机的引脚排列和功能

1) 单片机的引脚

MCS-51 单片机有 40 引脚,可分为端口线、电源线和控制线三类。

(1) 端口线(4×8=32 条)

P0.0—P0.7:共有 8 个引脚,为 P0 口专用。P0.0 数最低位,P0.7 为最高位。第一功能(不带片外存储器):作通用 I/O 口使用,传送 CPU 的输入/输出数据。第二功能(带片外存储器):访问片外存储器时,先传送低 8 位地址,然后传送 CPU 对片外存储器的读/写数据。

P1.0—P1.7:8 个引脚与 P0 口类似。P1.0 为最低位,P1.7 为最高位。第一功能:与 P0 口的第一功能相同,也用于传送用户的输入/输出数据。第二功能:对 52 子系列而言,第二功能为定时器 2 输入。

P2.0—P2.7:带内部上拉的双向 I/O 口。第一功能:与 P0 口的第一功能相同,作通用 I/O 口。第二功能:与 P0 口的第二功能相配合,用于输出片外存储器的高 8 位地址,共同选中片外存储器单元。

P3.0—P3.7:带内部上拉的双向 I/O 口。第一功能:与 P0 口的第一功能相同,作通用 I/O 口。第二功能:为控制功能,每个引脚并不完全相同。

(2) 电源线(2 条)

V_{CC} 为+5 V 电源线,GND 接地。

(3) 控制线(6 条)

功能:$ALE/\overline{PROG}$ 与 P0 口引脚的第二功能配合使用;P0 口作为地址/数据复用口,用 ALE 来判别 P0 口的信息。EA/V_{PP} 引脚接高电平时:先访问片内 EPROM/ROM,执行内部程序存储器中的指令。但在程序计数器计数超过 0FFFH 时(即地址大于 4 KB 时),执行片外程序存储器内的程序。EA/V_{PP} 引脚接低电平时:只访问外部程序存储器,而不管片内是否有程序存储器。

RST 是复位信号,功能是单片机复位/备用电源引脚。RST 是复位信号输入端,高电平有效。时钟电路工作后,在此引脚上连续出现两个机器周期的高电平(24 个时钟振荡周期),就可以完成复位操作。

$XTAL_1$ 和 $XTAL_2$ 是片内振荡电路输入线。这两个端子用来外接石英晶体和微调电容,即用来连接 8051 片内的定时反馈回路。

2) 单片机最小系统

单片机最小系统是单片机正常工作的最小硬件要求,包括供电电路、时钟电路、复位电路,如图 4.2.4 所示。

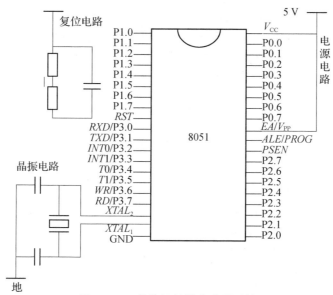

图 4.2.4 单片机的最小应用系统

判断单片机芯片及时钟系统是否正常工作有一个简单的办法,就是用万用表测量单片机晶振引脚(18 脚、19 脚)的对地电压,以正常工作的单片机用数字万用表测量为例:18 脚对地约 2.24 V,19 脚对地约 2.09 V。对于怀疑是复位电路故障而不能正常工作的单片机也可以采用模拟复位的方法来判断,单片机正常工作时第 9 脚对地电压为零,可以用导线和 +5 V 连接一下,模拟一下上电复位,如果单片机能正常工作了,说明这个复位电路没有问题。

3) 单片机的内部结构

单片机由五个基本部分组成,包括中央处理器 CPU、存储器、输入/输出口、定时/计数器、中断系统等,如图 4.2.5 所示。

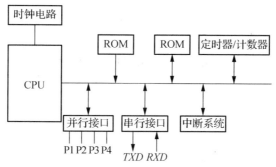

图 4.2.5 单片机的内部结构

(1) 单片机 CPU 内部结构

MCS-51 单片机内部有一个 8 位的 CPU,包含运算器、控制器及若干寄存器等。

(2) 单片机的存储器

存储器是用来存放程序和数据的部件,MCS-51 单片机芯片内部存储器包括程序存储器和数据存储器两大类。程序存储器(ROM)一般用来存放固定程序和数据,特点是程序写入后能长期保存,不会因断电而丢失,MSC-51系列单片机内部有 4 KB 的程序存储空间,可以通过外部扩展到 64 KB。数据存储器(RAM)主要用于存放各种数据。优点是可以随机读入或读出,读写速度快,读写方便;缺点是电源断电后,存储的信息丢失。

(3)单片机的并行 I/O

① P0 口

P0 口的口线逻辑电路如图 4.2.6 所示。

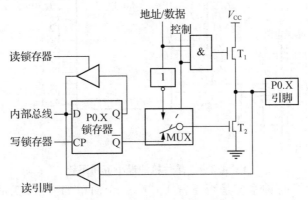

图 4.2.6　P0 口的口线逻辑电路

② P1 口

P1 口的口线逻辑电路如图 4.2.7 所示。

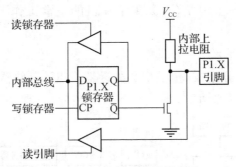

图 4.2.7　P1 口的口线逻辑电路

③ P2 口

P2 口的口线逻辑电路如图 4.2.8 所示。

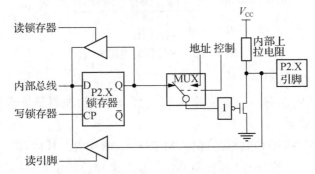

图 4.2.8　P2 口的口线逻辑电路

④ P3 口

P3 口的口线逻辑电路如图 4.2.9 所示。

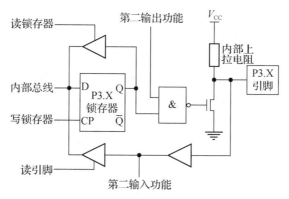

图 4.2.9 P3 口的口线逻辑电路

4）单片机的时钟和时序

① 时钟电路

单片机时钟电路通常有两种形式:内部振荡方式和外部振荡方式。MCS-51 单片机片内有一个用于构成振荡器的高增益反相放大器,引脚 XTAL$_1$ 和 XTAL$_2$ 分别是此放大器的输入端和输出端 。把放大器与晶体振荡器连接,就构成了内部自激振荡器并产生振荡时钟脉冲。外部振荡方式就是把外部已有的时钟信号直接连接到 XTAL$_1$ 端引入单片机内,XTAL$_2$ 端悬空不用。

② 时序

振荡周期:为单片机提供时钟信号的振荡源的周期。时钟周期:是振荡源信号经二分频后形成的时钟脉冲信号。因此时钟周期是振荡周期的两倍,即一个 S 周期,被分成两个节拍——P1、P2。指令周期:CPU 执行一条指令所需要的时间(用机器周期表示)。各时序之间的关系如图 4.2.10 所示。

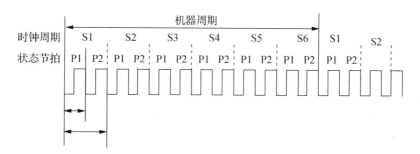

图 4.2.10 各时序之间的关系

4.2.3 认识 STM32 单片机

STM32 系列单片机是典型的 32 位单片机,其功能在 MCS-51 系列单片机基础上,增加了很多附加功能。它的组成、引脚、基本功能等与其他单片机类似,但是它的系统架构和时钟源比 MCS - 51 单片机强大很多,用法也相对复杂很多,具体用法将在下面几节介绍。下面主要仅从以系统架构和时钟源这两个区别于其他单片机的角度讲解 STM32 单片机。

1) 系统架构

STM32 的系统架构比 MCS - 51 单片机就要强大很多。STM32 系统架构的知识在《STM32 中文参考手册》有讲解,具体内容可以查看中文手册。如果需要详细深入地了解 STM32 的系统架构,还需要在网上搜索其他资料学习。我们这里所讲的 STM32 系统架构主要针对 STM32F103 这些非互联型芯片。首先我们看看 STM32 的系统架构,如图 4.2.11 所示。

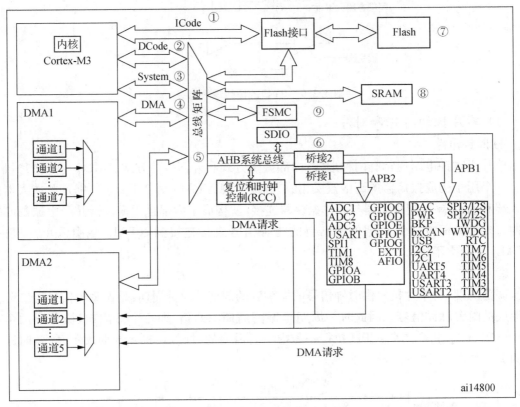

图 4.2.11　系统结构图

STM32 主系统主要由四个驱动单元和四个被动单元构成。四个驱动单元是:内核 DCode 总线、系统总线、通用 DMA1、通用 DMA2;四个被动单元是:AHB 到 APB 的桥,它连接所有的 APB 设备、内部 Flash 闪存、内部 SRAM、FSMC。

下面我们具体讲解一下图中几个总线的知识。ICode 总线:该总线将 M3 内核指令总线和闪存指令接口相连,指令的预取在该总线上面完成;DCode 总线:该总线将 M3 内核的 DCode 总线与闪存存储器的数据接口相连接,常量加载和调试访问在该总线上面完成;系统总线:该总线连接 M3 内核的系统总线到总线矩阵,总线矩阵协调内核和 DMA 间访问;DMA 总线:该总线将 DMA 的 AHB 主控接口与总线矩阵相连,总线矩阵协调 CPU 的 DCode 和 DMA 到 SRAM,闪存和外设的访问;总线矩阵:总线矩阵协调内核系统总线和 DMA 主控总线之间的访问仲裁,仲裁利用轮换算法;AHB/APB 桥:这两个桥在 AHB 和 2

个 APB 总线间提供同步连接,APB1 操作速度限于 36 MHz,APB2 操作速度为全速。

2) STM32 时钟系统

众所周知,时钟系统是 CPU 的脉搏,就像人的心跳一样。所以时钟系统的重要性就不言而喻了。STM32 的时钟系统比较复杂,不像简单的 MCS - 51 单片机一个系统时钟就可以解决一切。肯定有人会问,采用一个系统时钟不是挺简单吗? 为什么 STM32 要有很多个时钟源呢? 那是因为首先 STM32 本身非常复杂,外设非常多,但是并不是所有外设都需要有系统时钟那么高的频率,比如看门狗等,通常只需要几十 kHz 的时钟即可。同一个电路,时钟越快功耗越大,同时抗电磁干扰的能力也会越弱,所以对于复杂的 MCU 通常都是采取多个时钟源的方法来解决类似的问题(见图 4.2.12)。

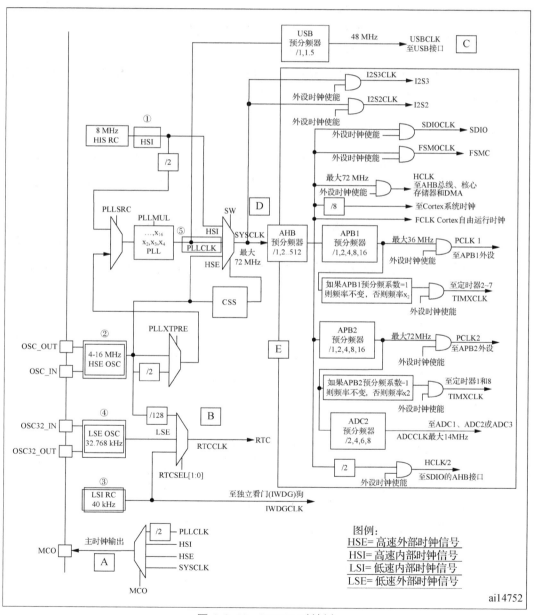

图 4.2.12　STM32 时钟树

在 STM32 中,有 5 个时钟源,分别为 HSI、LSI、HSE、LSE、PLL。按时钟频率来分可以分为高速时钟源和低速时钟源,在这 5 个中 HIS、HSE 以及 PLL 是高速时钟,LSI 和 LSE 是低速时钟。按来源可分为外部时钟源和内部时钟源,外部时钟源就是从外部通过接晶振的方式获取时钟源,其中 HSE 和 LSE 是外部时钟源,其他的是内部时钟源。下面我们看看 STM32 的 5 个时钟源:

① HSI 是高速内部时钟,R_C 振荡器,频率为 8 MHz;

② HSE 是高速外部时钟,可接石英/陶瓷谐振器,或者接外部时钟源,频率范围为(4～16) MHz。我们的开发板接的是 8 MHz 的晶振;

③ LSI 是低速内部时钟,RC 振荡器,频率为 40 kHz。独立看门狗的时钟源只能是 LSI,同时 LSI 还可以作为 RTC 的时钟源;

④ LSE 是低速外部时钟,接频率为 32.768 kHz 的石英晶体。这个主要是 RTC 的时钟源;

⑤ PLL 为锁相环倍频输出,其时钟输入源可选择为 HSI/2、HSE 或者 HSE/2。倍频可选择为 2～16 倍,但是其输出频率最大不得超过 72 MHz。

4.2.4　STM32 单片机的基本使用

目前机器人制作大多选用 MCS-51 系列单片机和 STM32 单片机,由于 STM32 单片机不管从速度、工作效率等方面都较优,所以这里选用 STM32 单片机讲解单片机的基本使用方法。

学习 STM32 单片机,实际上就是在 Keil MDK 开发编译环境中对 CPU 进行编程,以此来实现用 STM32 单片机驱动外围设备工作。需要有一点电工、数字电路和软件编程的基础知识。其中软件编程是面向硬件的编程,软硬件结合,编写的程序要能够符合硬件的电气逻辑关系,满足电气连接要求。

1) 相关软件

在本课程的学习中,使用上图中 STM32 单片机教学开发板将反复用到几款软件:Keil MDK 集成开发环境、下载软件、串口调试软件等。集成开发环境允许在电脑上编写程序,并编译生成可执行文件,然后下载到单片机上;串口调试软件则是实现单片机和电脑的通信,知道单片机在干什么,观察执行的结果。

(1) Keil MDK 集成开发环境(见图 4.2.13)

Keil MDK,也称 MDK-ARM。MDK-ARM 软件为基于 Cortex-M3、Cortex-M4、ARM7、ARM9 处理器设备提供了一个完整的开发环境。MDK-ARM 专为微控制器应用而设计,不仅易学易用,而且功能非常强大,能够满足大多数要求严格的嵌入式应用。MDK-ARM 有四个可用版本,分别是 MDK-Lite、MDK-Basic、MDK-Standard、MDK-Professional。所有版本都提供一个完善的 C/C++开发环境,最终可以在开发环境中编译生成单片机识别的可执行文件。

图 4.2.13　Keil MDK 集成开发环境

（2）串口下载软件（见图 4.2.14）

STM32 单片机开发板下载程序的方法有串口程序下载和利用 JLINK 进行下载。在硬件上，你的计算机至少要有串口或者 USB 口来实现与单片机教学开发板的串口连接。

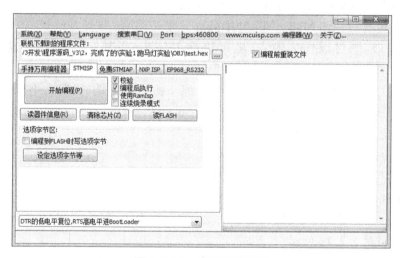

图 4.2.14　串口下载软件

（3）串口调试软件（见图 4.2.15）

串口调试助手是用来显示单片机与计算机的交互信息。此软件是一款通过电脑串口（包括 USB 口）收发数据并且显示的应用软件，一般用于电脑与嵌入式系统的通讯。该软件不仅可以用于调试串口通讯或者系统的运行状态。也可以用于采集其他系统的数据，用于观察系统的运行情况。

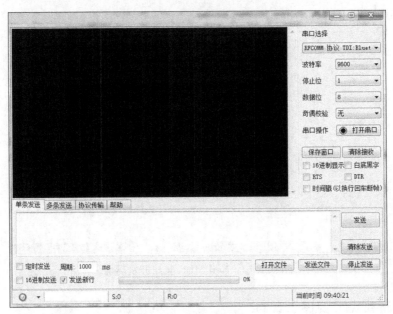

图 4.2.15　串口调试助手

2) STM32 单片机 I/O 端口的基本使用

控制机器人伺服电机以不同速度运动是通过让单片机的输入/输出（I/O）口输出不同的脉冲序列来实现的。STM32-M3 单片机有 5 个 16 位的并行 I/O 口：PA、PB、PC、PD、PE。这 5 个端口，既可以作为输入，也可以作为输出；可按 16 位处理，也可按位方式（1 位）使用。

本节主要介绍如何用 PA-PE 口来完成发光二极管的闪烁、机器人小车伺服电机的控制。如果将 PA-PG 口作为输出时，需要进行相关的配置，配置好后，只需向该端口的各个位输出你想输出的高低电平信号即可。

（1）点亮发光二极管

为了验证某个端口的输出电平是不是由你编写的程序输出的电平，可以采用一个非常简单有效的办法，就是在你想验证的端口位接一个发光二极管。当你输出低电平时，发光二极管亮；输出高电平时，发光二极管灭。电路图如图 4.2.16 所示。

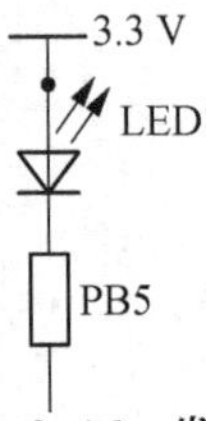

在本任务中，使用 PB5 来控制发光二极管以 1 Hz 的频率不断闪烁。

图 4.2.16　发光二极管电路图

例程：Led.c

首先接通板上的电源，然后输入、保存、下载并运行程序 Led.c，最后观察与 PB5 连接的 LED 是否周期性地闪烁。

程序：

```
#include "stm32f10x.h"
#include "led.h"
#include "delay.h"
```

```
int main(void)
{
LED_Init();    //初始化 LED
SysTick_Init();   //初始化时钟
while(1)
    {
    GPIO_SetBits(GPIOB,GPIO_Pin_5);//PB5 输出高电平
    Delay_ms(500);//延时 500 ms
    GPIO_ResetBits(GPIOB,GPIO_Pin_5);//PB5 输出低电平
    Delay_ms(500);//延时 500 ms
    }
}
```

Led. c 是如何工作的？结合电路图可知，当 PB_5 输出低电平时，发光二极管亮；当 PB_5 输出高电平时，发光二极管灭。再看 while(1)逻辑块中的语句，两次调用了延时函数，让单片机微控制器在给 PB5 引脚端口输出高电平和低电平之间都延时 500 ms，即输出的高电平和低电平都保持 500 ms，从而达到发光二极管 LED 以 1 Hz 的频率不断闪烁的效果。

头文件 delay. h 中定义了两个延时函数：Delay_μs(IO u32 nTime)；与 void Delay_ms (x)。用这两个函数控制灯闪烁的时间间隔。Delay_μs()是微秒级延时；Delay_ms(x)是毫秒级延时。

以上仅从主函数角度讲解如何实现闪烁，但是仅有这些程序开发板实际是不能让二极管闪烁的，一般而言，嵌入式系统在正式工作前，都要进行一些初始化工作，主要包括 RCC_Configuration(复位和时钟设置)，GPIO_Configuration(IO 口设置)。接下来将讲解如何进行外设的时钟设置和 IO 口设置。

(2) STM32 单片机的时钟配置

如何正确使用时钟源，先认识一下开发板初始化函数中的复位和时钟配置函数 RCC_Configuration(Reset and Clock Configuration，RCC)，它与 STM32 系列微控制器中的时钟有关。具体时钟树图已在图 4.2.12 给出。

每个外设挂在不同的时钟下面，尤其需要理解的是 APB1 和 APB2 的区别，APB1 上面连接的是低速外设，包括电源接口、备份接口、CAN、USB、I2C1、I2C2、UART2、UART3 等等，APB2 上面连接的是高速外设，包括 UART1、SPI1、Timer1、ADC1、ADC2、所有普通 IO 口(PA~PE)、第二功能 IO 口等。在以上的时钟输出中，有很多是带使能控制的，例如 AHB 总线时钟、内核时钟、各种 APB1 外设、APB2 外设等等。当需要使用某模块时，记得一定要先使能对应的时钟。具体使用方法见以下程序：

RCC_APB2PeriphClockCmd(RCC_APB2Periph_GPIOB, ENABLE);//打开 PB 口时钟

(3) STM32 单片机的 I/O 端口配置

STM32 单片机的 I/O 端口结构如图 4.2.17 所示。

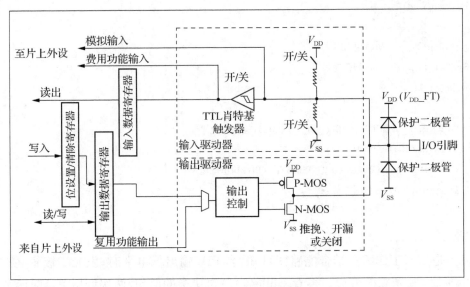

图 4.2.17　I/O 端口结构图

while(1)逻辑块中的代码是例程 Led.c 的功能主体：

```
while(1)
{
    GPIO_SetBits(GPIOB,GPIO_Pin_5)；//PB5 输出高电平
    Delay_ms(500)；//延时 500 ms
    GPIO_ResetBits(GPIOB,GPIO_Pin_5)；//PB5 输出低电平
    Delay_ms(500)；//延时 500 ms
}
```

　　先给 PB5 脚输出低电平，由赋值语 GPIO_ResetBits(GPIOB, GPIO_Pin_5)完成，然后调用延时函数 delay_ms(500)等待 500 ms，再给 PB5 脚输出高电平，即 GPIO_SetBits(GPI-OB, GPIO_Pin_5)，然后再次调用延时 500 ms 函数 delay_ms(500)。这样就完成了一次闪烁。

　　在程序中，你没有看到 PB5、GPIOB 和 GPIO_Pin_5 的定义，它们已经在固件函数标准库(stm32f10x_map_h 和 stm32f10x_gpio.h)中定义好了，由头文件 stm32f10x_led.h 包括进来。

　　GPIO_SetBits 和 GPIO_ResetBits 这两个函数在 stm32f10x_gpio.c 中实现，后面将做介绍。

　　时序图反映的是高、低电压信号与时间的关系图，时间从左到右增长，高、低电压信号随着时间在低电平或高电平之间变化。这个时序图显示的是刚才实验中的 1 000 ms 的高、低电压信号片段。右边的省略号表示的是这些信号是重复出现的。

　　微控制器的最大优点之一就是它们从来不会抱怨不停地重复做同样的事情。为了让单片机不断闪烁，你需要把让 LED 闪烁一次的几个语句放在 while(1){…}循环里。这里用到了 C 语言实现循环结构的一种形式：

　　　while(表达式)　　循环体语句

当表达式为非 0 值时，执行 while 语句中的内嵌语句，其特点是先判断表达式，后执行语句。例程中直接用 1 代替了表达式，因此总是非 0 值，所以循环永不结束，也就可以一直让 LED 灯闪烁。

注意：循环体语句如果包含一个以上的语句，就必须用花括号（"{   }"）括起来，以复合语句的形式出现。如果不加花括号，则 while 语句的范围只到 while 后面的第一个分号处。例如，本例中 while 语句中如果没有花括号，则 while 语句的作用范围只到"GPIO_SetBits (GPIOB, GPIO_Pin_5);"。

循环体语句也可以为空，就直接用 while(1);程序将一直停在此处。

接下来认识下 GPIO_Configuration 函数，输入/输出口在使用前除了要使能时钟外，还必须使能端口。具体参考以下程序：

GPIO_InitTypeDef GPIO_InitStructure;

GPIO_InitStructure. GPIO_Pin = GPIO_Pin_5;

//端口速度

GPIO_InitStructure. GPIO_Speed = GPIO_Speed_50MHz;

//输出为推挽模式

GPIO_InitStructure. GPIO_Mode = GPIO_Mode_Out_PP;

//初始化 PB、PE

GPIO_Init(GPIOB，&GPIO_InitStructure)；

使能端口一共分为三步：选择 I/O 的引脚号，比如 PB5 都需要使能 GPIO_Pin_5；

选择端口的工作速度，GPIO_Speed_2/10/50MHz；选择输入/输出引脚的工作模式，STM32 系列单片机的输入/输出引脚可配置成以下 8 种（4 输入＋2 输出＋2 复用输出）：

浮空输入：In_Floating。

带上拉输入：IPU(In Push－Up)。

带下拉输入：IPD(In Push－Down)。

模拟输入：AIN(Analog In)。

开漏输出：OUT_OD,OD 代表开漏：Open－Drain。（OC 代表开集：Open－Collector）。

推挽输出：OUT_PP。PP 代表推挽式：Push－Pull。

复用功能的推挽输出：AF_PP。AF 代表复用功能：Alternate－Function。

复用功能的开漏输出：AF_OD。

点亮 LED 灯主要采用的是 I/O 端口的输出功能，一般采用开漏输出或推挽输出，具体区别如下：

开漏输出：MOS 管漏极开路。要得到高电平状态需要上拉电阻才行。一般用于线或、线与，适合做电流型的驱动，其吸收电流的能力相对强（一般 20 mA 以内）。开漏是对 MOS 管而言，开集是对双极型管而言，在用法上没区别，开漏输出端相当于三极管的集电极。如果开漏引脚不连接外部的上拉电阻，则只能输出低电平。因此，对于经典的 MCS－51 单片机的 P0 口，要想做输入输出功能必须加外部上拉电阻，否则无法输出高电平逻辑。一般来说，可以利用上拉电阻接不同的电压，改变传输电平，以连接不同电平(3.3 V 或 5 V)的器件或系统,这样就可以进行任意电平的转换了。

推挽输出:如果输出级的两个参数相同 MOS 管(或三极管)受两互补信号的控制,始终处于一个导通、一个截止的状态,就是推挽相连,这种结构称为推挽式电路。推挽输出电路输出高电平或低电平时,两个 MOS 管交替工作,可以减低功耗,并提高每个管的承受能力。又由于不论走哪一路,管子导通电阻都很小,使 RC 常数很小,逻辑电平转变速度很快,因此,推挽式输出既可以提高电路的负载能力,又能提高开关速度,且导通损耗小、效率高。输出既可以向负载灌电流(作为输出),也可以从负载抽取电流(作为输入)。

除此以外,其他的外设引脚设置应该参考以下原则:

外设对应的引脚为输入:则根据外围电路的配置可以选择浮空输入、带上拉输入或带下拉输入;ADC 对应的引脚:配置引脚为模拟输入;外设对应的引脚为输出:需要根据外围电路的配置选择对应的引脚为复用功能的推挽输出或复用功能的开漏输出。

如果把端口配置成复用输出功能,则引脚和输出寄存器断开并和片上外设的输出信号连接。将引脚配置成复用输出功能后,如果外设没有被激活,那么它的输出将不确定。

当 GPIO 口设为输入模式时,输出驱动电路与端口是断开,此时输出速度配置无意义,不用配置。在复位期间和刚复位后,复用功能未开启,I/O 端口被配置成浮空输入模式。所有端口都有外部中断能力。为了使用外部中断线,端口必须配置成输入模式。

当 GPIO 口设为输出模式时,有 3 种输出速度可选(2 MHz、10 MHz 和 50 MHz),这个速度是指 I/O 口驱动电路的响应速度而不是输出信号的速度,输出信号的速度与程序有关(芯片内部在 I/O 口的输出部分安排了多个响应速度不同的输出驱动电路,可以根据需要选择合适的驱动电路)。

对于串口,假如最大波特率只需 115.2 kbit/s,那么用 2 MHz 的 GPIO 的引脚速度就够了,既省电噪声也小;对于 I²C 接口,假如使用 400 kHz 传输速率,若想把余量留大些,那么用 2 MHz 的 GPIO 的引脚速度或许不够,这时可以选用 10 MHz 的 GPIO 引脚速度;对于 SPI 接口,假如使用 18 MHz 或 9 MHz 传输速率,用 10 MHz 的 GPIO 的引脚速度显然不够了,需要选用 50 MHz 的 GPIO 的引脚速度。

由此可见,STM32 系列单片机的 GPIO 功能很强大,具有以下功能:

最基本的功能是可以驱动 LED、产生 PWM、驱动蜂鸣器等;具有单独的位设置或位清除,编程简单。端口配置好以后只需 GPIO_SetBits(GPIOx, GPIO_Pin_x)就可以实现对 GPIOx 的 pinx 位为高电平,GPIO_Reset Bits(GPIOx, GPIO_Pin_x)就可以实现对 GPIOx 的 pinx 位为低电平;具有外部中断唤醒能力,端口配置成输入模式时,具有外部中断能力;具有复用功能,复用功能的端口兼有 I/O 功能等;软件重新映射 I/O 复用功能:为了使不同器件封装的外设 I/O 功能的数量达到最优,可以把一些复用功能重新映射到其他一些脚上。这可以通过软件配置相应的寄存器来完成;GPIO 口的配置具有锁定机制,当配置好 GPIO 口后,在一个端口位上执行了锁定(LOCK),可以通过程序锁住配置组合,在下一次复位之前,将不能再更改端口位的配置。STM32 系列单片机的每个 GPIO 端口有两个 32 位配置寄存器(GPIOx_CRL,GPIOx_CRH),两个 32 位数据寄存器(GPIOx_IDR, GPIOx_ODR),一个 32 位置位/复位寄存器(GPIOx_BSRR)复位寄存器(GPIOx_BRR)和一个 32 位锁定寄存器(GPIOx_LCKR)。GPIO端口可以由软件分别配置成多种模式。每个 I/O 端口位可以自由编程。

（4）STM32 单片机通用定时器产生 PWM 波

上一节讲解了 I/O 的使用及用普通 I/O 口产生 PWM 的方法，本节将讲解如何使用 STM32F1 的 TIM3 来产生 PWM 输出。在本节中，我们将使用 TIM3 的通道 2，把通道 2 重映射到 PB5，产生 PWM 来控制 LED 灯的亮度。

脉冲宽度调制（PWM），是英文"Pulse Width Modulation"的缩写，简称脉宽调制，是利用微处理器的数字输出来对模拟电路进行控制的一种非常有效的技术。简单一点，就是对脉冲宽度的控制。

STM32 的定时器除了 TIM6 和 TIM7，其他的定时器都可以用来产生 PWM 输出。其中高级定时器 TIM1 和 TIM8 可以同时产生多达 7 路的 PWM 输出。而通用定时器也能同时产生多达 4 路的 PWM 输出，这样，STM32 最多可以同时产生 30 路 PWM 输出！这里我们仅利用 TIM3 的 CH2 产生一路 PWM 输出。如果要产生多路输出，大家可以根据我们的代码稍做修改即可。同样，我们首先通过对 PWM 相关的寄存器进行讲解，大家了解了定时器 TIM3 的 PWM 原理之后，我们再讲解怎么使用库函数产生 PWM 输出。

PWM 相关的函数设置在库函数文件 stm32f10x_tim. h 和 stm32f10x_tim. c 文件中。

① 开启 TIM3 时钟以及复用功能时钟，配置 PB5 为复用输出。

要使用 TIM3，我们必须先开启 TIM3 的时钟，这点相信大家看了这么多代码，应该明白了。这里我们还要配置 PB5 为复用输出，这是因为 TIM3_CH2 通道将重映射到 PB5 上，此时，PB5 属于复用功能输出。库函数使能 TIM3 时钟的方法是：

RCC_APB1PeriphClockCmd(RCC_APB1Periph_TIM3，ENABLE)；//使能定时器 3 时钟

这在前面一章已经提到过。库函数设置 AFIO 时钟的方法是：

RCC_APB2PeriphClockCmd(RCC_APB2Periph_AFIO，ENABLE)；//复用时钟使能

这两行代码很容易组织，这里不做过多重复的讲解。设置 PB5 为复用功能输出的方法在前面的几个实验都有类似的讲解，相信大家很明白，这里简单列出 GPIO 初始化的一行代码即可：

GPIO_InitStructure. GPIO_Mode = GPIO_Mode_AF_PP；//复用推挽输出

② 设置 TIM3_CH2 重映射到 PB5 上。

因为 TIM3_CH2 默认是接在 PA7 上的，所以我们需要设置 TIM3_REMAP 为部分重映射（通过 AFIO_MAPR 配置），让 TIM3_CH2 重映射到 PB5 上面。在库函数里面设置重映射的函数是：

voidGPIO_PinRemapConfig(uint32_t GPIO_Remap，FunctionalState NewState)；

STM32 重映射只能重映射到特定的端口。第一个入口参数可以理解为设置重映射的类型，比如 TIM3 部分重映射入口参数为 GPIO_PartialRemap_TIM3，这点可以顾名思义了。所以 TIM3 部分重映射的库函数实现方法是：

GPIO_PinRemapConfig(GPIO_PartialRemap_TIM3，ENABLE)；

③ 初始化 TIM3,设置 TIM3 的 ARR 和 PSC。

在开启了 TIM3 的时钟之后,我们要设置 ARR 和 PSC 两个寄存器的值来控制输出 PWM 的周期。当 PWM 周期太慢(低于 50 Hz)的时候,我们就会明显感觉到闪烁了。因此,PWM 周期在这里不宜设置得太小。这在库函数是通过 TIM_TimeBaseInit 函数实现的,这里就不详细讲解,调用的格式为:

```
TIM_TimeBaseStructure. TIM_Period = arr;  //设置自动重装载值
TIM_TimeBaseStructure. TIM_Prescaler =psc;  //设置预分频值
TIM_TimeBaseStructure. TIM_ClockDivision = 0;  //设置时钟分割:TDTS = Tck_tim
TIM_TimeBaseStructure. TIM_CounterMode = TIM_CounterMode_Up;  //向上计数模式
TIM_TimeBaseInit(TIM3,&TIM_TimeBaseStructure);  //根据指定的参数初始化 TIMx
```

④ 设置 TIM3_CH2 的 PWM 模式,使能 TIM3 的 CH2 输出。

接下来,我们要设置 TIM3_CH2 为 PWM 模式(默认是冻结的),因为 DS0 是低电平亮,而我们希望当 CCR2 的值小的时候,DS0 就暗,CCR2 值大的时候,DS0 就亮,所以要通过配置 TIM3_CCMR1 的相关位来控制 TIM3_CH2 的模式。在库函数中,PWM 通道设置是通过函数 TIM_OC1Init()~TIM_OC4Init()来设置的,不同通道的设置函数不一样,这里使用的是通道 2,所以使用的函数是 TIM_OC2Init()。

void TIM_OC2Init(TIM_TypeDef * TIMx, TIM_OCInitTypeDef * TIM_OCInit-Struct);

这种初始化格式大家学到这里应该也熟悉了,所以我们直接来看看结构体 TIM_OCInitTypeDef 的定义:

```
typedef struct
{
uint16_tTIM_OCMode;
uint16_tTIM_OutputState;
uint16_tTIM_OutputNState;
uint16_tTIM_Pulse;
uint16_tTIM_OCPolarity;
uint16_tTIM_OCNPolarity;
uint16_tTIM_OCIdleState;
uint16_tTIM_OCNIdleState;
}
TIM_OCInitTypeDef;
```

这里讲解一下与我们要求相关的几个参数变量:

参数 TIM_OCMode 设置模式是 PWM 还是输出比较,这里我们是 PWM 模式。

参数 TIM_OutputState 用来设置比较输出使能,也就是使能 PWM 输出到端口。

参数 TIM_OCPolarity 用来设置极性是高还是低。

其他的参数 TIM_OutputNState,TIM_OCNPolarity,TIM_OCIdleState 和 TIM_OC-NIdleState 是高级定时器 TIM1 和 TIM8 才用到的。要实现上面提到的场景,方法是:

TIM_OCInitTypeDef TIM_OCInitStructure;

TIM_OCInitStructure. TIM_OCMode = TIM_OCMode_PWM2；//选择 PWM 模式 2

TIM_OCInitStructure. TIM_OutputState = TIM_OutputState_Enable；//比较输出使能

TIM_OCInitStructure. TIM_OCPolarity = TIM_OCPolarity_High；//输出极性高

TIM_OC2Init(TIM3，&TIM_OCInitStructure)；//初始化 TIM3 OC2

⑤ 使能 TIM3。

在完成以上设置之后,我们需要使能 TIM3。使能 TIM3 的方法前面已经讲解过:

TIM_Cmd(TIM3, ENABLE)；//使能 TIM3

⑥ 修改 TIM3_CCR2 来控制占空比。

最后,在经过以上设置之后,PWM 其实已经开始输出了,只是其占空比和频率都是固定的,而我们通过修改 TIM3_CCR2 则可以控制 CH2 的输出占空比。继而控制 DS0 的亮度。

在库函数中,修改 TIM3_CCR2 占空比的函数是:

void TIM_SetCompare2(TIM_TypeDef * TIMx, uint16_t Compare2)；

理所当然,对于其他通道来说,都是分别有一个函数名字,并且函数格的格式为 TIM_SetComparex(x=1,2,3,4)。

通过以上 6 个步骤,我们就可以控制 TIM3 的 CH2 输出 PWM 波了。

主程序使用下面即可:

```
while(1)
{
delay_ms(10);
if(dir)led0pwmval++;
else led0pwmval--;
if(led0pwmval>300)dir=0;
if(led0pwmval==0)dir=1;
TIM_SetCompare2(TIM3,led0pwmval);
}
```

4.3　机器人的驱动系统

机器人驱动器是用来使机器人发出动作的动力机构。机器人驱动器可将电能、液压能和气压能转化为机器人的动力。该部分的作用相当于人的关节及肌肉。驱动器主要有电动力驱动器、油动力驱动器、液动力驱动器和气动力驱动器等。电动力驱动器,或称为电驱动系统,是以电动机为驱动器的动力系统,如步进电机、直流电机、交流电机;油动力驱动器,如汽油机、柴油机,可满足大功率和高旋转速度的要求,美国的 BigDog 就采用了油动力驱动器,飞行机器人也往往采用油动力系统;液动力驱动器,特点是转矩重量比大,即单位重量的输出功率高,适用于重载移动式机器人;气动力驱动器,动力源于压缩空气,可实现位置控制、力控制,如真空吸盘可充当机器人的手。在机器人设计与制作中,由于使用较多的是电动力驱动器,接下来将详细介绍电机、舵机、步进电机这几种常用的电动力驱动器。

4.3.1　认识直流电机

目前使用较多的机器人的驱动器主要用到直流电机,下面重点介绍直流电机相关内容。

输出或输入为直流电能的旋转电机,称为直流电机,它是能实现直流电能和机械能互相转换的电机。当它作电动机运行时是直流电动机,将电能转换为机械能。图 4.3.1 为常见的直流电机。

图 4.3.1　直流电机

直流电机要实现机电能量变换,电路和磁路之间必须有相对运动。所以旋转电机具备静止的和旋转的两大部分。静止和旋转部分之间有一定大小的间隙,称为气隙。静止的部分称为定子,作用是产生磁场和作为电机的机械支撑,包括主磁极、换向极、机座、端盖、轴承、电刷装置等。旋转部分称为转子或电枢,作用是感应电势实现能量转换,包括电枢铁心、电枢绕组、换向器、轴和风扇等。直流电机里边固定有环状永磁体,电流通过转子上的线圈产生安培力,当转子上的线圈与磁场平行时,再继续转受到的磁场方向将改变,因此此时转子末端的电刷跟转换片交替接触,从而线圈上的电流方向也改变,产生的洛伦兹力方向不变,所以电机能保持一个方向转动。

直流发电机的工作原理就是把电枢线圈中感应的交变电动势,靠换向器配合电刷的换向作用,使之从电刷端引出时变为直流电动势的原理。感应电动势的方向按右手定则确定(磁感线指向手心,大拇指指向导体运动方向,其他四指的指向就是导体中感应电动势的方向)。导体受力的方向用左手定则确定。这一对电磁力形成了作用于电枢的一个力矩,这个力矩在旋转电机里称为电磁转矩,转矩的方向是逆时针方向,企图使电枢逆时针方向转动。如果此电磁转矩能够克服电枢上的阻转矩(例如由摩擦引起的阻转矩以及其他负载转矩),电枢就能按逆时针方向旋转起来。

直流电机的接口一般包含:V_{CC}、GND 和信号口(用于调速),正常情况下只要上电就能工作,工作电压大小和电机转动速度有一定的关系,如果不需调速,使用时直接将直流电机的正负极接到电源的正负极即可。电机可以实现正转和反转,正反转取决于电源的供电(+或者−)。电机的速度可以通过数字电位器调速或者 PWM 波等方式调速实现。但是直流电机工作一般需要大功率,而普通单片机输出口的电流较小,输出的功率较小,不能驱动电机工作,所以一般在使用电机时要加入电机驱动电路。

电机驱动电路常见的有以下几种:晶体管驱动电路、桥式电路和集成驱动器。

（1）晶体管驱动电路

晶体管驱动电路的原理较为简单,利用了三极管可以实现放大的功能,设计相应的驱动电路,驱动电机工作,如图 4.3.2 所示。

（2）桥式电路

桥式电路,又称 H 型电机驱动电路,因为它的形状酷似桥而得名,H 桥式驱动电路包含四个三极管和一个直流电机。要使电机运转,必须接通对角线上的一对三极管。根据不同三极管对的导通情况,电流可能会从左到右或者从右到左流过电机,从而控制电机的转动方向,如图 4.3.3 所示。

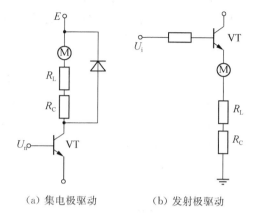

(a) 集电极驱动　　(b) 发射极驱动

图 4.3.2　晶体管驱动电路

（3）L298N 集成驱动器

L298N 是 ST 公司生产的一种高电压、大电流电机驱动芯片。该芯片采用 15 脚封装。

主要特点是:工作电压高,最高工作电压可达 46 V;输出电流大,瞬间峰值电流可达 3 A,持续工作电流为 2 A;额定功率为 25 W。内含两个 H 桥的高电压大电流全桥式驱动器,可以用来驱动直流电动机和步进电动机、继电器线圈等感性负载;采用标准逻辑电平信号控制;具有两个使能控制端,在不受输入信号影响的情况下允许或禁止器件工作,有一个逻辑电源输入端,使内部逻辑电路部分在低电压下工作;可以外接检测电阻,将变化量反馈给控制电路。使用 L298N 芯片驱动电机,该芯片可以驱动一台两相步进电机或四相步进电机,也可以驱动两台直流电机。图 4.3.4 是基于 298 芯片制作的电机驱动器。

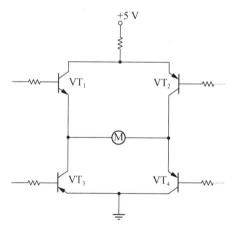

图 4.3.3　桥式电路

图 4.3.4　L298N 集成驱动器

实例:使用直流/步进两用驱动器可以驱动两台直流电机。分别为 M_1 和 M_2。引脚 A、引脚 B 可用于输入 PWM 脉宽调制信号对电机进行调速控制。（如果无须调速可将两引脚接 5 V,使电机工作在最高速状态,即将短接帽短接）实现电机正反转就更容易了,输入信号

端 IN_1 接高电平,输入端 IN_2 接低电平,电机 M_1 正转。(如果信号端 IN_1 接低电平,IN_2 接高电平,电机 M_1 反转。)控制另一台电机是同样的方式,输入信号端 IN_3 接高电平,输入端 IN_4 接低电平,电机 M_2 正转(反之则反转)。PWM 信号端 A 控制 M_1 调速,PWM 信号端 B 控制 M_2 调速,详情如表 4.3.1 所示。

表 4.3.1　电机驱动的功能表

电机	旋转方式	控制端 IN_1	控制端 IN_2	控制端 IN_3	控制端 IN_4	输入 PWM 信号改变脉宽可调速	
						调速端 A	调速端 B
M_1	正转	高电平	低电平	—	—	高电平	
	反转	低电平	高电平	—	—	高电平	
	停止	低电平	低电平	—	—	高电平	
M_2	正转	—	—	高电平	低电平	—	高电平
	反转	—	—	低电平	高电平	—	高电平
	停止	低电平	低电平	—	—	—	高电平

4.3.2　I/O 口驱动直流电机转动

1) I/O 口驱动直流电机全速转动

使用 STM32 单片机 I/O 口驱动直流电机工作,使用的是 I/O 口的输出功能,具体时钟使能和端口使能方法与点亮二极管时方法一样。

电机只要通过电机驱动板提供足够的电压和电流就能工作,所以在电气连接上仅考虑 IN_1 和 IN_2,就可以实现电机的全速正转、全速反转和停止。满足电气连接以外,还要考虑程序的实现,下面是如何控制直流电机全速正向转动的程序。

```
#define IN1_1GPIO_SetBits(GPIOB,GPIO_Pin_9);
#define IN1_0GPIO_ResetBits(GPIOB,GPIO_Pin_9);
#define IN2_1GPIO_SetBits(GPIOB,GPIO_Pin_10);
#define IN2_0GPIO_ResetBits(GPIOB,GPIO_Pin_10);
#defineL_go      IN1_0;IN2_1 //电机全速正转
#defineL_back    IN1_1;IN2_0 //电机全速反转
#defineL_stop    IN1_0;IN2_0//电机停止
while(1)
  {
  L_go;
  Delay_ms(500);//延时 500 ms
  }
```

2) I/O 口驱动直流电机调速

STM32 单片机 I/O 口驱动直流电机调速,IN 的使用方法和全速转动时方法一致,另外需要考虑 EN 使能端口的使用。EN 是电机驱动电路的输入使能开关,对于直流电机这里可接 PWM 调制控制速度,PWM 实现方法可以通过输出口模拟 PWM 输出,即通过输出口输出不同比例的高低电平(使能信号要求不精密时使用),也可以通过 STM32 自带的 PWM 输出功能(使能信号要求精密时使用)。将 EN 连接到 PB11 下面仅介绍输出口模拟输出 PWM 功能,通过以下程序可以实现电机以近似一半的速度转动。

```
while(1)
    {
    GPIO_SetBits(GPIOB,GPIO_Pin_11);//PB11 输出高电平
    Delay_ms(500);//延时 500 ms
    GPIO_ResetBits(GPIOB,GPIO_Pin_11);//PB11 输出低电平
    Delay_ms(500);//延时 500 ms
    }
```

4.3.2　认识舵机

舵机是指在伺服系统中控制机械元件运转的发动机,是一种补助马达间接变速的装置。舵机由直流电机、位置传感器和控制器组成,用于精确定位和高扭矩时的转速控制,被广泛应用于机器人竞赛。伺服电机通过与位置传感器级联封装的电位计控制角位移,主要被应用于机械臂、抓手等需要固定角位移的应用中。典型的舵机如图 4.3.5 所示。

图 4.3.5　伺服电机图

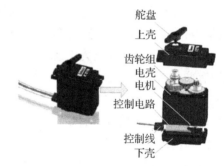

4.3.6　舵机的结构及组成

舵机可使控制速度及位置精度非常准确,可以将电压信号转化为转矩和转速以驱动控制对象。舵机转子转速受输入信号控制,并能快速反应,在自动控制系统中,用作执行元件,且具有机电时间常数小、线性度高、始动电压等特性,可把所收到的电信号转换成电动机轴上的角位移或角速度输出。分为直流和交流伺服电动机两大类,其主要特点是,当信号电压为零时无自转现象,转速随着转矩的增加而匀速下降。

舵机主要由舵盘、齿轮组、电机、控制电路等几个部分组成,如图 4.3.6 所示。它的体积紧凑,便于安装;输出力矩大,稳定性好;控制简单,便于和数字系统接口。

舵机的基本结构是这样,但实现起来有很多种。例如调速舵机就有有刷和无刷之分,齿轮有塑料和金属之分,输出轴有滑动和滚动之分,壳体有塑料和铝合金之分,速度有快速和慢速之分,体积有大中小之分等等,组合不同,价格也千差万别。例如,其中小舵机一般称作微舵,同种材料的条件下是中型的一倍多,金属齿轮是塑料齿轮的一倍多。根据需要选用不同类型。

　　按照工作原理可分为速度舵机和角度舵机,速度舵机可以作为小车轮子的驱动设备,角度舵机一般分为180度、270度等,可以作为机械臂、抓手等的驱动设备;按照控制方式可分为模拟舵机和数字舵机。

　　1) 舵机的工作原理

　　控制电路板接受来自信号线的控制信号,控制电机转动,电机带动一系列齿轮组,减速后传动至输出舵盘。舵机的输出轴和位置反馈电位计是相连的,舵盘转动的同时,带动位置反馈电位计,电位计将输出一个电压信号到控制电路板,进行反馈,然后控制电路板根据所在位置决定电机的转动方向和速度,从而达到目标位置,具体控制流程图如图4.3.7所示。

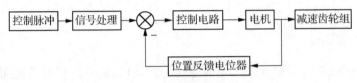

图 4.3.7　舵机闭环反馈控制

　　2) 舵机的接口及供电方式

　　舵机的输入线共有三条,中间的红色是电源线,一边黑色(棕色)的是地线,这两根线给舵机提供最基本的能源保证,主要是电机的转动消耗。另外一根线是控制信号线,颜色一般为白色(橘黄色)。另外要注意一点,SANWA 的某些型号的舵机引线电源线在边上而不是中间,需要辨认。但记住红色为电源,黑色为地线,一般不会搞错。

　　电源有两种规格,一是 4.8 V,一是 6.0 V,分别对应不同的转矩标准,即输出力矩不同,6.0 V 对应的要大一些,具体看应用条件。

　　3) 用单片机来控制舵机

　　(1) 控制速度舵机和角度舵机工作

　　舵机的控制信号是一个脉宽调制信号,即PWM控制,很方便和数字系统进行接口。只要能产生标准控制信号的数字设备都可以用来控制舵机,比方 PLC、各种单片机等。

　　舵机的控制信号为周期是 20 ms 的脉宽调制(PWM)信号,其中脉冲宽度(0.5～2.5) ms,相对应舵盘的位置为 0～180°,呈线性变化。也就是说,给它提供一定的脉宽,它的输出轴就会保持在一个相对应的角度上,无论外界转矩怎样改变,直到给它提供一个另外宽度的脉冲信号,它才会改变输出角度到新的对应的位置上,如图4.3.8所示。舵机内部有一个基准电路,产生周期 20 ms、宽度 1.5 ms 的基准信号,有一个比

输入正脉冲宽度(周期为20 ms)	伺服电机输出臂位置
0.5 ms	−90°
1.0 ms	−45°
1.5 ms	0°
2.0 ms	45°
2.5 ms	90°

图 4.3.8　角度舵机的控制脉宽图

较器,将外加信号与基准信号相比较,判断出方向和大小,从而产生电机的转动信号。由此可见,舵机是一位置伺服的驱动器,转动范围不能超过180°,适于那些需要角度不断变化并可以保持的驱动当中。比方说机器人的关节、飞机的舵面等。

通过编程同样也可以使速度舵机实现方向改变和不同速度。另外要记住一点,舵机的转动需要时间,因此,程序中时间的变化不能太快,不然舵机跟不上程序。根据需要,选择合适的延时,反复调试,可以让舵机很流畅地转动,而不会产生像步进电机一样的脉动。这些还需要在实践中慢慢去体会。

(2)角度舵机的调速方法

舵机的速度决定于你给它的信号脉宽的变化速度。如果你要求的速度比较快的话,舵机就反应不过来了;将脉宽变化值线性到你要求的时间内,一点一点地增加脉宽值,就可以控制舵机的速度了。

(3)模拟舵机和数字舵机

数字舵机和模拟舵机功能是一致的,但是使用方法却不一样,源于它们的内部组成不同。数字舵机(Digital Servo)和模拟舵机(Analog Servo)在基本的机械结构方面是完全一样的,主要由马达、减速齿轮、控制电路等组成,而数字舵机和模拟舵机的最大区别则体现在控制电路上,数字舵机的控制电路比模拟舵机的多了微处理器和晶振。这一点改变,它对提高舵机的性能有着决定性的影响。数字舵机在以下两点与模拟舵机不同,处理接收机的输入信号的方式不同,数字舵机只需要发送一次指令就能保持角度不变,模拟舵机需要不断发送指令才能保持角度不变,控制舵机马达初始电流的方式不同,数字舵机减少无反应区(对小量信号无反应的控制区域),增加分辨率以及产生更大的固定力量。

模拟舵机在空载时,没有动力被传到舵机马达。当有信号输入使舵机移动,或者舵机的摇臂受到外力的时候,舵机会做出反应,向舵机马达传动动力(电压)。这种动力实际上每秒传递50次,被调制成开/关脉冲的最大电压,并产生小段小段的动力。当加大每一个脉冲的宽度的时候,电子变速器的效能就会出现,直到最大的动力/电压被传送到马达,马达转动使舵机摇臂指到一个新的位置。然后,当舵机电位器告诉电子部分它已经到达指定的位置,那么动力脉冲就会减小脉冲宽度,并使马达减速。直到没有任何动力输入,马达完全停止。

相对于传统模拟舵机,数字舵机的两个优势是:① 因为微处理器的关系,数字舵机可以在将动力脉冲发送到舵机马达之前,对输入的信号根据设定的参数进行处理。这意味着动力脉冲的宽度,就是说激励马达的动力,可以根据微处理器的程序运算而调整,以适应不同的功能要求,并优化舵机的性能。② 数字舵机以高得多的频率向马达发送动力脉冲。就是说,相对于传统的50脉冲/s,现在是300脉冲/s。虽然,因为频率高的关系,每个动力脉冲的宽度被减小了,但马达在同一时间里收到更多的激励信号,并转动得更快。这也意味着不仅仅舵机马达以更高的频率响应发射机的信号,而且"无反应区"变小;反应变得更快;加速和减速时也更迅速、更柔和;数字舵机提供更高的精度和更好的固定力量。

4.3.4　I/O 口驱动舵机

1) I/O 口驱动速度舵机

图 4.3.9 为模拟式速度舵机,控制转动速度的脉冲信号如图 4.3.10 所示。高电平持续 1.3 ms,低电平持续 20 ms,然后不断重复地控制脉冲序列。该脉冲序列发给经过零点标定后的伺服电机,伺服电机不会旋转。可调节伺服电机的可调电阻使电机停止旋转。控制电机运动转速的是高电平持续的时间,当高电平持续时间为 1.3 ms 时,电机顺时针全速旋转,当高电平持续时间 1.7 ms 时,电机逆时针全速旋转。下面你将看到如何给 STM32 单片机微控制器编程使 PD 端口的第 10 脚(PD10)来发出伺服电机的控制信号。

图 4.3.9　模拟式速度舵机

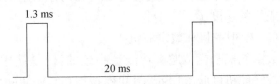

图 4.3.10　1.3 ms 的控制脉冲序列使用速度舵机顺时针全速旋转时序图

在进行下面的实验之前,必须首先确认一下机器人两个伺服电机的控制线是否已经正确地连接到了 STM32 单片机教学开发板的两个接口上。"黑线"表示地线,"红线"表示电源线,"白线"表示信号线。PD9 用来控制左边的伺服电机,而 PD10 引脚则用来控制右边的伺服电机。

显然这里对微控制器编程发给伺服电机的高、低电平信号必须具备更精确的时间。因为单片机只有整数,没有小数,所以要生成伺服电机的控制信号,要求具有比 delay_ms()函数的时间更精确的函数,这就需要用另一个延时函数 delay_μs(n)。前面已经介绍过,这个函数可以实现更小的延时,它的延时单位是微秒,即千分之一毫秒,参数 n 为延时微秒数。

看看下面的代码片断:

```
while(1)
{
    GPIO_SetBits(GPIOD ,GPIO_Pin_10);   //PD10 输出高电平
    Delay_ nus(1300); //延时 1300 μs
    GPIO_ResetBits( GPIOD, GPIO_ Pin_10)   //PD10 输出低电平
    delay_nus(20000);   //延时 20 ms
}
```

如果用这个代码段代替例程 Led.c 中相应程序片断,它是不是就会输出图 4.3.10 所示的脉冲信号? 肯定是! 如果你手边有个示波器,可以用示波器观察 PD10 脚输出的波形。此时,连接到该脚的机器人轮子是否静止不动。如果它在慢慢转动,就说明你的机器人伺服电机可能没有经过调整。

同样,用下面的程序片断代替例程 Led.c 中相应程序片断,编译、连接下载执行代码,观

察连接到 PD10 脚的机器人轮子是不是顺时针全速旋转。

```
while(1)
{
    GPIO_SetBits(GPIOD,GPIO_Pin_10)；  //PD10 输出高电平
    Delay_ nus( 1300)；//延时 1300 μs
    GPIO_ResetBits( GPIOD, GPIO_ Pin_10)   //PD10 输出低电平
    delay_nus(20000)；  //延时 20 ms
}
```

用下面的程序片断代替例程 Led. c 中相应程序片断,编译、连接下载执行代码,观察连接到 PD10 脚的机器人轮子是不是逆时针全速旋转。

```
while(1)
{
    GPIO_SetBits(GPIOD ,GPIO_Pin_10;   //PD10 输出高电平
    Delay_ nus(1700)；//延时 1700 μs
    GPIO_ResetBits( GPIOD, GPIO_ Pin_10)   //PD10 输出低电平
    delay_nus(20000)；                //延时 20 ms
}
```

刚才是让连接到 PD10 脚的伺服电机轮子全速旋转,下面你自己可以修改程序让连接到 PD9 机器人轮子全速旋转。当然,最后你需要修改程序,让机器人的两个轮子都能够旋转。让机器人两个轮子都顺时针全速旋转的主程序参考下面的程序。这里需要注意的是,在小车安装舵机时,由于两侧是相反放置的,程序设计时应考虑这一点。

```
while(1)
{
    GPIO_SetBits(GPIOD ,GPIO_Pin_10;   //PD10 输出高电平
    Delay_ nus( 1700)；//延时 1700 μs
    GPIO_ResetBits( GPIOD, GPIO_ Pin_10)；
    GPIO_SetBits(GPIOD,GPIO_Pin_9)；   //PD9 输出高电平
    Delay_ nus( 1300)；//延时 1300 μs
    GPIO_ResetBits( GPIOD, GPIO_ Pin_10)；//PD10 输出低电平
    delay_nus(20000)；                //延时 20 ms
}
```

2) I/O 口驱动角度舵机

角度舵机有 180°舵机和 270°舵机两种,下面以 180°舵机为例讲解角度舵机用法。

角度舵机内部有一个基准电路,产生周期为 20 ms,高电平宽度为 1.5 ms 的基准信号,这个位置其实是舵机转角的中间位置。通过比较信号线的 PWM 信号与基准信号,内部的电机控制板得出一个电压差值,将这个差值加到电机上控制舵机转动。控制舵机的高电平范围为(0.5～2.5) ms。0.5 ms 时为最小角度,2.5 ms 时为最大角度。

以 180 度舵机为例:

0.5 ms　　　　　　　　　　　　0°;

1 ms	45°;
1.5 ms	90°;
2 ms	135°;
2.5 ms	180°;

舵机的转动由 PWM 脉冲控制,每经过一个脉冲舵机转过一个特定的角度。同时舵机是一个闭环控制系统,因为伺服电机本身具备发出脉冲的功能,所以伺服电机每旋转一个角度,都会发出对应数量的脉冲,这样,和伺服电机接收的脉冲形成了呼应,或者叫闭环,如此一来,系统就会知道发了多少脉冲给伺服电机,同时又收了多少脉冲回来,这样就能够很精确地控制电机的转动,从而实现精确定位。

4.4 机器人的感知系统

机器人的感知系统包含视觉、听觉、嗅觉和触觉等。本章主要介绍光电轮式避障机器人的设计与制作,主要涉及机器人传感系统中的视觉感知,所以本节重点介绍机器人的视觉系统。机器人的视觉系统是一种非接触式的光学传感系统,是一种能把光转变成便于利用的电信号的器件。它同时集成软硬件,能够自动从所采集到的图像中获取信息或者产生控制动作。简而言之,机器人的视觉就是用传感器代替人眼来做测量和判断。

4.4.1 红外传感器

红外传感器是一种以红外线为媒介来实现测量功能的传感器,具有响应快等优点,在国防、工农业、科技等众多领域应用十分广泛。

红外传感器可根据条件的不同来进行更加详细的分类。根据红外线对射管的驱动方式不同可以分为脉冲型和电平型;根据探测原理的不同可以分为热探测器(探测原理基于热效应)和光子探测器(探测原理基于光电效应);根据功能的不同可分为热成像系统、搜索跟踪系统、辐射计、红外测距通信系统和混合系统等五大类。

1) 工作原理

红外线传播时不扩散、折射率小,红外测距传感器具有一对红外信号发射与接收二极管,发射管发射特定频率的红外信号,接收管接收这种频率的红外信号,当红外的检测方向遇到障碍物时,红外信号反射回来被接收管接收,经过处理之后,通过数字传感器接口返回到机器人主机,机器人即可利用红外的返回信号来识别周围环境的变化。红外测距的常用方法和原理主要有以下几种:

(1) 相位法测距原理

相位法测距是利用无线电波段的频率,对红外激光束进行幅度调制并测定调制光往返一次所产生的相位延迟,再根据调制光的波长,换算出此相位延迟所代表的距离 D。此方式测量精度较高,相对误差可以保持在百分之一以内,但要求被测目标必须能主动发出无线电波产生相应的相位值。

(2) 反射能量法测距原理

反射能量法基本原理是由发射控制电路控制红外发光二极管发出红外线射向目标物体,经障碍物反射后,由红外接收电路的光敏接收管接收前方物体反射光,据此判断前方是否有障碍物。由于接收管接收的光强是随反射物体的距离变化而变化的,距离近则反射光强,距离远则反射光弱,因而根据光电转换器接收的光能量大小可以计算出目标物体的距离 L。

（3）时间差法测距原理

时间差法测距原理是计算红外线从发射模块发出到被物体反射回来被接收模块接收所需要的时间,通过光传播距离公式来计算出传播距离 L。

（4）三角测量原理

红外发射器按照一定的角度发射红外光束,当遇到物体以后,光束会反射回来,如图4.4.1所示。反射回来的红外光线被检测器检测到以后,会获得一个偏移值 L。利用三角关系,在知道了发射角度 α,偏移距 L,中心矩 X,以及滤镜的焦距 f 以后,传感器到物体的距离 D 就可以通过几何关系计算出来了。

可以看到,当 D 的距离足够近的时候,L 值会相当大,超过 CCD 的探测范围,这时,虽然物体很近,但是传感器反而看不到了。当物

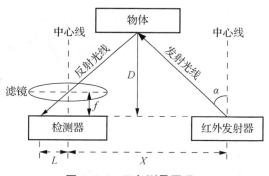

图 4.4.1　三角测量原理

体距离 D 很大时,L 值就会很小。这时 CCD 检测器能否分辨得出这个很小的 L 值成为关键。

目前,使用较多的是红外光电开关传感器,它的发射频率一般为 38 kHz 左右,探测距离一般比较短,通常被用作近距离障碍目标的识别。

红外线光电开关是利用人眼不可见(波长为 780 nm～1 mm)的近红外线和红外线来检测、判别物体。红外光电开关的检测距离为 0.05～10 m,并有灵敏度调节及动作前后延时等功能。红外线光电开关是由发射器、接收器和检测电路三部分组成。发射器对准目标发射光束,发射的光束一般来源于发光二极管(LED)和激光二极管。光束不间断地发射,或者改变脉冲宽度。受脉冲调制的光束辐射强度在发射中经过多次选择,朝着目标不间断地运行。接收器由光电二极管或光电三极管组成。在接收器的前面,装有光学元件如透镜和光圈等。在其后面的是检测电路,它能滤出有效信号和应用该信号。

红外线光电开关具有体积小、使用简单、性能稳定、寿命长、响应速度快以及抗冲击和抗干扰能力强等特点,可广泛应用于现代轻工、机械、冶金、交通、电力、军工及矿山等领域的安全生产、自动生产控制及计算机输入接口信号。在使用红外线光电开关时,应注意环境条件,以使红外线光电开关能够正常可靠地工作。红外线光电开关在环境照度较高时,一般都能稳定工作。但应回避将传感器光轴正对太阳光、白炽灯等强光源。

红外测距传感器具有光斑小、精度高、响应快等特点,发射角相对比较小,和激光测距类似,可以认为测量的是点到点的距离,但有效距离比激光小,无法准确检测透明物体。

超声波测距的发射角比较大,测量的是点到面的距离,可以检测透明物体,精度、响应速度没有红外高;但易受环境影响如温度、风速,而且不可检测吸声材料。

2) 红外传感器测距应用

本节以 Sharp GP2Y0A21YK0F 红外测距模板为例,介绍红外传感器在测距方面的具体应用。GP2Y0A21YK0F 模块的外形如图 4.4.2 所示,测量距离在 10 cm 到 80 cm,平均电流为 30 mA。模块对外有三个端口,分别为 V_{cc}、V_o 和 GND。V_{cc} 是外加电源端口,通常可设定为 5 V 左右,GND 接地,V_o 是测量信号模拟输出,大小与测量距离相对应,可直接和外部的 A/D 电路相连,转换为数字值。

图 4.4.2　Sharp GP2Y0A21YK0F 模块

GP2Y0A21YK0F 模块是一种基于三角测量原理的红外传感器,由一个红外发射管和一个位置敏感检测装置(Position Sensing Device,PSD)以及相应的信号处理电路组成,其中 PSD 可以检测到光点落在它上面的微小位移。工作时红外发生器会产生一个红外脉冲信号,这个光信号遇到障碍物会反射回到传感器上,从而构造一个以红外发生器(红外发射管)、光线在物体上的反射点(障碍物)、感光元件(PSD)三点为顶点的三角形,如图4.4.3所示。

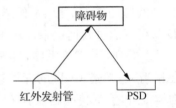

图 4.4.3　GP2Y0A21YK0F 模块测距原理

由于反射光的入射角与传感器到物体的距离有关。传感器的接收器部分具有一个精确的透镜,这使得反射光可以照射到透镜下的 CCD 阵列上的某一个区域,通过这一区域可以计算出入射角的角度,从而可以计算出物体到传感器的距离。这种测距方法可以免受环境光的干扰以及被检测物表面的颜色的干扰。

由于 PSD 的尺寸有限,它的测量距离超出范围后就不可能是有效数据。从上述原理描述还可以知道,它不是连续测量,得到底边长度后,必须经过计算才能得到距离值,然后转换为模拟信号输出。

为了得到较为准确的测量距离,必须解决两个问题:① 信号的线性化。因为输出与距离的关系是非线性的,为便于程序中使用距离信息,必须将模拟信号转换为相应的距离值。② 滤波。GP2Y0A21YK0F 的输出噪声有时偏大,而且测量的非连续性,导致连续的距离变化对应的输出为阶跃信号,也需要通过滤波将其平滑。

4.4.2　超声波传感器

人们能听到声音是由于物体振动产生的,它的频率在 20 Hz～20 kHz 范围内。超声波是一种振动频率高于声波的机械波,由换能晶片在电压的激励下发生振动产生的。作为一种传输信息的媒体,它的方向性好,穿透力强,对液体、固体的穿透本领大,能够成为射线而定向传播,易于获得较集中的声能。超声波传感器是利用超声波的特性研制而成的传感器,它可将超声波信号转换成其他能量信号(通常是电信号)。由于其本身的直射性和反射性,以及不易受光照、电磁波等外界因素影响的特性在测距、探伤、测速等多个领域越来越受到重视。

1) 工作原理

超声波传感器主要通过发送超声波并接收超声波来对被检测物进行非接触式无磨损的检测。超声波传感器通常由发送器、接收器、控制部分与电源部分组成。发送超声波由发送器部分完成,主要利用振子的振动产生并向空中辐射超声波;接收超声波由接收器部分完成,主要接收由发送器辐射出的超声波并将其转换为电能输出。除此之外,发送器与接收器的动作都受控制部分控制,如控制发送器发出超声波的脉冲连频率、占空比、探测距离等等。整体系统的工作也需能量的提供,由电源部分完成。这样,在电源作用下、在控制部分控制下,通过发送器发送超声波与接收器接收超声波便可完成超声波传感器所需完成的功能。

在超声探测电路中,在发射端得到输出脉冲为一系列方波,这一系列方波的宽度为发射超声与接收超声的时间间隔,显然被测物距离越大,脉冲宽度越大。输出脉冲的个数与被测距离成正比。超声测距大致有以下方法:

(1)取输出脉冲的平均值电压,该电压(电压的幅值基本固定)与距离成正比,测量电压即可测得距离。

(2)测量输出脉冲的宽度,即发射超声波与接收超声波的时间间隔 t。因此,被测距离为 $S=vt/2$。

通常超声波传感器主要采用直接反射式的检测模式,发送器和接收器位于同一侧,位于传感器前面的被检测物通过将发射的声波部分地发射回传感器的接收器,从而使传感器检测到被测物。部分超声波传感器采用对射式的检测模式,发送器和接收器分别位于两侧,两者之间持续保持"收听",当被检测物从它们之间通过时,会阻断接收器接收发射的声波,从而可根据超声波的衰减(或遮挡)情况进行检测。

以直接反射检测模式为例,如图 4.4.4 所示。当超声波发射器向某一方向发射超声波时开始计时,超声波在空气中传播时碰到障碍物就立即返回来,超声波接收器收到反射波就立即停止计时。超声波在空气中的传播速度为 v,而根据计时器记录的测出发射和接收回波的时间差 Δt,就可以计算出发射点距障碍物的距离 S,即

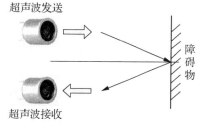

图 4.4.4 超声波测距原理

$$S=v\Delta t/2 \qquad (4.4.1)$$

这就是所谓的时间差测距法。由于超声波也是一种声波,其声速 C 与温度有关。在使用时,如果温度变化不大,则可认为声速是基本不变的。常温下超声波的传播速度是 334 m/s,但其传播速度 v 易受空气中温度、湿度、压强等因素的影响,其中受温度的影响较大,如温度每升高 1 ℃,声速增加约 0.6 m/s。如果测距精度要求很高,则应通过温度补偿的方法加以校正。已知现场环境温度 T 时,超声波传播速度 v

的计算公式为：

$$v=331.45+0.607T \tag{4.4.2}$$

声速确定后，只要测得超声波往返的时间，即可求得距离，这就是超声波测距的机理。

超声波发生器可以分为两大类，一类是用电气方式产生超声波，一类是用机械方式产生超声波。目前较为常用的一种电气方式是压电式超声波发生器。压电式超声波发生器是利用压电晶体的谐振来工作的。如图 4.4.5 所示，超声波传感器探头内部有两个压电晶片和一个共振板。当它的两极外加脉冲信号，其频率等于压电晶片的固

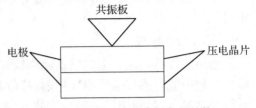

图 4.4.5　超声波传感器内部结构

有振荡频率时，压电晶片将会发生共振，并带动共振板振动，便产生超声波。反之，如果两电极间未外加电压，当共振板接收到超声波时，将压迫压电晶片作振动，将机械能转换为电信号，这时它就成为超声波接收器了。超声波传感器就是利用压电效应的原理将电能和超声波相互转化，即在发射超声波的时候，将电能转换成超声波发射出去；而在接收时，则将超声振动转换成电信号。

超声波传感器对透明或有色物体，金属或非金属物体，固体、液体、粉状物质均能检测。其检测性能几乎不受任何环境条件的影响，包括烟尘环境和雨天。超声波传感器的检测范围取决于其使用的波长和频率。波长越长，检测范围越长。

2）超声波测距传感器的应用

超声波传感器有着广泛的用途，本节以 HC‐SRO4 超声波模板为例，介绍超声波传感器在测距方面的具体应用。HC‐SRO4 模块的外形如图 4.4.6 所示，该模块可提供 2 cm～400 cm 的非接触式距离感测功能，测距精度可达 3 mm。

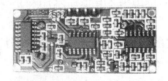

图 4.4.6　HC‐SRO4 超声波模块

该模块有四个外接端口：VCC、trig、echo、GND。其中 VCC 是外加电源端口，通常在5 V 左右，GND 是接地端，trig 是控制端口，用于上位机产生触发模块测距的脉冲，echo 是接收端口，用于检测超声波模块的返回。通常将 trig 和 echo 端口分别与上位机的 I/O 端口相连，以控制模块的工作。模块工作时序图如图 4.4.7 所示。

模块的工作过程如下：

（1）初始化。初始化时将 trig 和 echo 端口都置低。

（2）触发测距。通过上位机的 I/O 端口给 trig 端口发送至少 10 μs 的高电平信号，模块自动发送 8 个 40 kHz 的方波。

（3）捕捉返回。上位机的 I/O 端口等待，当捕捉 echo 端输出的上升沿时，打开定时器开始计时，等到捕捉到 echo 的下降沿时，停止计时，读出计时器的时间。这个时间就是超声

在空气中传播的时间。

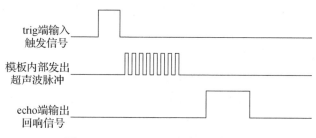

图 4.4.7　HR‐SRO4 时序触发图

（4）计算距离。按照测试距离＝(高电平时间×声速(340 m/s))/2 就可以算出超声波到障碍物的距离。

但是超声波传感器是依据声速测量距离的，因此存在一些固有的缺点，例如待测目标与传感器的换能器不是正对着，而是呈一个较大的角度时，测出来的距离是不准的，同时温度梯度较大造成声速变化的场合和需要快速响应的场合就不适合超射波测距。而激光距离传感器能解决上述所有场合的检测。

4.4.3　灰度传感器

灰度传感器利用不同颜色的检测面对光的反射程度不同，光敏电阻对不同检测面返回的光其阻值也不同的原理进行颜色深浅检测。它输出的是连续的模拟信号，因而能很容易地通过 A/D 转换器或简单的比较器实现对物体反射率的判断，是一种实用的机器人巡线传感器。

1）工作原理

灰度传感器包括一只发光二极管和一只光敏电阻，安装在同一个平面上。在有效的检测距离内，发光二极管发出白光，照射在检测面上，检测面反射部分光线，由光敏电阻检测此光线的强度。由于光敏电阻的阻值大小随照射光线的强弱而变化，在连接外部电路时，可以根据检测到的信号大小，判断检测面的颜色深浅。具体工作原理如图 4.4.8 所示。

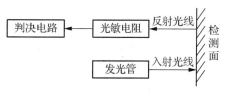

图 4.4.8　灰度探测传感器工作原理

当把检测电路的输出与 A/D 转换电路相连接，就可以根据检测到的不同光强输出不同的数字信号，可较好地识别和区分不同检测面。

智能车寻线比赛中常见的绿白色、黑白色等检测面，由于只需要二值判决，可以在光敏电阻之后，增加一个电压比较器，比较采集到的信号电压数值与判决电压数值，从而输出高电平或低电平，实现数字输出。外界光线的强弱对其影响非常大，会直接影响到检测效果，在对具体项目检测时注意包装传感器，避免外界光的干扰。同时测量的准确性和传感器到检测面的距离有直接关系，在机器人运动时机体的振荡同样会影响其测量精度。

2) 灰度传感器的应用

灰度传感器在工程中有着广泛的用途,本节以 Sen1595 模块和 Sen1660A 模块为例,介绍灰度传感器的具体应用。

(1) Sen1595 数字灰度传感器

Sen1595 模块是一种常用的数字输出灰度传感器,可用于识别光电巡线小车比赛中常见的黑白色等。模块外形如图 4.4.9 所示,对外接口有三个,分别为 V_{cc}(电源)、GND(地)和 SIG(输出信号),其中供电电压为直流电压 4～6 V,推荐 5 V 左右。它由 LED 发光二极管、光敏电阻、可调电位器和电压比较器等部分组成。探测距离为 8～35 mm,推荐 10～20 mm。

图 4.4.9　Sen1595 模块

发光源采用高亮白色聚光 LED,接收管根据反射光的强度产生不同的电压,送入电压比较器,并与基准电压比较。反光强度越大,接收管电压越低,当低于基准电压时,比较器输出低电平,发光强度越弱,接收管电压越高,当高于基准电压时,比较器输出高电平。所以 Sen1595 传感器的输出方式为数字输出,即 1(高电平)或 0(低电平),只适合用于区分两种检测面灰度值差异较大的场合。

实际应用中,为了适应不同的场地、光线等情况,可以通过可调电位器调节用于比较器的基准电压,一般将基准电压调到两种灰度反射产生的接收管电压的中间值。

(2) RB－02S078A 模拟灰度传感器

RB－02S078A 模块是一种模拟输出灰度传感器,模块外形如图 4.4.10 所示,对外接口有三个,分别为 V_{cc}(＋)、GND(－)和 S(输出信号)。灰度传感器包括一个白色高亮发光二极管和一个光敏电阻,由于发光二极管照射到灰度不同的物体返回的光强不同,而光敏电阻接收到不同的光强阻值也不同,从而输出不同的电压。当 S 端口外接 AD 转换电路后,就可以根据不同的外界物体的灰度,得到不同的数据值。

与数字灰度传感器输出高低电平不同,模拟灰度传感器可以用来分辨多种不同灰度的物体,所以可识别包含多种灰度的场地,使用上也有区别,数字传感器只要用普通的 I/O 口即可读取数据,模拟传感器必须由 AD 口读取数据。

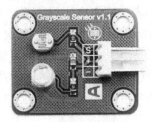 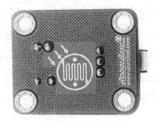

图 4.4.10　RB－02S078A 模拟灰度传感器

4.5 机器人的电源系统

机器人的电源系统是为机器人所有控制子系统、驱动及执行子系统提供电源的部分。机器人常见的供电方式有电缆供电方式、发电机供电方式和电池供电方式等。本章介绍的机器人是小型的移动机器人,通常小型机器人采用电池供电方式中的典型锂电池供电,所以本章重点介绍和对比当今常见的锂电池、直流稳压电源及其充电装置。

4.5.1 锂电池

移动机器人供电目前使用最多的供电电池就是可充电、重复使用的锂电池,如图 4.5.1 所示。

图 4.5.1 锂电池

所谓锂电池是指分别用两个能可逆地嵌入和脱嵌锂离子的化合物作为正负极构成的二次电池。人们将这种靠锂离子在正负极之间的转移来完成电池充放电工作的,独特机理的锂离子电池形象地称为"摇椅式电池",俗称"锂电"。

按锂电池的外形分:方型锂电池和柱形锂电池;按锂电池外包材料分:铝壳锂电池,钢壳锂电池,软包电池;按锂电池正负极材料(添加剂)分:钴酸锂电池或锰酸锂、磷酸铁锂电池,一次性二氧化锰锂电池;或者是锂离子,聚合物;锂电池还分成两类:不可充电的和可充电的两类。

锂电池一般包括:正极、负极、电解质、隔膜、正极引线、负极引线、中心端子、绝缘材料、安全阀、密封圈、正温度控制端子、电流切断装置、电池壳及电极引线。

4.5.2 稳压模块

机器人在行走时,为了行走稳定可控,一般要求在供电系统里增加稳压电路,保证机器人工作电压始终保持不变。稳压的调整方法有很多,主要包含二极管稳压电路、集成稳压电路及集成稳压模块。下面着重介绍集成稳压模块的使用方法。

稳压模块在选用时要注意输出电压、输入电压和最大输出电流参数(以 LM2596 为例),如图 4.5.2 所示。

(1) 直流输入:直流 3~40 V(输入的电压必须比输出电压高 1.5 V 以上);

(2) 直流输出:直流 1.5~35 V 电压连续可调,高效率最大输出电流为 3 A。

图 4.5.2　集成式直流稳压模块

4.5.3　充电器

锂电池充电器是专门用来为锂离子电池充电的充电器。锂离子电池对充电器的要求较高,需要保护电路,所以锂电池充电器通常都有较高的控制精密度,能够对锂离子电池进行恒流恒压充电。一般情况下,锂电池充电器建议选用成品充电器。

1)充电器技术参数

输入电压:100~240 V;输入频率:50~60 Hz;单节锂电池充电电压:4.2 V。

2)常见锂电池充电器种类

(1)B3 充电器

B3 充电器如图 4.5.3 所示,一般也叫简易充电器,可以充 2S 电池(7.4 V,即两节单节大小为 4.2 V 锂电池串联而成的电池)或者 3S 电池(11.1 V,即三节单节大小为 4.2 V 锂电池串联而成的电池)。每次只允许插入一种电池。

(2)B6 充电器

B6 充电器如图 4.5.4 所示,可为 2S/3S/4S 充电,但每次也只允许插入一种电池。

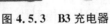

图 4.5.3　B3 充电器　　　　　图 4.5.4　B6 充电器

4.6　轮式避障机器人的设计

前面我们讲解了 STM32 单片机开发板的基本使用方法,使用 I/O 驱动舵机、直流电机,综合应用数字、模拟传感器以及串口的基本使用。本节将综合运用以上内容,以 STM32F103ZET6 微控制器为主控制器进行轮式避障机器人设计,常见的机器人如图 4.6.1 所示。

图 4.6.1　轮式避障机器人

4.6.1 总体方案设计

运用 STM32F103XX 微控制器实现单片机的轮式避障设计,并采用 C 语言对 STM32F103XX 进行编程,使机器人实现以下几个基本智能任务:

(1) 安装避障传感器以探测障碍物信息;

(2) 基于避障传感器信息做出决策;

(3) 控制机器人运动(通过操作带动轮子旋转的伺服电机)。

1)设计流程

具体设计流程如图 4.6.2 所示。

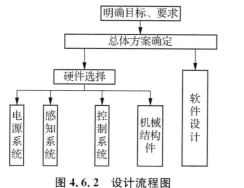

图 4.6.2 设计流程图

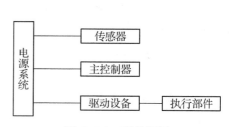

图 4.6.3 硬件框图

2)硬件框图

具体硬件框图如图 4.6.3 所示。

3)软件设计

轮式避障机器人软件设计使用简单的二值判断,使用 1 个传感器作为障碍判断,当没有传感器检测到障碍物时,判断认为小车直线向前行走;当传感器检测到障碍物时,判断认为小车应向左转。具体流程图如图 4.6.4 所示。

4.6.2 硬件选择

1)小车主体设计

小车主体设计采用四轮结构或者两轮加万向轮结构。

四轮结构为左边两轮一组,右边两轮一组,前面轮子为主轮;两轮加万向轮结构由两个动力轮和一个万向轮组成,动力轮一般位于车头。

2)主控制器

选用 STM32F103ZET6 单片机开发板。

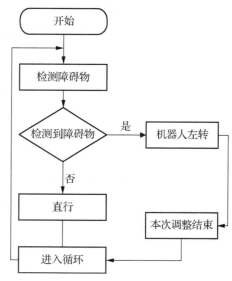

图 4.6.4 软件流程图

3) 驱动模块

可以选用 5 V 的伺服电机(速度舵机)或者直流电机,如图 4.6.5 所示。这里我们选用伺服电机作为驱动设备。

图 4.6.5　伺服电机

图 4.6.6　红外避障传感器

4) 传感器模块

选用红外避障传感器,图 4.6.6 为红外避障传感器。

5) 电源模块

选用 2S/3S 航模电池(见图 4.6.7)、小功率直流稳压模块(见图 4.6.8)和 B3 或者 B6 平衡充电器(见图 4.6.9)。电池接到稳压模块,然后由稳压模块给机器人供电,实现稳定电压值供电,方便机器人的调试。

图 4.6.7　锂电池

图 4.6.8　稳压模块

图 4.6.9　B6 平衡充电器

4.6.3　软件程序设计

软件设计选用基于 STM32 的 C 语言进行编程,由于软件设计一定要和硬件结构相匹配,比如本书中设计的是两轮加万向轮的小车车体结构,主要此时作为驱动设备的两个舵机是面对面放置的,也就是说要想让小车向前走,两个舵机的转动方向应该是相反的;如果想让小车左转,常见的方法是让左轮静止不动,右轮向前走;如果想让小车右转,常见的方法是让右轮静止不动,左轮向前走。

根据上面说明,以及上一节的轮式避障小车的软件设计流程图,小车控制主程序如下所示:

```
while (1)
    {
    if((Sl))   //Sl 为左侧传感器,Sr 为右侧传感器
      {
      Forward();  //小车向前走
```

```
    }
if(! Sl)
   {
   for(j=0;j<10;j++)
     {
     Turnleft()；　//小车左转
     Delay_ms(20)；
     }
   }
   }
```

按照上面的讲解,你应该已经可以完成一辆轮式避障小车的设计。如果小车要增加其他功能,只要添加相应功能的外设即可。假设要小车实现巡线功能,只要在小车上安装灰度传感器,并写上相关巡线程序即可。

习　　题

4.1　机器人有哪些组成部分? 相互之间是如何配合的?

4.2　常用的机器人主控制器有哪些?

4.3　电机和舵机是如何实现控制的?

4.4　超声波传感器的原理是什么?

4.5　选用锂电池应该关注哪些参数?

4.6　如何设计并制作一款光电巡线机器人?

5 元器件识别检测与典型运用

5.1 电阻器的识读与检测

电阻器是一种最为常见的电子元器件,电阻器主要分为固定电阻器、电位器和敏感电阻器三类。固定电阻器的阻值无法改变,电位器的阻值可通过手动调节来改变,而敏感电阻器的阻值会随施加条件(如温度、湿度、压力、光线、磁场和气体)变化而发生改变。排阻是一种将多个电阻器以一定方式连接起来并封装成多引脚的元器件。

5.1.1 固定电阻器的识读

为了表示阻值的大小,电阻器在

出厂时会在表面标注阻值。标注在电阻器上的阻值称为标称阻值,电阻器的实际阻值与标称阻值往往有一定的差距,这个差距称为误差。电阻器标称阻值和误差的标注方法主要有直标法和色环法。

1) 直标法

直标法是指用文字符号(数字和字母)在电阻器上直接标注出阻值和误差的方法。直标法的阻值单位有欧姆(Ω)、千欧姆($k\Omega$)和兆欧姆($M\Omega$)。

误差大小表示一般有两种方式:一是用罗马数字 Ⅰ、Ⅱ、Ⅲ 分别表示误差为 ±5%、±10%、±20%,如果不标注误差,则误差为 ±20%;二是用字母来表示,各字母对应的误差见表 5.1.1,如 J、K 分别表示误差为 ±5%、±10%。

表 5.1.1 字母与阻值误差对照表

字 母	对应误差(%)	字 母	对应误差(%)
W	±0.05	G	±2
B	±0.1	J	±5
C	±0.25	K	±10
D	±0.5	M	±20
F	±1	N	±30

直标法常见表示形式见表 5.1.2。

表 5.1.2　直标法常见的表示形式

直标法常见表示形式	例图
用"数值＋单位＋误差"表示 　右图四个电阻分别标注 12 kΩ±10%、12 kΩⅡ、12 kΩ10%、12 kΩK，都表示电阻器阻值为 12 kΩ，误差为 10%。	12 kΩ±10% 12 kΩⅡ 12 kΩ 10% 12 kΩ K
用单位代表小数点表示 　右图中 1k2 表示 1.2 kΩ，3M3 表示 3.3 MΩ，3R3（或 3Ω3）表示 3.3Ω，R33（或 Ω33）表示 0.33 Ω。	1k2　1.2 kΩ 3M3　3.3 MΩ 3R3　3.3 Ω R33　0.33 Ω
用"数值＋单位"表示 　这种标注法没有标出误差，表示误差为±20%，右图电阻表示阻值为 12 kΩ，误差为±20%。	12 kΩ 12 kΩ 12 k 12 kΩ
用数字直接表示 　一般 1 kΩ 以下的电阻采用这种形式，右图 12 表示 12 Ω，120 表示 120 Ω。	12　12 Ω 120　120 Ω

2) 色环法

色环法是指在电阻器上标注不同颜色色环来表示阻值和误差的方法。电阻器上有四条色环的称为四环电阻器，电阻器上有五条色环的称为五环电阻器。五环电阻器的阻值精度较四环电阻器更高。

（1）色环含义

要正确识读色环电阻器的阻值和误差，必须先了解各种色环代表的意义。四环电阻器各色环颜色代表的意义及数值见表 5.1.3。

表 5.1.3　四环电阻器各色环颜色代表的意义及数值

色环颜色	第一环（有效数）	第二环（有效数）	第三环（倍乘数）	第四环（误差数）
棕	1	1	$\times 10^1$	±1%
红	2	2	$\times 10^2$	±2%
橙	3	3	$\times 10^3$	
黄	4	4	$\times 10^4$	
绿	5	5	$\times 10^5$	±0.5%
蓝	6	6	$\times 10^6$	±0.2%
紫	7	7	$\times 10^7$	±0.1%
灰	8	8	$\times 10^8$	

（续表 5.1.3）

色环颜色	第一环(有效数)	第二环(有效数)	第三环(倍乘数)	第四环(误差数)
白	9	9	$\times 10^9$	
黑	0	0	$\times 10^0 = 1$	
金				$\pm 5\%$
银				$\pm 10\%$
无色环				$\pm 20\%$

（2）四环电阻器的识读

四环电阻器阻值与误差的识读如图 5.1.1所示。

第一步：判断色环排列顺序。

四环电阻器的第四条色环为误差环，一般为金色或银色，因此如果靠近电阻器一个引脚的色环颜色为金、银色，该色环必为第四环，从该环向另一引脚方向排列的三条色环顺序依次为三、二、一。

对于色环标注的电阻器，一般第四环与第三环间隔较远。

第二步：识读色环。

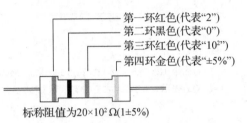

第一环红色(代表"2")
第二环黑色(代表"0")
第三环红色(代表"10^2")
第四环金色(代表"$\pm 5\%$")

标称阻值为$20\times 10^2 \ \Omega(1\pm 5\%)$

图 5.1.1　四环电阻器阻值与误差的识读

按照第一、二环为有效数环，第三环为倍乘数环，第四环为误差数环，再对照表 5.1.3各色环代表的数字识读出色环电阻器的阻值和误差。

（3）五环电阻器的识读

五环电阻器阻值与误差的识读方法与四环电阻器基本相同，不同在于五环电阻器的第一、二、三环为有效数环，第四环为倍乘数环，第五环为误差数环。另外，五环电阻器的误差数环颜色除了有金、银色外，还可能是棕、红、绿、蓝和紫色。五环电阻器的识读如图 5.1.2所示。

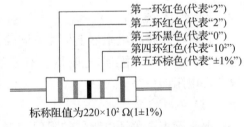

第一环红色(代表"2")
第二环红色(代表"2")
第三环黑色(代表"0")
第四环红色(代表"10^2")
第五环棕色(代表"$\pm 1\%$")

标称阻值为$220\times 10^2 \ \Omega(1\pm 1\%)$

图 5.1.2　五环电阻器的阻值和误差识读

5.1.2　可变电阻器的识读

可变电阻器是一种阻值可以通过调节而变化的电阻器，又称电位器。常见电位器的实物外形如图 5.1.3所示。

敏感电阻器是指阻值随某些外界条件改变而变化的电阻器。敏感电阻器种类很多，常见的有热敏电阻器、光敏电阻器、湿敏电阻器和磁敏电阻器等。

1）热敏电阻器

热敏电阻器是一种对温度敏感的电阻器，它一般由半导体材料制作而成，当温度变化时其阻值也会随之变化。

图 5.1.3　常见电位器实物外形图

（1）外形

常见热敏电阻器外形如图5.1.4所示。

图 5.1.4　常见热敏电阻器实物外形

（2）种类

热敏电阻主要分为正温度系数热敏电阻和负温度系数热敏电阻两大类。

正温度系数热敏电阻其阻值随温度升高而减小；

负温度系数热敏电阻其阻值随温度升高而增大。

2）光敏电阻器

光敏电阻器是一种对光线敏感的电阻器，当照射的光线强弱变化时，阻值也会随之变化，通常光线越强阻值越小。

（1）外形

常见光敏电阻器外形如图5.1.5所示。

图 5.1.5　常见光敏电阻器实物外形

（2）主要参数

暗电流和暗阻：在两端加有电压的情况下，无光照射时流过光敏电阻器的电流称暗电流，阻值称为暗阻，暗阻通常在几百千欧姆以上。

亮电流和亮阻：在两端加有电压的情况下，有光照射时流过光敏电阻器的电流称亮电流，阻值称为亮阻，暗阻通常在几十千欧姆以下。

5.1.3　可变电阻器的测量与检测实验

实验1：用万用表测量热敏电阻器的阻值

（1）直观观察

如图5.1.6连接电路，R_1是保护电阻，R_2是热敏电阻，使用电吹风或通电的烙铁头，通过改变环境温度从而改变热敏电

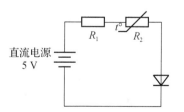

图 5.1.6　热敏电阻连接电路

阻的阻值,观察二极管发光情况,从而判断热敏电阻阻值的变化情况。

(2) 实际测量

热敏电阻的标称阻值是在环境温度为 25 ℃ 的条件下测得。因此在测量热敏电阻阻值时,需要注意环境温度对其电阻值的影响。

如需检测判断热敏电阻是正温度系数还是负温度系数,可在热敏电阻周围加温,例如用通电的电烙铁靠近热敏电阻。若此时测得的电阻值增大即为正温度系数热敏电阻,反之,则为负温度系数热敏电阻。

万用表测热敏电阻器的阻值具体步骤:

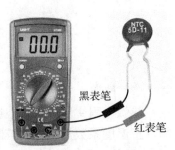

① 断开热敏电阻的电源,选择万用表的欧姆挡测电阻,先识读热敏电阻器上的标称阻值,然后选用合适的挡位。

② 将红、黑表笔分别接在电阻器的两个引脚,与电阻器并联,再读出测量值,倍乘挡位值,就是当前阻值。

③ 测量常温下(25 ℃左右)标称阻值。若阻值与标称阻值一致或者接近,说明热敏电阻器正常;若阻值与标称值偏差过大,说明热敏电阻器性能变差或者损坏。

图 5.1.7　万用表测热敏电阻器

④ 改变温度测量阻值。用通电的电烙铁,或者打开的电吹风靠近热敏电阻,注意不能直接接触,以免烧坏电阻器,观察电阻值变化情况。若随着温度升高,阻值变大,说明是正温度系数热敏电阻;若随着温度升高,阻值变小,说明是负温度系数热敏电阻。

表 5.1.4　检测热敏电阻

元　件	热敏电阻器 1	热敏电阻器 2
标称值(25 ℃,Ω)		
实测值(25 ℃,Ω)		
实测值(40 ℃,Ω)		
实测值(60 ℃,Ω)		
结论(能否正常工作,正温度或负温度系数)		

实验 2:用万用表测量光敏电阻器的阻值

(1) 直观观察

如图 5.1.8 连接电路,R_1 是保护电阻,R_2 是光敏电阻,通过改变光线强弱来改变电阻的阻值,观察二极管发光情况,从而判断光敏电阻阻值的变化情况。

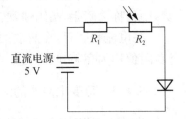

(2) 实际测量

光敏电阻器的测量分两步,只有均正常才能说明光敏电阻正常工作。

图 5.1.8　光敏电阻连接电路

① 测量暗阻。万用表拨至 $R \times 10 \ \text{k}\Omega$ 挡,用黑色的布或者纸,将光敏电阻器的受光面遮住,再将红、黑表笔分别接光敏电阻器的两个电极,读出暗阻的大小。

若暗阻大于 100 kΩ,说明光敏电阻器正常;

　　若暗阻小于 100 kΩ 或者为 0,说明光敏电阻器性能变差或者短路损坏。

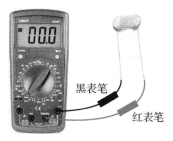

图 5.1.9　万用表测光敏电阻器

　　② 测量亮阻。万用表拨至 $R\times1$ kΩ 挡,让光线照射光敏电阻器的受光面,再将红、黑表笔分别接光敏电阻器的两个电极,读出亮阻的大小。

　　若亮阻小于 10 kΩ,说明光敏电阻器正常;

　　若亮阻大于 10 kΩ 或者为无穷大,说明光敏电阻器性能变差或者开路损坏。

表 5.1.5　检测光敏电阻

元　件	光敏电阻器 1	光敏电阻器 2
暗阻实测值(Ω)		
亮阻实测值(Ω)		
结　论		

5.2　电容器的识别与检测

5.2.1　电容器的结构、外形与符号

　　电容器是一种可以储存电荷的元器件,其储存电荷的多少称为容量。电容器可分为固定电容器与可变电容器,固定电容器的容量不能改变,而可变电容器的容量可以手动调节。电容器结构、常见实物外形和电路符号如图 5.2.1 所示。

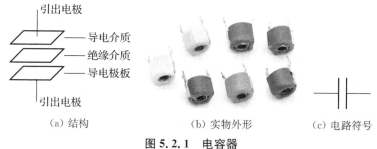

（a）结构　　　　　　　　　（b）实物外形　　　　　（c）电路符号

图 5.2.1　电容器

5.2.2　电容器的性质

　　电容器的性质主要包括:充电、放电、隔直流、通交流。

　　(1) 充电:电源输出电流流经电容器,在电容器上获得大量电荷的过程。

　　(2) 放电:电容器上一个极板上的正电荷经一定的途径流到另一个极板,中和该极板上负电荷的过程。

　　(3) 隔直流:在刚开始时直流可以对电容器充电而通过电容器,该过程持续时间很短,充电结束后,直流就无法通过电容器。

（4）通交流：由于交流电源的极性不断变化，使得电容器充电和反充电（中和抵消）交替进行，从而始终有电流流过电容器。

电容器虽然能通过交流，但对交流也有一定的阻碍，这种阻碍称为容抗，用 X_C 表示，容抗的单位是欧姆（Ω）。X_C 满足下列关系式：

$$X_C = \frac{1}{2\pi f C} \quad （f \text{ 表示交流信号的频率}，\pi \text{ 取 } 3.14）$$

5.2.3　电容器的分类和判别

1）电容器的分类

固定电容器可分为无极性电容器和有极性电容器。

无极性电容器：引脚无正、负之分，容量小，但耐压高。

有极性电容器：又称电解电容器，引脚有正、负之分。容量大，但耐压低。有极性电容器的正确连接方法是：电容器正极接电路中的高电位，负极接电路中的低电位。

2）有极性电容器正、负极判别方法

方法一：对于未使用过的新电容，可以根据引脚长短来判别。引脚长的为正极，引脚短的为负极；

方法二：根据电容器上标注的极性判断。标"＋"的为正极，标"－"的为负极。

可调电容器是没有极性的。

5.2.4　电容器的检测

选用电容器时，注意不能超过电容器的额定电压，一般要降额使用；对于电解电容，要注意极性不能接反。

电容器在使用前要对其性能进行检查，如是否短路、漏电、失效等等。

1）固定电容的检测方法

（1）对于 0.01 μF 以下的电容，测量时可以选用万用表×20 k 挡，用两表笔分别任意接电容的两个引脚，阻值应为无穷大。有的电容器漏电电阻达到无穷大以后，又连续下降接近零，表明电容已漏电损坏或者内部击穿。

（2）对于 0.01 μF 以上的电容，可以选用万用表×20 k 挡直接测试电容器有无充电过程以及有无内部短路或者漏电现象。

2）电解电容的检测方法

（1）一般情况下，(1～47) μF 间的电容，可用万用表×2 k 挡测量漏电阻，大于 47 μF 的电容可以用万用表×200 挡测量。

（2）将万用表红表笔接电容器负极，黑表笔接电容器正极，在刚接触的瞬间，万用表示数会突然变大，又回落，此时测得的阻值为正向漏电阻；将红黑表笔对调，测得的阻值为反向漏电阻，略小于正向漏电阻。实际经验表明，电解电容的漏电阻一般在几百千欧以上，否则考虑电容器漏电或击穿损坏，内部断路等故障。

（3）对于正负极性不明的电解电容，可利用上述方法判别极性。先任意测一下漏电阻，

记住其大小,然后交换表笔一次。两次测量中,阻值大的那次,黑表笔接的是电容器的正极。

5.2.5 电容器的识别与检测实验

实验1:检测电容器

(1) 选取2个电解电容器,读出其标称容量及允许偏差,填入表5.2.1。

(2) 用万用表欧姆挡测电容器的正、反向漏电电阻,填入实测值一栏。

(3) 根据测量结果简单判断电解电容器引脚极性和性能。

表 5.2.1　检测电容器

元　件		C_1	C_2
标称值及允许偏差			
实测值	正向漏电电阻		
	反向漏电电阻		
结　论			

实验2:验证电容器的性质

(1) 验证电容器充电和放电的性质

按照以下电路图连接电路,图5.2.2(a)中,当开关S_1闭合,S_2断开,电容器充电;图5.2.2(b)中,开关S_1先闭合,让电容器C充电,然后断开S_1,再闭合开关S_2,电容器C上面电荷释放,观察灯泡亮灭情况。

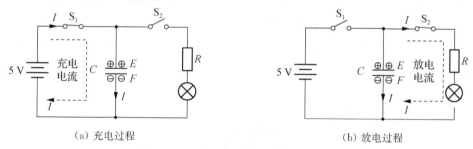

(a) 充电过程　　　　　　　　　　(b) 放电过程

图 5.2.2　验证电容器充电和放电性质

(2) 验证电容器通交流和隔直流的性质

按照图5.2.3电路图连接电路,观察灯泡亮灭情况。

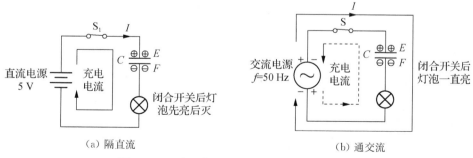

(a) 隔直流　　　　　　　　　　(b) 通交流

图 5.2.3　验证电容器通交流和隔直流的性质

（3）验证电容器对交流的阻碍作用

电容器虽然能够通过交流，但是对交流也有一定的阻碍，这种阻碍称为容抗，用 X_C 表示，单位是欧姆（Ω）。在图 5.2.4 电路中，两个电路的交流电源电压相等，灯泡一样，但由于电容器的容抗对交流有阻碍作用，故图（b）中的灯泡要暗一些。

对于图 5.2.4（b），保持交流电频率不变，改变电容器的容量，观察灯泡亮度变化；再保持电容器的容量不变，改变交流电频率大小，观察灯泡亮度变化。

（a）无电容器　　　　　（b）有电容器

图 5.2.4　验证电容器对交流的阻碍作用

5.3　电感器的识别与检测

5.3.1　电感器的外形与符号

电感器是由导线绕制而成，具有"通直流阻交流"和"阻碍变化的电流"的特性。

将导线在绝缘支架上绕制一定的匝数（圈数）就构成了电感器。常见的电感器实物外形如图 5.3.1（a）所示。根据绕制的支架不同，电感器可分为空芯电感器（无支架）、磁芯电感器（磁性材料支架）和铁芯电感器（硅钢片支架），它们的电路符号如图 5.3.1（b）所示。

（a）实物外形　　　　　（b）电路符号

图 5.3.1　电感器

5.3.2　电感器的性质

电感器的主要性质有"通直阻交"和"阻碍变化的电流"。

（1）通直阻交：是指电感器对通过的直流信号阻碍较小，直流信号可以很容易通过电感器，而交流信号通过时会受到较大的阻碍。

电感器对通过的交流信号有较大的阻碍，这种阻碍称为感抗，用 X_L 表示，其单位为 Ω。感抗大小与自身电感量和交流信号的频率有关，可以用以下公式计算：

$$X_L = 2\pi f L$$

式中，X_L表示感抗（Ω）；f表示交流信号的频率（Hz）；L表示电感器的电感量（H）。

由上式可以看出，交流信号的频率越高，电感器对交流信号的感抗越大；电感器的电感量越大，对交流信号的感抗也越大。

（2）阻碍变化的电流：当变化的电流流过电感器时，电感器会产生自感电动势来阻碍变化的电流。

5.3.3 电感器的主要参数

（1）电感量L：磁通量Φ与电流的比值称为自感系数，又称电感量L，用公式表示为：$L = \dfrac{\Phi}{I}$（H）。

电感器的电感量大小主要与线圈的匝数（圈数）、绕制方式和磁芯材料等有关。

（2）品质因数（Q值）：是衡量电感器质量的主要参数。品质因数是指当电感器两端加某一频率的交流电压时，其感抗X_L（$X_L = 2\pi f L$）与直流电阻R的比值，用公式表示为：$Q = \dfrac{X_L}{R}$。

5.3.4 电感器检测实验

实验 1：验证电感器"通直流、阻交流"的特性

将电感线圈接入电路，分别接上直流电源和交流电源，如图 5.3.2 所示，调节滑动变阻器，观察发光二极管亮灭情况，判断电路中是否有电流通过。

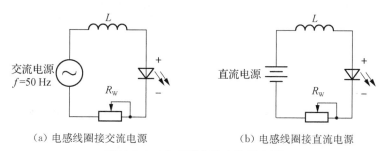

（a）电感线圈接交流电源   （b）电感线圈接直流电源

图 5.3.2 电感器实验电路示意图

实验 2：电感器的故障检测

电感器常见的故障有开路和线圈匝间短路。电感器实际上就是线圈，由于线圈电阻一般比较小，测量时一般选用万用表的欧姆挡，电感器的检测如图 5.3.3 所示。

线径粗、匝数少的电感器电阻小，接近于 0，线径细、匝数多的电感器阻值较大，在测量电感器时，万用表可以很容易检测出是否开路（开路时测出的电阻为无穷大），但很难判断它是否匝间短

图 5.3.3 电感器检测实验电路连接示意图

路,因为电感器匝间短路时电阻减小很多,解决方法是:当怀疑电感器匝间有短路,万用表又无法检测出来时,可更换新的同型号电感器,故障排除则说明电感器已损坏。

5.4 二极管及其应用

晶体二极管简称二极管,为固态电子器件中的半导体两端器件。这些器件主要特征是具有非线性的电流－电压特性,此后随着半导体材料和工艺技术的发展,利用不同半导体材料、掺杂分布、几何结构,研制出结构种类繁多、功能用途各异的多种晶体二极管。制造材料有锗、硅及化合物半导体。晶体二极管可用来产生、控制、接收、变换、放大信号和进行能量转换等等。

晶体管为一个由 P 型半导体和 N 型半导体形成的 PN 结,在其界面两侧形成空间电荷层,并建有自建电场。当不存在外加电压时,由于 PN 结两边载流子浓度差引起的扩散电流和自建电场引起的漂移电流相等而处于电平衡状态。当外界有正向电压偏置时,外界电场和自建电场的互相抑制作用使载流子的扩散电流增加引起了正向电流。

5.4.1 普通二极管的分类

普通二极管是按照构造或用途分类的。图 5.4.1 和图 5.4.2 分别为普通二极管按构造和按用途的分类。

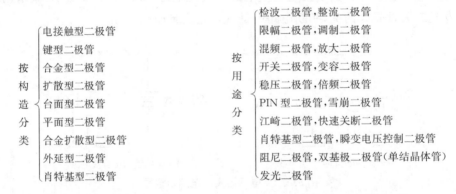

图 5.4.1　普通二极管按构造分类　　　图 5.4.2　普通二极管按用途分类

5.4.2 二极管的工作原理

晶体二极管为一个由 P 型半导体和 N 型半导体形成的 P－N 结,在其界面处两侧形成空间电荷层,并建有自建电场。当不存在外加电压时,由于 P－N 结两边载流子浓度差引起的扩散电流和自建电场引起的漂移电流相等而处于电平衡状态。当外界有正向电压偏置时,外界电场和自建电场的互相抑消作用使载流子的扩散电流增加引起了正向电流。当外界有反向电压偏置时,外界电场和自建电场进一步加强,形成在一定反向电压范围内与反向偏置电压值无关的反向饱和电流 I_0。当外加的反向电压高到一定程度时,P－N 结空间电荷层中的电场强度达到临界值产生载流子的倍增过程,产生大量电子空穴对,产生了数值很大的反向击穿电流,称为二极管的击穿现象。

5.4.3 二极管的伏-安特性

半导体二极管的伏安特性如图5.4.3所示,加在二极管两端的电压和流过二极管电流之间的关系称为二极管的伏-安特性,利用晶体管特性图示仪可以很方便地测出二极管的伏-安特性曲线。

1) 正向特性

处于第一象限的是正向伏-安特性曲线,处于第三象限的是反向伏-安特性曲线。

当$U>0$,即处于正向特性区域。正向区又分为两段:当$0<U<U_{th}$时,正向电流为零,U_{th}称为死区电压或开启电压。当$U>U_{th}$时,开始出现正向电流,并按指数规律增长。

硅二极管的死区电压$U_{th}=0.5$ V左右,锗二极管的死区电压$U_{th}=0.2$ V左右。

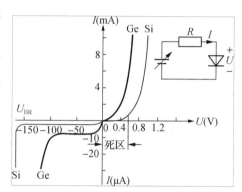

导通后二极管两端的正向电压称为正向压降(或管压降),这个电压比较稳定,几乎不随流过的电流大小而变化。一般硅二极管的正向压降约为0.7 V,锗二极管的正向压降约为0.3 V。

图5.4.3 半导体二极管的伏-安特性曲线

2) 反向特性

当$U<0$时,即处于反向特性区域。反向区也分两个区域:当$U_{BR}<U<0$时,反向电流很小,且基本不随反向电压的变化而变化,此时的反向电流也称反向饱和电流I_s。当$U\geqslant U_{BR}$时,反向电流急剧增加,U_{BR}称为反向击穿电压。

在反向区,硅二极管和锗二极管的特性有所不同。硅二极管的反向击穿特性比较硬、比较陡,反向饱和电流也很小;锗二极管的反向击穿特性比较软,过渡比较圆滑,反向饱和电流较大。一般硅管的反向电流为0.1 μA,锗管为几十微安。从击穿的机理上看,硅二极管若$|U_{BR}|\geqslant7$ V时,主要是雪崩击穿;若$U_{BR}\leqslant4$ V则主要是齐纳击穿,当在4～7 V之间两种击穿都有,有可能获得零温度系数点。

注意:反向饱和电流随温度的升高而急剧增加,硅管的反向饱和电流要比锗管的反向饱和电流小。在实际应用中,反向电流越小,二极管的质量越好。

当反向电压增大到超过某一值时,反向电流急剧增大,这一现象称为反向击穿,所对应的电压称为反向击穿电压。

反向击穿电压有如下两种类型,

(1) 电击穿:PN结未损坏,断电即恢复;

(2) 热击穿:PN结烧毁。

电击穿是可逆的,反向电压降低后二极管仍恢复正常,因此,电击穿往往被人们利用(如稳压管)。而热击穿则是电击穿时没有采取适当的限流措施,导致电流大、电压高,使管子过热造成永久性损坏。因此,工作时应避免二极管的热击穿。

5.4.4   二极管的主要参数

1）额定正向工作电流

是指二极管长期连续工作时允许通过的最大正向电流值。因为电流通过管子时会使管芯发热,温度上升,温度超过容许限度(硅管为 140 ℃左右,锗管为 90 ℃左右)时,就会使管芯过热而损坏。所以,二极管使用中不要超过二极管额定正向工作电流值。例如,常用的 IN4001—4007 型锗二极管的额定正向工作电流为 1 A。

2）最高反向工作电压

加在二极管两端的反向电压高到一定值时,会将管子击穿,失去单向导电能力。为了保证使用安全,规定了最高反向工作电压值。例如,IN4001 二极管反向耐压为 50 V,IN4007 反向耐压为 1 000 V。

3）反向电流

反向电流是指二极管在规定的温度和最高反向电压作用下,流过二极管的反向电流。反向电流越小,管子的单方向导电性能越好。值得注意的是反向电流与温度有着密切的关系,大约温度每升高 10 ℃,反向电流增大一倍。例如 2AP1 型锗二极管,在 25 ℃时反向电流若为 250 μA,温度升高到 35 ℃,反向电流将上升到 500 μA,依此类推,在 75 ℃时,它的反向电流已达 8 mA,不仅失去了单方向导电特性,还会使管子过热而损坏。又如,2CP10 型硅二极管,25 ℃时反向电流仅为 5 μA,温度升高到 75 ℃时,反向电流也不过 160 μA。故硅二极管比锗二极管在高温下具有较好的稳定性。

5.4.5   不同类型的二极管

二极管种类有很多,按照所用的半导体材料,可分为锗二极管(Ge 管)和硅二极管(Si 管)。根据其不同用途,可分为检波二极管、整流二极管、稳压二极管、开关二极管等。按照管芯结构,又可分为点接触型二极管、面接触型二极管及平面型二极管。点接触型二极管是用一根很细的金属丝压在光洁的半导体晶片表面,通以脉冲电流,使触丝一端与晶片牢固地烧结在一起,形成一个"PN 结"。由于是点接触,只允许通过较小的电流(不超过几十毫安),适用于高频小电流电路,如收音机的检波等。面接触型二极管的"PN 结"面积较大,允许通过较大的电流(几安到几十安),主要用于把交流电变换成直流电的"整流"电路中。平面型二极管是一种特制的硅二极管,它不仅能通过较大的电流,而且性能稳定可靠,多用于开关、脉冲及高频电路中。

1）检波二极管

检波二极管主要用于把叠加在高频载波上的低频信号检出来的器件,它具有较高的检波效率和良好的频率特性。如图 5.4.4 所示是检波二极管的产品外形。

检波二极管常用锗材料制成,通常以 100 mA 电流为界限,电流小于 100 mA 的称为检波。锗点接触型检波二极管具有工作频率高(可达 400 MHz)、正向压降小、结电容小、检波效率高、频率特性好等特点。

图 5.4.4 检波二极管的产品外形

（1）作用

检波（也称解调）二极管的作用是利用其单向导电性将高频或中频无线电信号中的低频信号或音频信号取出来，广泛应用于半导体收音机、收录机、电视机及通信等设备的小信号电路中，其工作频率较高，处理信号幅度较弱。

就原理而言，从输入信号中取出调制信号是检波，以整流电流的大小（100 mA）作为界线通常把输出电流小于 100 mA 的叫检波。锗材料点接触型、工作频率可达 400 MHz，正向压降小，结电容小，检波效率高，频率特性好，为 2AP 型。类似点接触型检波用的二极管，除用于一般二极管检波外，还能够用于限幅、削波、调制、混频、开关等电路。也有为调频检波专用的特性一致性好的两只二极管组合件。

常用的国产检波二极管有 2AP 系列锗玻璃封装二极管。常用的进口检波二极管有 1N34/A、1N60 等。

整流检波二极管的作用把交流电压变换成单向脉动电压。

（2）工作原理

如图 5.4.5 所示是检波二极管电路。电路中的 VD_1 是检波二极管，C_1 是高频滤波电容，R_1 是检波电路的负载电阻，C_2 是耦合电容。调制信号 U_i 为高频调幅信号，载波为高频信号，包络为音频信号。经 VD_1 检波、C_1 滤波和 C_2 隔直得到音频信号 U_o。

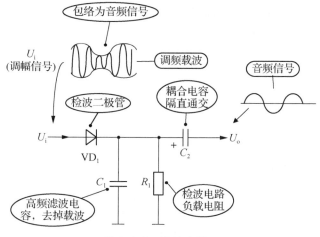

图 5.4.5 检波电路

检波电路主要由检波二极管 VD_1 构成。

在检波电路中，调幅信号加到检波二极管的正极，这时的检波二极管工作原理与整流电路中的整流二极管工作原理基本一样，利用信号的幅度使检波二极管导通。

检波电路输出信号由音频信号、直流成分和高频载波信号三种信号成分组成,详细的电路分析需要根据三种信号情况进行展开。这三种信号中,最重要的是音频信号处理电路的分析和工作原理的理解。

（3）常用参数

常用锗检波二极管特性参数如下：

① 正向电压降 U_F:检波二极管通过额定正向电流时,在极间产生的电压降。

② 额定正向电流 I_F:在规定的使用条件下,允许通过的最大工作电流。

③ 最高反向工作电压 U_R:等于半导体二极管击穿电压的 2/3。

④ 击穿电压 U_B:二极管在工作中能承受的最大反向电压,它也是使二极管不致反向击穿的电压极限值。

⑤ 零点结电容 C:二极管在偏置下的总电容量。

⑥ 检波效率 η:在二极管输入端加上 10.7 MHz 正弦电压时,在输出端上的直流电压与输入端的峰值电压之比。

（4）选用

检波二极管一般可选用点接触型锗二极管,例如 2AP 系列等。选用时,应根据电路的具体要求来选择工作频率高、反向电流小、正向电流足够大的检波二极管。虽然检波和整流的原理是一样的,而整流的目的只是为了得到直流电,而检波则是从被调制波中取出信号成分(包络线)。检波电路和半波整流线路完全相同。因检波是对高频波整流,二极管的结电容一定要小,所以选用点接触型二极管。能用于高频检波的二极管大多能用于限幅、箝位、开关和调制电路。

2) 整流二极管

整流二极管是一种将交流电能转变为直流电能的半导体器件。整流二极管具有明显的单向导电性。整流二极管可用半导体锗或硅等材料制造。主要用于各种低频电路整流电路。常见整流二极管的产品外形如图 5.4.6 所示。

图 5.4.6　常见整流二极管的产品外形

（1）内部结构与工作原理

整流二极管(rectifier diode)是一种用于将交流电转变为直流电的半导体器件。二极管最重要的特性就是单方向导电性。在电路中,电流只能从二极管的正极流入,负极流出。通常它包含一个 PN 结,有正极和负极两个端子。其结构如图 5.4.7 所示。P 区的载流子是空穴,N 区的载流子是电子,在 P 区和 N 区间形成一定的位垒。外加使 P 区相对 N 区为正的电压时,位垒降低,位垒两侧附近产生储存载流子,能通过大电流,具有低的电压降(典型值为 0.7 V),称为正向导通状态。若加相反的电压,使位垒增加,可承受高的反向电压,流过很小的反向电流(称反向漏电流),称为反向阻断状态。整流二极管具有明显的单向导电性。

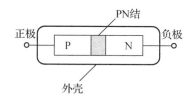

图 5.4.7 整流二极管内部结构图

整流二极管可用半导体锗或硅等材料制造。硅整流二极管的击穿电压高,反向漏电流小,高温性能良好。通常高压大功率整流二极管都用高纯单晶硅制造(掺杂较多时容易反向击穿)。这种器件的结面积较大,能通过较大电流(可达上千安),但工作频率不高,一般在几十千赫以下。整流二极管主要用于各种低频半波整流电路,如需达到全波整流需连成整流桥使用。开关稳压电源的整流电路及脉冲整流电路中使用的整流二极管,应选用工作频率较高、反向恢复时间较短的整流二极管(例如 RU 系列、EU 系列、V 系列、1SR 系列等)或选择快恢复二极管。整流二极管损坏后,可以用同型号的整流二极管或参数相似的其他型号整流二极管代换。

(2)选用

整流二极管一般为平面型硅二极管,用于各种电源整流电路中。

选用整流二极管时,主要应考虑其最大整流电流、最大反向工作电流、截止频率及反向恢复时间等参数。

普通串联稳压电源电路中使用的整流二极管,对截止频率的反向恢复时间要求不高,只要根据电路的要求选择最大整流电流和最大反向工作电流符合要求的整流二极管即可。例如,1N 系列、2CZ 系列、RLR 系列等。

开关稳压电源的整流电路及脉冲整流电路中使用的整流二极管,应选用工作频率较高、反向恢复时间较短的整流二极管(例如 RU 系列、EU 系列、V 系列、1SR 系列等)或选择快恢复二极管。还有一种肖特基整流二极管。

(3)常用参数

① 最大平均整流电流 I_F:指二极管长期工作时允许通过的最大正向平均电流。该电流由 PN 结的结面积和散热条件决定。使用时应注意通过二极管的平均电流不能大于此值,并要满足散热条件。例如 1N4000 系列二极管的 I_F 为 1 A。

② 最高反向工作电压 U_R:指二极管两端允许施加的最大反向电压。若大于此值,则反向电流(I_R)剧增,二极管的单向导电性被破坏,从而引起反向击穿。通常取反向击穿电压 U_B 的一半作为 U_R。例如 1N4001 的 U_R 为 50 V,1N4002—1N4006 分别为 100 V、200 V、400 V、600 V 和 800 V,1N4007 的 U_R 为 1 000 V。

③ 最大反向电流 I_R:它是二极管在最高反向工作电压下允许流过的反向电流,此参数反映了二极管单向导电性能的好坏。因此这个电流值越小,表明二极管质量越好。

④ 击穿电压 U_B:指二极管反向伏-安特性曲线急剧弯曲点的电压值。反向为软特性时,则指给定反向漏电流条件下的电压值。

⑤ 最高工作频率 f_m:它是二极管在正常情况下的最高工作频率。主要由 PN 结的结电

容及扩散电容决定,若工作频率超过 f_m,则二极管的单向导电性能将不能很好地体现。例如 1N4000 系列二极管的 f_m 为 3 kHz。另有快恢复二极管用于频率较高的交流电的整流,如开关电源中。

⑥ 反向恢复时间 t_{rr}:指在规定的负载、正向电流及最大反向瞬态电压下的反向恢复时间。

⑦ 零偏压电容 C_0:指二极管两端电压为零时,扩散电容及结电容的容量之和。值得注意的是,由于制造工艺的限制,即使同一型号的二极管其参数的离散性也很大。手册中给出的参数往往是一个范围,若测试条件改变,则相应的参数也会发生变化,例如在 25℃ 时测得 IN5200 系列硅塑封整流二极管的 I_R 小于 10 μA,而在 100℃ 时 I_R 则变为小于 500 μA。

(4) 检查方法

首先将整流器中的整流二极管全部拆下,用万用表的 $100 \times R$ 或 $1000 \times R$ 欧姆挡,测量整流二极管的两根引出线(头、尾对调各测一次)。若两次测得的电阻值相差很大,例如电阻值大的高达几百千欧到无穷大,而电阻值小的仅几百欧甚至更小,说明该二极管是好的(发生了软击穿的二极管除外)。若两次测得的电阻值几乎相等,而且电阻值很小,说明该二极管已被击穿损坏,不能使用。如果两次测量的阻值都是无穷大,说明此二极管已经内部断开,不能使用。

3) 开关二极管

开关二极管是半导体二极管的一种,是为在电路上进行"开"、"关"而特殊设计制造的一类二极管。它由导通变为截止或由截止变为导通所需的时间比一般二极管短,常见的有 2AK、2DK 等系列,开关二极管具有开关速度快、体积小、寿命长、可靠性高等特点,广泛应用于电子设备的开关电路、检波电路、高频和脉冲整流电路及自动控制电路中。

图 5.4.8　贴片式开关二极管

开关二极管是利用二极管的单向导电性,在半导体 PN 结加上正向偏压后,在导通状态下,电阻很小(几十到几百欧姆);加上反向偏压后截止,其电阻很大(硅管在 100 MΩ 以上)。利用开关二极管的这一特性,在电路中起到控制电流通过或关断的作用,成为一个理想的电子开关。开关二极管的正向电阻很小,反向电阻很大,开关速度很快。图 5.4.8 是常用开关二极管的产品实物图。

常用开关二极管按功率可分为小功率和大功率两种。小功率开关二极管主要用于电视机、收录机及其他电子设备的开关电路、检波电路和高频高速脉冲整流电路等。主要型号有 2AK 系列(用于中速开关电路)、2CK 系列(硅平面开关,只用于高速开关电路)等。合资生产的大功率开关管主要用于各类大功率电源做续流、高频整流、桥式整流及其他开关电路。

(1) 工作原理

半导体二极管导通时相当于开关闭合(电路接通),截止时相当于开关打开(电路切断),所以二极管可作开关用,常用型号为 1N4148。由于半导体二极管具有单向导电的特性,在正偏压下 PN 结导通,在导通状态下的电阻很小,约为几十至几百欧;在反向偏压下,则呈截止状态,其电阻很大,一般硅二极管在 10 MΩ 以上,锗管也有几十千欧至几百千欧。利用这一特性,二极管将在电路中起到控制电流接通或关断的作用,成为一个理想的电子开关。

以上的描述,其实适用于任何一只普通的二极管,或者说是二极管本身的原理。但针对开关二极管,最重要的特点是高频条件下的表现。

高频条件下,二极管的势垒电容表现出极低的阻抗,并且与二极管并联。当这个势垒电容本身容值达到一定程度时,就会严重影响二极管的开关性能。极端条件下会把二极管短路,高频电流不再通过二极管,而是直接绕过势垒电容通过,二极管就失效了。而开关二极管的势垒电容一般极小,这就相当于堵住了势垒电容这条路,达到了在高频条件下还可以保持好的单向导电性的效果。

(2)工作特性

开关二极管从截止(高阻状态)到导通(低阻状态)的时间叫开通时间;从导通到截止的时间叫反向恢复时间;两个时间之和称为开关时间。一般反向恢复时间大于开通时间,故在开关二极管的使用参数上只给出反向恢复时间。开关二极管的开关速度是相当快的,像硅开关二极管的反向恢复时间只有几纳秒,即使是锗开关二极管,也不过几百纳秒。

开关二极管具有开关速度快、体积小、寿命长、可靠性高等特点,广泛应用于电子设备的开关电路、检波电路、高频和脉冲整流电路及自动控制电路中。

(3)主要参数

开关二极管的参数可参考普通二极管的参数,但表征开关二极管突出特点的性能参数是开关时间。开关二极管的开关时间为开通时间和反向恢复时间的总和。

开通时间是指开关二极管从截止到导通所需时间,开通时间很短,一般可以忽略;反向恢复时间是指导通至截止所用时间,定义为从加反向偏压时起,到反向电流降至起始值 1/10 所需时间。反向恢复时间远大于开通时间。因此反向恢复时间为开关二极管的主要参数。一般硅开关二极管的反向恢复时间为 3~10 ns;锗开关二极管的反向恢复时间要长一些,一般在几十到几百纳秒。

(4)开关种类

开关二极管分为普通开关二极管、高速开关二极管、超高速开关二极管、低功耗开关二极管、高反压开关二极管、硅电压开关二极管等多种。

① 普通开关二极管

常用的国产普通开关二极管有 2AK 系列锗开关二极管。

② 高速开关二极管

高速开关二极管较普通开关二极管的反向恢复时间更短,开、关频率更快。

常用的国产高速开关二极管有 2CK 系列。进口高速开关二极管有 1N 系列、1S 系列、1SS 系列(有引线塑封)和 RLS 系列(表面安装)。

③ 超高速开关二极管

常用的超高速二极管有 1SS 系列(有引线塑封)和 RLS 系列(表面封装)。

④ 低功耗开关二极管

低功耗开关二极管的功耗较低,但其零偏压电容和反向恢复时间值均较高速开关二极管低。

常用的低功耗开关二极管有 RLS 系列(表面封装)和 1SS 系列(有引线塑封)。

⑤ 高反压开关二极管

高反压开关二极管的反向击穿电压均在 220 V 以上,但其零偏压电容和反向恢复时间值相对较大。

常用的高反压开关二极管有 RLS 系列(表面封装)和 1SS 系列(有引线塑封)。

⑥ 硅电压开关二极管

硅电压开关二极管是一种新型半导体器件,有单向电压开关二极管和双向电压开关二极管之分,主要应用于触发器、过压保护电路、脉冲发生器及高压输出、延时、电子开关等电路。

单向电压开关二极管也称转折二极管,由 PNPN 四层结构的硅半导体材料组成,其正向为负阻开关特性(指当外加电压升高到正向转折电压值时,开关二极管由截止状态变为导通状态,即由高阻转为低阻),反向为稳定特性。双向电压二极管由 NPNPN 五层结构的硅半导体材料组成,其正向和反向均具有相同的负阻开关特性。

4)稳压二极管

稳压二极管(又称齐纳二极管)是一种硅材料制成的面接触型晶体二极管,简称稳压管。此二极管是一种直到临界反向击穿电压前都具有很高电阻的半导体器件。在这临界击穿点上,反向电阻降低到一个很小的数值,稳压管在反向击穿时,在一定的电流范围内(或者说在一定功率损耗范围内),端电压几乎不变,表现出稳压特性,因此广泛应用于稳压电源与限幅电路之中。

稳压二极管可以串联起来以便在较高的电压上使用,通过串联就可获得更多的稳定电压。稳压二极管产品外形和电路符号如图 5.4.9 所示。

(a) 稳压二极管产品外形　　　　　　　　(b) 稳压二极管电路符号

图 5.4.9　稳压二极管的产品外形和电路符号

(1) 工作原理

稳压二极管的特点就是反向通电尚未击穿前,其两端的电压基本保持不变。这样,当把稳压管接入电路以后,若由于电源电压发生波动,或其他原因造成电路中各点电压变动时,负载两端的电压将基本保持不变。

稳压二极管在电路中常用"ZD"加数字表示,如:ZD5 表示编号为 5 的稳压管。

(2) 主要参数

① 稳定电压 U_z

由于小功率稳压二极管体积小,在管子上标注型号较困难,所以一些国外产品采用色环来表示它的标称稳定电压值。如同色环电阻一样,环的颜色有棕、红、橙、黄、绿、蓝、紫、灰、白、黑,它们分别用来表示数值 1、2、3、4、5、6、7、8、9、0。

有的稳压二极管上仅有 2 道色环,而有的却有 3 道。最靠近负极的为第 1 环,后面依次为第 2 环和第 3 环。

仅有 2 道色环的,标称稳定电压为两位数,即"×× V"(几十几伏)。第 1 环表示电压十位上的数值,第 2 环表示个位上的数值。如:第 1、2 环颜色依次为红、黄,则为 24 V。

有 3 道色环,且第 2、3 两道色环颜色相同的。标称稳定电压为一位整数且带有一位小数,即"×.× V"(几点几伏)。第 1 环表示电压个位上的数值。第 2、3 两道色环(颜色相同)共同表示十分位(小数点后第一位)的数值。如:第 1、2、3 环颜色依次为灰、红、红,则为 8.2 V。

有 3 道色环,且第 2、3 两道色环颜色不同的。标称稳定电压为两位整数并带有一位小数,即"××.× V"(几十几点几伏)。第 1 环表示电压十位上的数值,第 2 环表示个位上的数值,第 3 环表示十分位(小数点后第一位)的数值。不过这种情况较少见,如:棕、黑、黄(10.4 V)和棕、黑、灰(10.8 V)。

② 电压温度系数

如果稳压管的温度变化,它的稳定电压也会发生微小变化,温度变化 1 ℃所引起管子两端电压的相对变化量即是温度系数。一般说来,稳压值低于 6 V 属于齐纳击穿,温度系数是负的;高于 6 V 的属雪崩击穿,温度系数是正的。温度升高时,耗尽层减小,耗尽层中,原子的价电子上升到较高的能量,较小的电场强度就可以把价电子从原子中激发出来产生齐纳击穿,因此它的温度系数是负的。雪崩击穿发生在耗尽层较宽电场强度较低时,温度增加使晶格原子振动幅度加大,阻碍了载流子的运动。这种情况下,只有增加反向电压,才能发生雪崩击穿,因此雪崩击穿的电压温度系数是正的。这就是为什么稳压值为 15 V 的稳压管的稳压值随温度逐渐增大,而稳压值为 5 V 的稳压管的稳压值随温度逐渐减小的原因。

③ 动态电阻 r_Z

其概念与一般二极管动态电阻相同,是通过反向特性求取的。r_Z 越小,反映稳压管的击穿特性曲线越陡。

④ 最大、最小稳定电流 I_{Zmax}、I_{Zmin}

最大稳定工作电流取决于最大耗散功率,即 $P_{Zmax} = U_Z I_{Zmax}$,而 I_{Zmin} 对于 U_{Zmin},若 $I_Z < I_{Zmin}$,则不能稳压。

⑤ 最大耗散功耗 P_{ZM}

取决于 PN 结的面积和散热条件。反向工作时 PN 结的功率损耗为 $P_Z = U_Z I$,由 P_{ZM} 和 U_Z 可以决定 I_{Zmax}。

(3) 应用

① 浪涌保护电路

稳压管在准确的电压下击穿,这就使得它可作为限制或保护的元件来使用,因为各种电压的稳压二极管都可以得到,故对于这种应用特别适宜。图 5.4.10 中的稳压二极管 DZ 是作为过压保护器件。只要电源电压 U_S 超过二极管的稳压值,DZ 就导通,使继电器 J 吸合负载 R_L 就与电源分开。

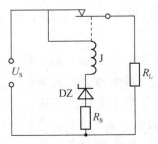

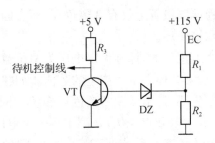

图 5.4.10　稳压管浪涌保护电路　　　　图 5.4.11　电视机里的稳压管过压保护电路

② 电视机里的过压保护电路

EC 是电视机主供电压,当 EC 电压过高时,图 5.4.11 中的稳压管 DZ 导通,三极管 VT 导通,其集电极电位将由原来的高电平(5 V)变为低电平,通过待机控制线的控制使电视机进入待机保护状态。

③ 电弧抑制电路

如图 5.4.12 所示,在电感线圈上并联接入一只合适的稳压二极管(也可接入一只普通二极管)的话,当线圈在导通状态切断时,由于其电磁能释放所产生的高压就被二极管所吸收,所以当开关断开时,开关的电弧也就被消除了。这个应用电路在工业上用得比较多,如一些较大功率的电磁吸控制电路就用到它。

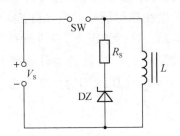

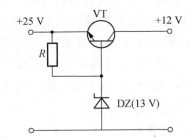

图 5.4.12　稳压管电弧抑制电路　　　　图 5.4.13　稳压管用于串联型稳压电路

④ 串联型稳压电路

如图 5.4.13 所示电路中,串联稳压管,VT 的基极被稳压二极管 DZ 钳定在 13 V,那么其发射极就输出恒定的 12 V 电压了。这个电路在很多场合下都有应用。

5.5　常用传感器

传感器是一种将非电量(如温度、湿度、光线、磁场和声音等)转换成电信号的器件。传感器种类很多,除了前面介绍的热敏电阻、光敏电阻等普通传感器,常见的还有热释电红外传感器、霍尔传感器及温度传感器等。

5.5.1　热释电红外传感器

1) 热释电红外传感器的外形与符号

热释电红外线传感器也称热释电传感器,是一种被动式调制型温度敏感器。在电路原理图中,热释电红外线传感器通常用字母"PIR"表示。

热释电红外传感器是一种将人或动物发出的红外线转换成电信号的器件,如图 5.5.1 所示,可以探视人体的存在,因此广泛应用在保险装置、防盗门报警器、感应门、自动灯具等电子产品中。

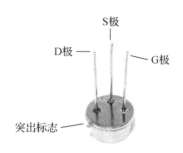

图 5.5.1　热释电红外线传感器实物外形图　　图 5.5.2　三引脚热释电红外线传感器的极性识别

2)热释电红外传感器的引脚识别

热释电红外线传感器有三个引脚,分别为 D(漏极)、S(源极)、G(接地极),三引脚识别图如图 5.5.2 所示。

3)热释电红外传感器的安装

热释电红外传感器不加光学透镜(也称菲涅耳透镜),其检测距离通常不大于 2 m,而加上光学透镜后,其检测距离可大于 7 m。因此在实际应用中,热释电红外传感器通常与菲涅耳透镜配合使用。菲涅耳透镜又叫螺纹透镜,其外形图如图 5.5.3 所示。

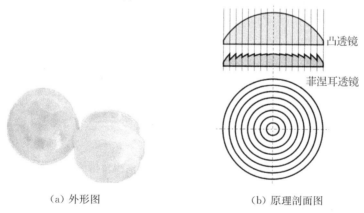

(a) 外形图　　　　　　　　　(b) 原理剖面图

图 5.5.3　菲涅尔透镜

菲涅耳透镜的表面有一圈圈的螺纹(圆形环),是依托菲涅耳理论由平凸透镜演变而来的,是平凸透镜的一种异化。它有短焦距、大孔径及厚度小的特点,用菲涅耳透镜可以获得更为柔和、均匀的光分布照明状态。

在热释电红外传感器应用中,菲涅耳透镜的主要作用是聚焦作用,即将热释电红外信号折射(反射)在热释电红外传感器上。

误报率和热释电红外传感器的安装位置有极大关系,热释电红外传感器的感应头应安装在离地面 2.0～2.2 m 的高度。一是为了防止人为损坏,二是这个高度对于人的感应信号最强,灵敏度最高,也可以预防家畜猫狗等小动物的不必要干扰。

热释电红外传感器探头应该尽量安装在角落以取得最理想的探测范围,且远离空调、冰箱、火炉等空气温度敏感的地方,不要正对着门、窗、灶台。否则热气流扰动和人走动也会引起误报,应装在侧光或背光的位置。热释电红外传感器前面更不应该有隔离物。

热释电红外传感器对于径向移动的反应最不敏感,而对于切向(基于半径垂直方向)移动则最为敏感,如图 5.5.4 所示。

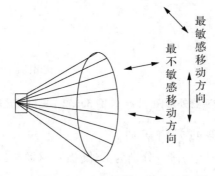

图 5.5.4　热释电红外传感器灵敏度示意图

5.5.2　霍尔传感器

1) 霍尔传感器的外形与符号

霍尔传感器是一种检测磁场的传感器,可以检测磁场的存在和变化,广泛应用在测量、自动化控制、交通运输等领域。图 5.5.5 是霍尔传感器的实物外形与符号。

(a) 外形　　　　　　　　　　　(b) 符号

图 5.5.5　霍尔传感器的外形与符号

2) 霍尔传感器的引脚识别

霍尔传感器内部由霍尔元件和有关电路组成,它对外引出 3 个或 4 个引脚,对于 3 个引脚的传感器,分别为电源端、接地端和信号输出端,对于 4 个引脚,分别为电源端、接地端和两个信号输出端。3 个引脚的霍尔传感器更常用。霍尔传感器带文字标记的面通常为磁敏面,正对 N 或 S 磁极时灵敏度最高(见图 5.5.6)。

霍尔传感器可以分为线性集成霍尔传感器和开关型集成霍尔传感器两种。

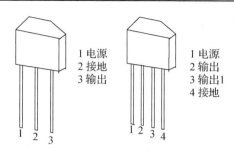

图 5.5.6 霍尔传感器的引脚识别

5.5.3 温度传感器

温度传感器主要有四种类型,即集成温度传感器、热电偶、电阻温度检测器(RTD)和热敏电阻温度传感器。其中,热电偶是一种感温元件,是一种仪表,它直接测量温度,可以将不同的温度转换成大小不同的电信号,广泛应用在测温领域。

1)热电偶的外形

热电偶有各种各样的外形,常见的热电偶外形如图 5.5.7 所示。

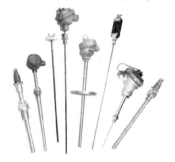

图 5.5.7 常见热电偶的外形

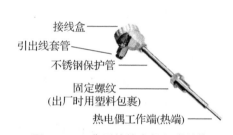

图 5.5.8 典型的热电偶组成结构

2)热电偶的结构说明

不同外形的热电偶的基本结构一致,图 5.5.8 是一种典型的热电偶组成结构。

3)热敏电阻温度传感器

热敏电阻温度传感器是根据周围环境温度变化而改变自身电阻的温度传感器。由于热敏电阻的电阻很容易测得,所以通常用作温度传感器使用。热敏电阻的电阻和温度之间的关系是非线性的。

热敏电阻是一种半导体感温元件,其电阻值的温度系数很大,因此灵敏度很高。热敏电阻常见的基本形状有圆片状、珠状和盘状,传感器有块状和模状两类。

热敏电阻温度传感器除了可以测量表面温度以外,还可以用于温度控制,比如空调机、冰箱、锅炉、汽车、工业、农业、医疗等各方面的各种温度控制及检测。今后的发展方向是节能、高精度、低价格,其市场需求会进一步增加,应用面也将进一步扩大。

5.5.4 气敏传感器

气敏传感器是一种对某种或某些气体敏感的电阻器,当空气中某些气体含量发生变化时,置于其中的气敏传感器阻值就会发生变化。

1) 气敏传感器的外形与符号

常见气敏传感器的实物外形图和电路符号如图 5.5.9 所示。

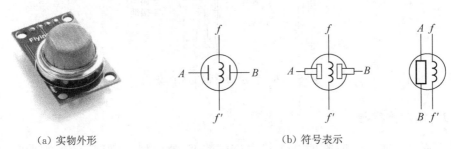

（a）实物外形　　　　　　　　　　　（b）符号表示

图 5.5.9　气敏传感器

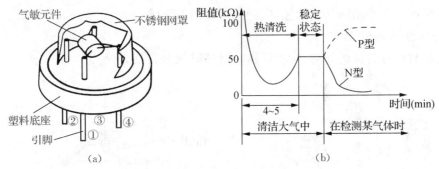

图 5.5.10　气敏传感器的典型结构与结构特性

2) 气敏传感器的工作原理

气敏传感器的气敏特性主要由内部气敏元件来组成的。气敏元件引出四个电极,分别与①、②、③、④引脚相连。当在清洁的大气中给气敏传感器的①、②引脚通电流(对气敏元件加热)时,③、④引脚之间的阻值先减小再升高(4~5 min),阻值变化规律如图 5.5.10(b)所示。升高到一定的温度时阻值保持稳定。若此时气敏传感器接触某种气体时,气敏元件吸附该气体以后,③、④引脚之间的阻值又会发生变化(若是 P 型气敏传感器,其阻值会增大,而 N 型气敏传感器阻值会变小)。

5.5.5　传感器实验

【实验 1】热释电红外传感器安装与调试

使用菲涅耳透镜和热释电红外传感器,完成热释电红外传感器的安装,并且测试其功能,验证灵敏度,自拟表格进行记录。

【实验 2】霍尔传感器的检测

霍尔传感器的好坏检测方法如图 5.5.11 所示。在传感器的电源、接地引脚之间接 5 V 电源,然后用万用表拨至直流电压挡,红、黑表笔分别接输出脚和接地脚,

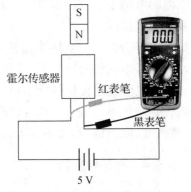

图 5.5.11　霍尔传感器的好坏检测

再用一块磁铁靠近霍尔传感器敏感面,如果霍尔传感器正常,应有电压输出,万用表会有电压输出显示,否则说明霍尔元件损坏。

利用该方法不仅可以判断霍尔元件的好坏,还可以判断霍尔元件的类型,如果在磁铁靠近或远离传感器的过程中,输出电压慢慢连续变化,则为线性型传感器,如果输出电压在某一点突然发生高、低电平的转换,则为开关型传感器。

【实验3】热电偶的检测

热电偶是由两种不同导体焊接起来构成,其一端焊接起来,另一端通过补偿导线连接测量仪表。检测热电偶好坏可按照以下两步进行。

第一步:测量热电偶的电阻,万用表拨至电阻挡,红、黑表笔分别接热电偶的两根补偿导线,如果热电偶及补偿导线正常,测得的阻值较小(几欧姆至几十欧姆),若阻值无穷大,则为热电偶或补偿导线开路。

第二步:测量热电偶的热电转换效果。万用表拨至最小的直流电压挡,红、黑表笔分别接热电偶的两根补偿导线,然后将热电偶的热端接触温度高的物体(如烧热的铁锅),如果热电偶正常,万用表会显示一定的电压值,随着热端温度上升,电压值会慢慢增大。如果电压值是0,说明热电偶无法进行热电转换,热电偶损坏或者失效。

【实验4】利用热电偶配合数字万用表测量电烙铁温度

有的数字万用表具有温度测试功能,UT39C 就具有该功能(见表 5.5.1),它采用 K 型热电偶和温度挡配合可测量(−40～+1 000)℃的温度。UT39C 型数字万用表配套的 K 型热电偶(镍铬−镍硅)如图 5.5.12 所示,它是由热端(测温端)、补偿导线和冷端组成。

表 5.5.1　UT39C 温度挡参数

量程	分辨率	准确度(a%读数+b 字数)
(−40～0) ℃		±(4%+4)
(1～400) ℃	1 ℃	±(2%+8)
(401～1 000) ℃		±(3%+10)

图 5.5.12　数字万用表 UT39C
使用的热电偶

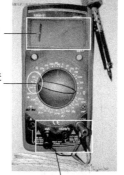

第4步:观察显示屏显示,即为电烙铁此刻温度。

第2步:将挡位开关拨至"℃"挡

第3步:将热电偶测量端接触电烙铁

第1步:将热电偶黑插头插入"mA"插孔,红插头插入"COM"插孔

图 5.5.13　利用热电偶测量电烙铁温度的操作

利用热电偶测量电烙铁的温度操作过程如图 5.5.13 所示,将热电偶的黑插头(冷端)插入"mA"孔、红插头(冷端)插入"COM"孔,再将挡位选择开关置于"℃"端,将热电偶的热端(测温端)接触电烙铁,然后观察显示屏显示的数值,该数值就是当前电烙铁的温度。

【实验5】利用热电偶测量两点间的温度差

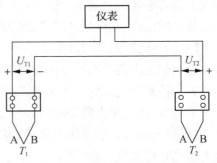

利用热电偶测量两点间温度差的接线如图 5.5.14 所示,将两热电偶同性质的 B 极连接在一起,两个 A 极分别接仪表的两输入端,如果一个热电偶接触 T_1 温度产生的电压为 U_{T1},另一个热电偶接触 T_2 温度产生的电压为 U_{T2},那么 $U_{T1}-U_{T2}$ 就是 T_1-T_2 温差产生的电压,它驱动仪表显示出温差值。

图 5.5.14　利用热电偶测量两点间温度差的接线示意图

【实验6】画出热敏电阻温度传感器的伏-安特性曲线

使用热敏电阻温度传感器搭建电路模块,使用电吹风升高温度,用万用表检测热敏电阻温度传感器两端电压和通过电流的变化情况,描点作图,画出热敏电阻温度传感器的伏-安特性曲线。

【实验7】采用气敏传感器制作简易煤气报警器

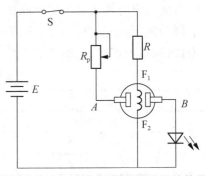

利用气敏传感器具有对某种或者某些气体敏感的特点,制作一个简易的煤气报警装置,用来安装在厨房来监视有无煤气泄漏(见图 5.5.15)。

在制作报警器时,先将气敏传感器连接好,然后闭合开关 S,让电流通过 R 流入气敏传感器加热线圈,几分钟后,待气敏传感器 AB 间的阻值稳定后,再调节电位器 R_P,让发光二极管处于临界导通状态。若发生煤气泄漏,气敏传感器检测到以后,AB 间阻值变小,流过发光二极管的电流增大,二极管变亮,报警煤气发生泄漏。

图 5.5.15　采用气敏传感器制作的简易煤气报警器

【实验8】气敏电阻器的检测(见图 5.5.16)

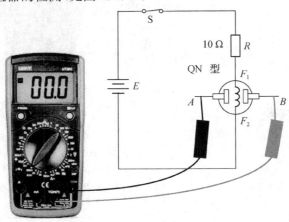

图 5.5.16　气敏传感器的检测

第一步:测量静态电阻值。

将气敏传感器的加热极 F_1、F_2 串联在电路中,如图 5.5.16 所示,再将万用表置于 2 kΩ 挡,红、黑表笔分别接气敏电阻器的 A、B 极,然后闭合开关,让气流对气敏电阻器加热,同时查看阻值大小。

若气敏电阻器正常,阻值应当先变小,然后缓慢增大,在约几分钟后阻值稳定,此时的阻值称为静态电阻。

若阻值为 0,说明气敏电阻器短路。

若阻值为无穷大,说明气敏电阻器开路。

若在测量过程中阻值始终不变,说明气敏电阻器失效。

第二步:测量接触敏感气体时的阻值。

在按第一步进行测量的时候,待气敏电阻器阻值稳定,再将气敏传感器靠近煤气灶(打开煤气灶,再将火熄灭),再查看阻值大小。

若阻值变小,说明气敏传感器为 N 型;若阻值变大,说明气敏传感器为 P 型;若阻值始终不变,说明气敏传感器失效。

5.6 新型元器件

5.6.1 光电耦合器

光电耦合器是以光为媒介传输电信号的一种电—光—电转换器件。它由发光源和受光器两部分组成。把发光源和受光器组装在同一密闭的壳体内,彼此间用透明绝缘体隔离。发光源的引脚为输入端,受光器的引脚为输出端,常见的发光源为发光二极管,受光器为光敏二极管、光敏三极管等等。

1) 光电耦合器的实物外形

光电耦合器的实物外形如图 5.6.1 所示。

2) 光电耦合器的工作原理

光电耦合器(Optical Coupler, OC)也称光电隔离器,简称光耦。光电耦合器以光为媒介传输电信号。它对输入、输出电信号有良好的隔离作用,在各种电路中应用广泛。目前已成为种类最多、用途最广的光电器件之一。光电耦合器一般由三部

图 5.6.1 光电耦合器的实物外形图

分组成:光的发射、光的接收及信号放大。输入的电信号驱动发光二极管(LED),使之发出一定波长的光,被光探测器接收而产生光电流,再经过进一步放大后输出。这就完成了电—光—电的转换,从而起到输入、输出、隔离的作用。由于光电耦合器输入、输出间互相隔离,电信号传输具有单向导电性特点,因此具有良好的电绝缘能力和抗干扰能力。

发光器件作为输入端,通常采用红外 LED,光接收器作为输出端,种类繁多,可以采用光敏二极管、光敏三极管等。光电耦合器的输入端和输出端之间互相绝缘,所以又称为光电隔离器。因此,光电耦合器的作用不仅仅是在电路之间传输信息,还可以实现电路间的电气隔

离,从而消除噪声影响。

3) 光电耦合器的种类与符号

由于光电耦合器的光接收器的种类繁多,决定了其电路符号各异。图 5.6.2 为部分光电耦合器的种类和电路符号,图 5.6.3 为部分光电耦合器的封装。

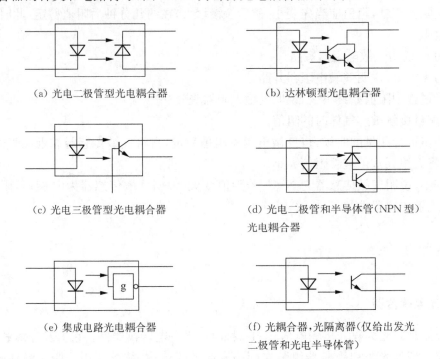

(a) 光电二极管型光电耦合器   (b) 达林顿型光电耦合器

(c) 光电三极管型光电耦合器   (d) 光电二极管和半导体管(NPN 型)
                                         光电耦合器

(e) 集成电路光电耦合器   (f) 光耦合器,光隔离器(仅给出发光
                                         二极管和光电半导体管)

图 5.6.2　光电耦合器的种类和电路符号

图 5.6.3　部分光电耦合器的封装

4) 光电耦合器的基本特性

(1) 共模抑制比

在光电耦合器内部,由于发光二极管和光电晶体管之间的耦合电容很小(通常在 2 pF 以内),所以共模输入电压 U_{CE} 通过级间耦合电容对输出电流的影响比较小,因而共模抑制比较高。

(2) 输出特性

光电耦合器的输出特性是指在一定的发光电流 I_F 下,光敏管所加偏置电压 U_{CE} 与输出电流 I_C 之间的关系,当 $I_F=0$ 时,发光二极管不发光,此时的光敏晶体管集电极输出电流称为暗电流,一般很小。当 $I_F>0$ 时,在一定的 I_F 作用下,所对应的 I_C 基本上与 U_{CE} 无关。I_C 与 I_F 之间的变化呈线性关系,用半导体管特性图示仪测出的光电耦合器的输出特性与普通晶体三极管输出特性相似。

（3）电流传输比

光电耦合器光电管的集电极电流与发光二极管的输入电流之比称为电流传输比。输出电流的微小变量 A/C 与输入电流的微小变量 A/F 之比称为微变电流传输比。如果光电耦合器的输出特性线性度较好,以上两个电流传输比则近似相等。电流传输比通常用 CTR 表示。CTR 的大小与光电耦合器的类型有关。二极管输出光电耦合器的 CTR 较小,约在 3% 以内。三极管输出光电耦合器的 CTR 可达 150%,而光电开关的 CTR 可高达 500%。

（4）隔离性能

光电耦合器的隔离性能通常用隔离电阻(绝缘电阻)和隔离电压(耐压值)来表示。一般情况下,光电耦合器发光二极管和光电三极管之间的隔离电压为 500～1 000 V,个别达林顿管输出的光电耦合器,其隔离电压可达 10 kV。

光电耦合器与晶体管一样,可以工作于线性放大状态,也可工作于开关状态。在电源的驱动电路中,光电耦合器一般用来传递脉冲信号,工作于开关状态。因此,光电耦合器的响应时间是其重要特性之一。发光二极管和硅光电三极管组成的光电耦合器的响应时间一般为 5～10 μs,发光二极管和硅光电二极管组成的光电耦合器的响应时间约为 2 μs,高速光电耦合器的响应时间小于 1.5 μs。负载电阻 R_L 的大小影响光电耦合器的响应时间,负载 R_L 越小,响应时间越短。在实际应用中,应在光电耦合器允许的集电极电流范围内,尽量减小负载电阻,以提高光电耦合器的响应速度。

5）光电耦合器的特点

（1）光信号单向传输。光电耦合器输出信号对输入端无反馈,可有效阻断电路或系统之间的电联系,但并不切断它们之间的信号传递。

（2）隔离性能好。输入端与输出端之间完全实现了电隔离。

（3）光信号不受电磁波干扰,工作稳定可靠

（4）响应速度快,传输效率高。光发射器件与光敏器件的光谱匹配十分理想,响应速度快,传输效率高,光电耦合器件的时间常数通常在微秒甚至毫微秒级。

（5）抗共模干扰能力强,能很好地抑制干扰并消除噪音。

（6）无触点,使用寿命长,体积小,耐冲击能力强。

（7）易与逻辑电路连接。

（8）工作温度范围宽,符合工业和军用温度标准。

由于光电耦合器的输入端是发光器件,发光器件是阻抗电流驱动性器件,而噪音是一种高内阻微电流电压信号。因此光电耦合器件的共模抑制比很大,光电耦合器件可以很好地抑制干扰并消除噪音。它在计算机数字通信及实时控制电路中作为信号隔离的接口元件可以大大增加计算机工作的可靠性。在长线信息传输中作为终端隔离元件可以大幅度提高信噪比。所以,它在各种电路中得到了广泛的应用。目前已成为种类最多、用途最广的光电器件之一。

输入和输出端之间绝缘,其绝缘电阻一般都大于 10 Ω,耐压一般可超过 1 kV,有的甚至可以达到 10 kV 以上。由于"光"传输的单向性,所以信号从光源单向传输到光接收器时不会出现反馈现象,其输出信号也不会影响输入端。由于发光器件(砷化镓红外二极管)是阻抗电流驱动性器件,而噪音是一种高内阻微电流的电压信号。因此光电耦合器件的共模抑制比很大,所以,光电耦合器件可以很好地抑制干扰并消除噪音。它在计算机数字通信及实时控制电路中作为信号隔离的接口元件可以大大增加计算机工作的可靠性。在长线信息传输中作为终端隔离元件可以大幅度提高信噪比。所以,它在各种电路中得到了广泛的应用。目前已成为种类最多、用途最广的光电器件之一。

6) 光电耦合器的应用

(1) 开关电路

对于开关电路,往往要求控制电路和开关电路之间要有很好的电隔离,这对于一般的电子开关来说是很难做到的,但采用光电耦合器就很容易实现了。图 5.6.4(a)中所示电路就是用光电耦合器组成的简单开关电路。

在 5.6.4(a)图中,当无脉冲信号输入时,晶体管截止,只有漏电流流过光电耦合器发光二极管,发光二极管不发光,光电耦合器处于常开状态。只有在输入脉冲作用下,晶体管导通,光电耦合器工作,产生输出信号。

图 5.6.4(b)中所示电路为常闭电路,其工作原理与常开电路类似,只有在输入脉冲作用下,晶体管导通,光电耦合器不工作,无输出信号产生。

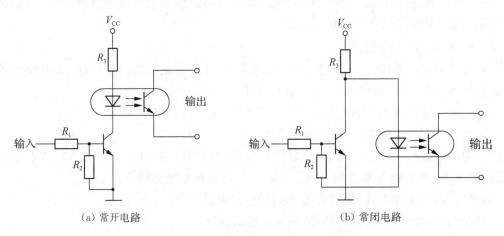

(a) 常开电路　　　　　　　　　　　(b) 常闭电路

图 5.6.4　光电耦合器的两种基本开关电路

(2) 门电路

由于光电耦合器具有优良的抗干扰性能,可以用来组成高可靠性的门电路,图 5.6.5~图 5.6.8 分别为光电耦合器组成的与门、或门、与非门和或非门逻辑电路。

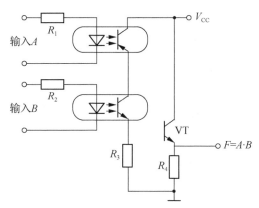

图 5.6.5 与门逻辑电路

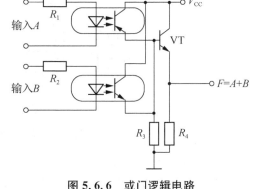

图 5.6.6 或门逻辑电路

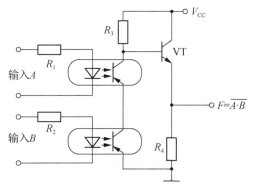

图 5.6.7 与非门逻辑电路

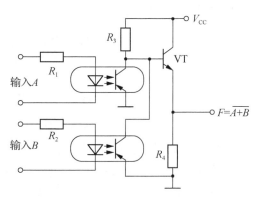

图 5.6.8 或非门逻辑电路

5.6.2 晶闸管

1) 晶闸管的实物外形图

晶闸管(Thyristor)是晶体闸流管的简称,又可称为可控硅整流元件(Silicon Controlled Rectifier, SCR)。晶闸管具有硅整流器件的特性,能在高电压、大电流条件下工作,且其工作过程可以控制,被广泛应用于可控整流、交流调压、无触点电子开关、逆变及变频等电力电子电路中。图 5.6.9 是晶闸管的实物外形图。

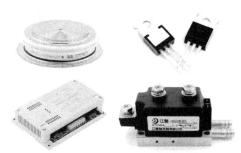

图 5.6.9 晶闸管实物外形图

2) 晶闸管的结构

晶闸管是 PNPN 四层三端半导体器件,它有三个极(阳极、阴极和门极),其结构、等效电路和电路符号如图 5.6.10 所示。从图中可以看出,晶闸管有三个 PN 结。如果只在阳极 A 和阴极 C 之间加一个正向电压,晶闸管没有电流通过。若同时在控制极 G 和阴极 C 之间加一个正向电压,使一定的电流流过控制极,晶闸管就会像半导体二极管一样导通。晶闸管一旦导通,即使控制极电压去掉,只要 A 与 C 之间的正向电压依然存在,晶闸管将继续导通。

这种特性与闸流管相似,故称为晶闸管。

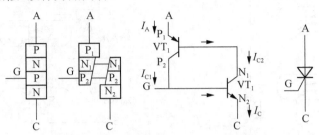

图 5.6.10　晶闸管结等效电路和电路符号

3）晶闸管的工作原理

晶闸管是由四层半导体材料构成,它具有三个 PN 结,所以晶闸管还可以等效为三个二极管的串联,如图 5.6.11 所示。

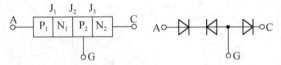

图 5.6.11　晶闸管可以等效为三个二极管串联

当晶闸管的阳极 A 和阴极 C 间加正向电压时,J_1 结和 J_3 结为正向偏置,而 J_2 结为反向偏置,只有相当小的电流流过 J_2 结。若外加正向电压继续增加,J_2 结两侧的电场增强。在电场的作用下,J_2 结中数量不多的载流子被加速到具有足够大的能量,撞击出更多的电子—空穴对,晶闸管的漏电流增加。这种现象称为载流子倍增效应。若外加正向电压再继续增加,载流子倍增效应加剧,载流子数量增加,直至 J_2 结发生雪崩击穿,漏电流急剧增加。由于 J_1 结和 J_3 结处于正向偏置,在 J_2 结雪崩击穿后,流过晶闸管的电流只受外电路阻抗的限制。图 5.6.12 为 PN 结正向伏-安特性急剧转折的情况。J_2 结雪崩击穿时两端的反向电压就是该 PN 结的雪崩击穿电压。图 5.6.13 为 PN 结的反向偏置特性。从图中可以看出,随着温度的升高,PN 结的反向漏电流增加,这就是晶闸管的正向阻断特性。

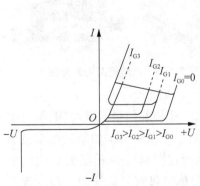

图 5.6.12　PN 结正向伏-安特性急剧转折的情况

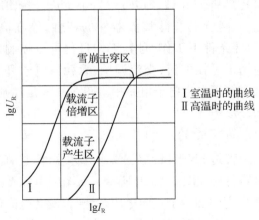

图 5.6.13　PN 结的反向偏置特性

4）晶闸管伏-安特性

晶闸管的阳极电压与阳极电流的关系，称为晶闸管的伏-安特性，如图 5.6.14 所示。晶闸管的阳极与阴极间加上正向电压时，在晶闸管的控制极开路（$I_g=0$）情况下，开始元件中有很小的电流（称为正向漏电流）流过，晶闸管阳极与阴极间表现出很大的电阻，处于截止状态（称为正向阻断状态），简称断态。

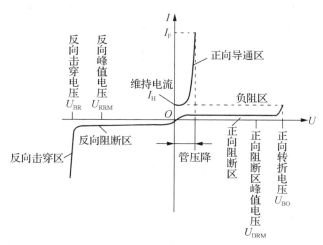

图 5.6.14 晶闸管的伏-安特性曲线

当阳极电压上升到某一数值时，晶闸管突然由阻断状态转化为导通状态，简称通态。阳极这时的电压称为断态不重复峰值电压（U_{DRM}），或称为正向转折电压（U_{BO}）。

导通后，元件中流过较大的电流，其值主要由限流电阻（使用时由负载）决定。在减小阳极电源电压或增加负载电阻时，阳极电流随之减小，当阳极电流小于维持电流 I_H 时，晶闸管便从导通状态转化为阻断状态。由图可看出，当晶闸管控制极流过正向电流 I_g 时，晶闸管的正向转折电压降低，I_g 越大，转折电压越小，当 I_g 足够大时，晶闸管正向转折电压很小，一加上正向阳极电压，晶闸管就导通。实际规定，当晶闸管元件阳极与阴极之间加上 6 V 直流电压时，能使元件导通的控制极最小电流（电压）称为触发电流（电压）。

在晶闸管阳极与阴极间加上反向电压时，开始晶闸管处于反向阻断状态，只有很小的反向漏电流流过。当反向电压增大到某一数值时，反向漏电流急剧增大，这时，所对应的电压称为反向不重复峰值电压（U_{RRM}），或称反向转折（击穿）电压（U_{BR}）。

可见，晶闸管的反向伏-安特性与二极管反向特性类似。

5）晶闸管的开通与关断

晶闸管的开通和关断的动态过程的物理过程较为复杂，图 5.6.15 简单地给出了晶闸管开通和关断过程的电压与电流波形。

图中开通过程描述的是晶闸管门极在坐标原点时刻开始受到理想阶跃触发电流触发的情况；而关断过程描述的是对已导通的晶闸管，外电路所施加的电压在某一时刻突然由正向变为反向的情况（如图 5.6.15 中点画线波形）。

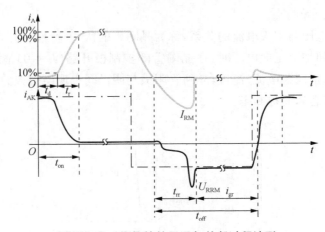

图 5.6.15　晶闸管的导通与关断过程波形

（1）开通过程

晶闸管的开通过程就是载流子不断扩散的过程。对于晶闸管的开通过程主要关注的是晶闸管的开通时间 t_{on}。

由于晶闸管内部的正反馈过程以及外电路电感的限制，晶闸管受到触发后，其阳极电流只能逐渐上升。从门极触发电流上升到额定值的 10% 开始，到阳极电流上升到稳态值的 10%（对于阻性负载相当于阳极电压降到额定值的 90%），这段时间称为触发延迟时间 t_d。阳极电流从 10% 上升到稳态值的 90% 所需要的时间（对于阻性负载相当于阳极电压由 90% 降到 10%）称为上升时间 t_r，开通时间 t_{on} 定义为两者之和，即 $t_{on}=t_d+t_r$。

通常晶闸管的开通时间与触发脉冲的上升时间、脉冲峰值以及加在晶闸管两极之间的正向电压有关。

（2）关断过程

处于导通状态的晶闸管当外加电压突然由正向变为反向时，由于外电路电感的存在，其阳极电流在衰减时存在过渡过程。阳极电流将逐步衰减到零，并在反方向流过反向恢复电流，经过最大值 I_{RM} 后，再反方向衰减。同时，在恢复电流快速衰减时，由于外电路电感的作用，会在晶闸管两端引起反向的尖峰电压 U_{RRM}。从正向电流降为零，到反向恢复电流衰减至接近于零的时间，就是晶闸管的反向阻断恢复时间 t_{rr}。

反向恢复过程结束后，由于载流子复合过程比较慢，晶闸管要恢复其对反向电压的阻断能力还需要一段时间，这叫作反向阻断恢复时间 t_{gr}。在反向阻断恢复时间内如果重新对晶闸管施加正向电压，晶闸管会重新正向导通，而不受门极电流控制而导通。所以在实际应用中，需对晶闸管施加足够长时间的反压，使晶闸管充分恢复其对正向电压的阻断能力，电路才能可靠工作。晶闸管的电路换向关断时间 t_{off} 定义为 t_{rr} 与 t_{gr} 之和，即

$$t_{off}=t_{rr}+t_{gr}$$

除了开通时间 t_{on}、关断时间 t_{off} 及触发电流 I_{GT} 外，本文比较关注的晶闸管的其他主要参数包括：

断态（反向）重复峰值电压 U_{DRM}（U_{RRM}）：是在门极断路而结温为额定值时，允许重复加

在器件上的正向(反向)峰值电压。通常取晶闸管的 U_{DRM} 和 U_{RRM} 中较小的标值作为该器件的额定电压。

　　6) 晶闸管的重要性能参数

　　(1) 通态平均电流 $I_{T(AV)}$：国际规定通态平均电流为晶闸管在环境温度为 40 ℃ 和规定的冷却状态下，稳定结温不超过额定结温时所允许流过的最大工频正弦半波电流的平均值。这也是标称其额定电流的参数。

　　(2) 维持电流 I_H：是指晶闸管维持导通所必需的最小电流，一般为几十到几百毫安。I_H 与结温有关，结温越高，则 I_H 越小。

　　(3) 擎住电流 I_L：是晶闸管刚从断态转入通态并移除触发信号后，能维持导通所需的最小电流。对同一晶闸管来说，通常 I_L 为 I_H 的 2～4 倍。

　　(4) 浪涌电流 I_{TSM}：浪涌电流是指由于电路异常情况引起的使结温超过额定结温的不重复性最大正向过载电流。

　　(5) 断态电压临界上升率 du/dt：指在额定结温、门极开路的情况下，不能使晶闸管从断态到通态转换的外加电压最大上升率。

　　(6) 通态电流临界上升率 di/dt：指在规定条件下，晶闸管能承受的最大通态电流上升率。如果 di/dt 过大，在晶闸管刚开通时会有很大的电流集中在门极附近的小区域内，从而造成局部过热而使晶闸管损坏。

　　7) 晶闸管的串联和并联

　　在高输出电压或大输出电流的晶闸管整流电路中，由于一只晶闸管的额定电压或额定电流是有限的，往往需要将多只晶闸管串联或并联运用。但是，由于同型号的晶闸管的阻断特性和正向压降均不相同，如果简单地将其串联或并联在一起，电压或电流的分配很不平衡，不能最大限度地利用所有晶闸管的性能，甚至造成损坏。因此，需要适当的网络加以补偿。

　　(1) 晶闸管的串联

　　图 5.6.16 为两只同型号晶闸管串联时的电压分配特性。从晶闸管 VT_1 和 VT_2 的反向特性曲线可知，在一定的反向电压下，VT_2 的反向漏电流小于 VT_1 的反向漏电流。如果加到 VT_2 上的反向电压为 U_{R2}，反向漏电流为 I_{R2}。由于 VT_1 和 VT_2 串联，VT_1 的反向漏电流也应该为 I_{R2}，从图 5.6.16 可以看出，VT_1 上的反向电压只能为 U_{R1}。由于 $U_{R1} \neq U_{R2}$，造成晶闸管串联时电压分配不平衡。同样，晶闸管并联时，正向电流分配也不平衡，为了改善电压和电流分配，在晶闸管串联、并联时，应该增加电压、电流均衡电路。在设计均衡电路时，不仅要保证静态均衡，而且还要保证动态均衡。

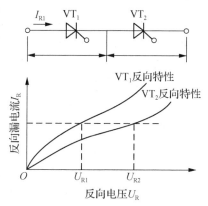

图 5.6.16　两只同型号晶闸管串联时的电压分配特性

　　晶闸管串联时，应尽量避免选用导通时间一致和漏电流相近的器件，还应该采取适当的均压措施。

① 阻断状态下的均压方法

在阻断状态下,可采用图 5.6.17 所示的均压电路。图中的 R_P 为均压电阻,它与晶闸管并联。R_P 的选择应使流过 R_P 的电流远远大于晶闸管的漏电流,从而达到强制均压的目的。但 R_P 不能大于晶闸管最小反向电阻的 $1/4 \sim 1/3$。R_P 可按照下式计算:

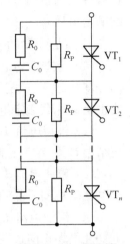

$$R_P = (K-1)\frac{U_R}{I_R}$$

式中:U_R 为晶闸管的额定反向峰值电压(V);I_R 为串联晶闸管中最大的反向漏电流(A);K 为电压不均衡系数,一般取 1.1。

均压电阻 R_P 应慎重选择,其性能要求稳定,可靠性高。某一个均压电阻断路,将会造成与之并联的晶闸管的损坏。R_P 的经验取值为 $2 \sim 5$ V。

图 5.6.17　晶闸管串联式的均压电路

在晶闸管关断的瞬间会产生反向的瞬变电压,由于各晶闸管的关断时间不同,最早关断的晶闸管将承受全部转换过程中的过电压,有被损坏的危险。图 5.6.17 中的 $R_0 C_0$ 网络就是用来抑制此电压的,从而使得各晶闸管承受均衡的过电压。电容器 C_0 用下面的经验公式来计算:

$$C_0 = (2.5 \sim 5) \times 10^{-3} I_F (\mu F)$$

式中:I_F 为晶闸管额定正向平均电流(A)。

C_0 的数值一般取 $0.1 \sim 1~\mu F$,R_0 起着阻尼作用,以防止电路高频振荡,还可以限制 C_0 通过晶闸管的放电电流。R_0 的数值一般取 $5 \sim 50~\Omega$。

② 导通过程的均压方法

正向电压分配不均衡的主要原因是各晶闸管的触发特性和导通特性不同。在导通前的瞬间,有的晶闸管会承受很大的正向瞬时电压。例如,因触发特性的不同,各晶闸管的导通时间不同,最后导通的晶闸管将承受全部的正向电压,有可能超过正向转折电压,这是很不利的。

图 5.6.18 为两只晶闸管串联时的导通特性,在 t_{d2} 瞬间,VT_2 承受的正向电压远大于 VT_1 承受的正向电压。VT_2 承受过高的电压,将可能造成 PN 结表面击穿。在各个串联晶闸管的两端并联电容器可使电压分配均衡。所需电容器的容量随导通时间的不同而不同。

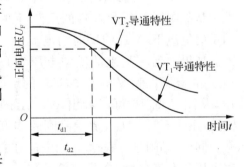

图 5.6.18　两只晶闸管串联时的导通特性

(2) 晶闸管的并联

当一只晶闸管的额定电流不能满足要求时,可采用几只晶闸管并联运用。但是,简单的并联,会产生通过各晶闸管的电流分配不均衡。并联晶闸管的电流分配不均衡是由很多因素引起的,其中最主要的是受主回路电流的影响和正向特性不一致。

① 主回路电流对并联晶闸管电流分配的影响

图 5.6.19 为主回路电流对并联晶闸管电流分配的影响。

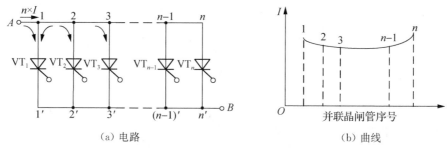

（a）电路　　　　　　　　　　　（b）曲线

图 5.6.19　主回路电流对并联晶闸管电流分配的影响

在图 5.6.20(a) 中，即使各晶闸管支路的电阻和电感相等，主回路母线 A 和 B 的磁通也会使并联晶闸管的电流分配不均衡。由于流过母线 A 的 1-2 点电流要大于流过母线 B 的 $1'-2'$ 的电流，在闭合回路 $1-1'-2'-2$ 内产生磁通，在该回路产生感应电压，从而产生环流 I'，这个电流的方向如图中箭头所示。在 VT_1 支路中，I' 与原电流 I 同方向，使 VT_1 的电流上升率提高。而在 VT_2 支路中，I' 与 I 反方向，使 VT_2 的电流上升率下降。VT_1 和 VT_2 的电流波形如图 5.6.20(b) 和(c)所示。从并联电路的另一端看，VT_{n-1} 和 VT_n 的电流分配与 VT_1 和 VT_2 的分配情况相反，流过 VT_n 的电流大于流过 VT_{n-1} 的电流，由此形成了图 5.6.20(b) 中所示的中间下凹型的电流分配曲线。

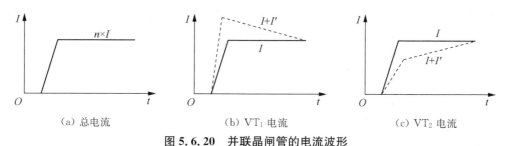

（a）总电流　　　　　（b）VT_1 电流　　　　　（c）VT_2 电流

图 5.6.20　并联晶闸管的电流波形

② 正向压降对并联晶闸管电流分配的影响

晶闸管的正向压降的离散性很大，两只同型号但正向压降不同的晶闸管并联，其正向电流分配如图 5.6.21所示。

晶闸管并联运用时，要尽可能选择正向压降相等的器件。在整流电路、斩波电路中，通过晶闸管的电流，每周期内断续变化。因此，各并联支路中的电感将对电流分配产生很大的影响。在各并联支路中的电感相等的情况下，由正向压降的差异产生的电流分配不均衡，要比静态时小一点。

③ 触发特性对并联晶闸管电流分配的影响

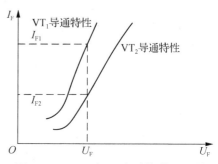

图 5.6.21　正向压降对并联晶闸管电流分配的影响

晶闸管并联运用时，由于各晶闸管触发特性的不同，将产生电流分配不均衡，如图 5.6.22 所示。

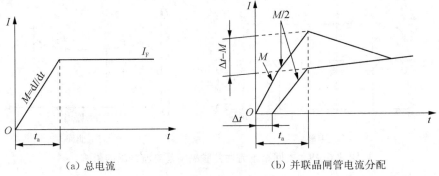

（a）总电流　　　　　　　　　（b）并联晶闸管电流分配

图 5.6.22　触发特性不同的晶闸管并联时的电流分配曲线

若电流上升率（$\dfrac{\mathrm{d}I}{\mathrm{d}t}=M$）恒定，电流流过两只并联的晶闸管，其总电流波形如图 6.2.22（a）所示，若两只晶闸管的触发时间相差 Δt 时，并联晶闸管的电流分配曲线如图 6.2.22（b）所示。图中的 t_a 为上升电流时间，在 Δt 时间内，只有 VT_1 有电流通过，电流上升率为 M。经过 Δt 以后，VT_2 中才有电流流过，VT_1 和 VT_2 的电流分别为 I_{F1} 和 I_{F2}，则

$$I_{F1}=\Delta t \cdot M+(t-\Delta t \cdot M/2)$$

$$I_{F2}=t-\Delta t \cdot M/2$$

从上面两个公式可以看出，I_{F1} 与 I_{F2} 之差为 $\Delta t \cdot M$。若多个晶闸管并联，因各晶闸管的触发时间不一致，最先触发的晶闸管，其电流上升率很大，容易造成该晶闸管的损坏。因此，应使并联晶闸管的触发时间尽可能一致。

④ 并联晶闸管的均流电路

为了使并联晶闸管的电流分配均衡，除选择正向压降和导通时间基本一致的晶闸管以外，还需要采用适当的均流电路。

a. 串联电阻均流电路

串联电阻均流电路如图 5.6.23 所示。当晶闸管阳极电流比较小时，在阳极回路中串入一个阻值较小的电阻 R_S，可以减小并联晶闸管电流分配不均衡的程度。一般来说，因为阳极电流较小，串联电阻的功耗也很小，可以忽略不计。串联电阻的阻值应保证在最大晶闸管阳极电流时，串联电阻上产生的电压降不大于 0.5 V。所以串联电阻均流电路仅适用于小电流晶闸管整流电路。

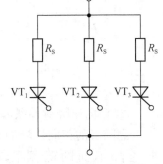

图 5.6.23　串联电阻均流电路

b. 串联电感均流电路

在晶闸管阳极回路中串入电感，可以抑制电压上升率和电流上升率。串联电感均流电路如图 5.6.24 所示。在整流电路和斩波电路中，晶闸管重复流过脉冲电流。为使并联晶闸管中的电流分配均衡，通常采用串联电感均流电路。图中的电感 L_S

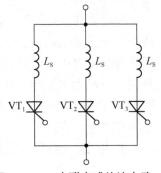

图 5.6.24　串联电感均流电路

可以是空心的,也可以是铁芯的。空芯电抗器体积小、制造方便。使用铁芯电抗器时,空气隙应该大一些,即使有比较大的故障浪涌电流时,铁芯也不会饱和。

电抗器的电感量 L_S 可以按照下式计算:

$$L_S = \frac{\Delta U}{\Delta I} \frac{T}{2} (\mu H)$$

式中:ΔU 为各并联晶闸管的正向压降差(V);ΔI 为各并联晶闸管的电流差(A);T 为电流的周期(s)。

随主回路的接线方式的不同,L_S 值一般在 $(10 \sim 100)$ μH 之间。

c. 均流电抗器均流电路

均流电抗器也称为均衡器或平衡电阻。均流电抗器均流电路如图 5.6.25 所示。图 5.6.25(a)为两只晶闸管并联时的均流电抗器均流电路。如果两只晶闸管的触发时间不同,假设 VT₁ 先触发,电流流过线圈 AO,由于线圈之间为紧密耦合,在另一线圈 BO 中产生极性如图所示的电压,VT₂ 的阴极电压为负,相当于提高了 VT₂ 阳极和阴极之间的电压,从而缩短了 VT₂ 的触发时间。另外,由于在 VT₁ 和 VT₂ 触发时,均流电抗器的电感发挥作用,电流上升率下降,因此能保证电流分配更加均衡。VD₁ 和 VD₂ 为隔离二极管,用来防止反向电流流入控制极。图 5.6.25(b)为三只晶闸管并联时的均流电抗器均流回路,其工作原理与两只晶闸管并联时一样。

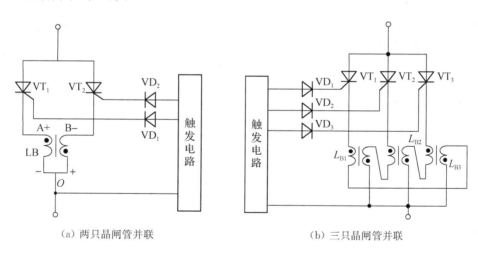

(a)两只晶闸管并联　　　　　　　　　(b)三只晶闸管并联

图 5.6.25　均流电抗器均流电路

均流电抗器的铁芯应根据触发时间差来选择,同时,电抗器所加电压对时间积分的伏秒值应小于铁芯的饱和磁通。此外,为使晶闸管关断期间剩余磁通尽可能小些,应保持足够大的铁芯间隙。由于线圈 AO 和 BO 之间为紧密耦合,它们的电感量远远超过各并联支路的电感量。因此,由各并联支路电感不同引起的电流不均衡现象也能被消除。

如果晶闸管额定电流较大或并联晶闸管的个数很多,均流电抗器的体积会很大,而且配置较复杂,因此,均流电抗器均流电路适用于中、小容量的并联晶闸管。

5.6.3　干簧管

1) 干簧管的外形与图形符号

干簧管是一种利用磁场直接磁化触点而让触点开关产生接通或断开动作的器件,是干簧继电器和接近开关的主要部件。如图 5.6.26(a)是一些常见干簧管的实物外形,图 5.6.26(b)是干簧管的图形符号。

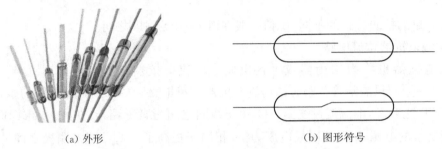

(a) 外形　　　　　　　　　　　　　(b) 图形符号

图 5.6.26　干簧管

2) 干簧管的工作原理

干簧管的工作原理如图 5.6.27 所示。

当干簧管未加磁场时,内部两个簧片不带磁性,处于断开状态。若将磁铁靠近干簧管,内部两个簧片被磁化而带上磁性,一个簧片磁性为 N,另一个簧片磁性为 S,两个簧片磁性相异产生吸引,从而使两簧片的触点接触。

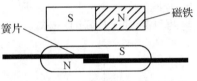

图 5.6.27　干簧管的工作原理

3) 干簧管的构建

(1) 簧片触点

通过对两个簧片的接触部分镀一层很厚的非磁性贵金属来实现良好的电气连接,低电阻率的银比耐腐蚀的金更适合作为镀层材料,同样也有使用水银的湿簧管,湿簧管的触点必须成对安装使用。

当前簧片触点使用主流材料是铁、钴和镍,具有容易退火的铁磁性。两个簧片触点的尖端材料是镀或溅射铑、钌或铱。

(2) 密封性玻璃腔

在玻璃封接过程中玻璃腔通常是填充有惰性气体(通常为氮气)或腔体,会产生真空。该真空通常支持高电压开关(超过 1 000 V)。

4) 干簧管的触点材料

(1) 铑触点

镀铑触点最常使用。这种触点从低负荷至重负荷具有非常稳定的工作特性和很长的工作寿命,这是因为铑具有高熔点及高硬度的性能。

(2) 水银接点

水银接点干簧管具有无跳动操作特点,因此不需要额外的抑制跳动电路。它们具有大功率开关能力、很低且稳定的接触阻抗特性以及工作寿命长的特点。它们亦可以用于高浪涌电流的开关。

（3）钌触点

钌的硬度比铑更高。镀钌触点具有较好的机械磨损及热损耗特性，但仅用于小负载的开关。因为钌的这些特点，华壬电子已成功开发了氧化钌覆盖于铑或者铂上面的双镀触点。这些双镀触点自低负荷至重负荷均具有极良好的开关特性。

5）干簧管的优点和缺点

（1）优点

① 体积小、重量轻。干簧管的操作开关非常小，不需要繁琐的凸轮或曲柄，所以不会出现金属疲劳现象，机械使用寿命长。并且能够安装在极度有限的空间，极适合用于微型化设备。成本低廉且容易获得。

② 工作寿命长。磁簧开关的开关元器件被气密式密封于一惰性气体气氛中，永远不会与外界环境接触，这样就大大减少了接点在开、闭过程中由于接点火花而引起的接点氧化和碳化，并防止外界有机蒸气和灰尘等杂质对接点的侵蚀。

③ 开关速度快。簧片细而短，有较高的固有频率，提高了接点的通断速度，其开关速度要比一般的电磁继电器快 5～10 倍。

（2）缺点

① 易损坏。触点和簧片体积小，所以大的电压或电流会导致簧片过载而产生损坏。

② 工作电流小。干簧管的电压和电流具有额定值。虽然规定了额定功率，但是电流大小不能超过额定值。例如，10 V 电压，1 A 电流的总功率是 10 W，虽然功率不高，但是电流过大，容易造成损坏。

③ 故障排查工序多。故障干簧管需要用专用仪器（如 AT 值测试器、绝缘耐压测试器、内阻测试器等）检测。

④ 不适合误差范围小的产品设计中。AT 值范围大，从成本角度考虑不能保证批量产品的 AT 值都相同，并且配套磁石也不尽相同。

⑤ 干簧管加工损耗大。干簧管采取玻璃封装，在运送和加工过程中容易受损，影响产品性能及寿命。由于磁簧开关相当脆弱，很容易打破玻璃和密封件。

6）干簧管的应用

（1）干簧继电器

干簧管可应用于干簧继电器。干簧继电器在工作时，电流小，运行速度高，性能良好。在 20 世纪 70 年代和 80 年代，干簧继电器主要用于电话通信。簧片触点存在于惰性气体中，减少接触电阻的氧化程度。

干簧继电器的优点主要包括：

① 体积小，质量轻；

② 簧片轻而短，有固有频率，可提高接点的通断速度，通断的时间仅为 1～3 ms，比一般的电磁继电器快 5～10 倍；

③ 接点与大气隔绝，管内充满稀有气体，可减少接点的氧化和碳化，并且由于密封，可防止外界有机蒸气和尘埃杂质对接点的侵蚀。

（2）油位传感器

干簧管目前是各种车用油箱油位传感器的极好替代品。目前现有的技术中,油(液)位传感器共分两类:一类是用滑动电位器为基本检测元件,它是由浮子带动电位器,再用欧姆表检测其阻值,从而达到显示油位的目的。但当油垢覆盖电位器后,其阻值会发生变化,造成误差过大,甚至不能使用,此类油箱传感器成为寿命很短的易损件。另一类是用电感线圈为基本检测元件。它是用浮子带动电感线圈,改变振荡电路的振荡频率,再通过频率计检测其频率来测定油(液)位。但其结构复杂,调试麻烦,成本高,价格贵,不能被广泛使用。所以,利用干簧管寿命长、动作安全可靠、无火花等特性生产的液位传感器,可以用来替代现用各种车用油箱的油位传感器。

（3）磁性传感器

干簧管除了应用于干簧继电器和油位传感器外,干簧管(磁簧开关)被广泛用于电路控制,尤其是在通信领域。磁簧开关磁铁驱动中常用的机械系统,接近传感器。例如笔记本电脑通过使用磁簧开关,当盖子被关闭时,笔记本电脑处于睡眠/休眠模式。

（4）高危环境

干簧管可以为高真空式或惰性气体填充式,将控制电路通断时触点产生的火花封闭在管身内,使其完全与爆炸性气体和煤尘隔绝,达到防止爆炸、提高安全系数的目的。

干簧管的玻璃管内装有两根强磁性簧片,将此置于管内一端使其以一定间隙彼此相对。玻璃管内封入惰性气体,同时触点部位镀铑或铱,以防止触点活性化。干簧管通过利用线圈或永磁体,为簧片诱导出 N 极和 S 极,从而产生吸合作用。

当磁场被解除时,由于簧片具有一定弹性,触点即刻恢复原状并隔断电路。隔爆型干簧管按钮和开关适用于含有爆炸性气体和煤尘的矿井,以及含有爆炸性气体的工厂、船舶等危险场所。

5.6.4　新型元器件实验

【实验1】光电耦合器的检测

由于光电耦合器的组成方式不同,所以在检测时采取不同的检测方法。例如,在检测普通光电耦合器的输入端时,一般均参照红外发光二极管的检测方法进行。对于光敏三极管输出型的光电耦合器,检测输出端时应参照光敏三极管的检测方法进行。

（1）万用表检测法

以数字万用表和 4 脚的 PC817 型光电耦合器为例,说明其具体检测方法。第一,按照图5.6.28(a)所示,万用表拨至电阻挡,将数字万用表红、黑表笔分别接光电耦合器输入端发光二极管的两个引脚,如果一次电阻为无穷大,但红黑表笔互换后有几千到十几千欧姆的电阻值,则此时红表笔接的是发光二极管的正极,黑表笔接的是发光二极管的负极。

如图 5.6.28(b)所示,在光电耦合器输入端接入正向电压,仍将万用表置于高位的电阻挡,红、黑表笔分别接光电耦合器输出端的两个引脚。如果一次电阻显示为无穷大,但红、黑表笔互换后却有很小的电阻值(小于 100 Ω),则此时黑表笔所接的引脚即为内部 NPN 型光

敏三极管的发射极 E,红表笔所接的引脚为集电极 C。当切断输入端正向电压时,光敏三极
管截止,万用表显示应为无穷大。这样,不仅确定了 4 脚光电耦合器 PC817 的引脚排列,而
且还检测出它的光传输特性正常。如果检测时万用表示数时钟无变化,这说明光电耦合器
损坏。

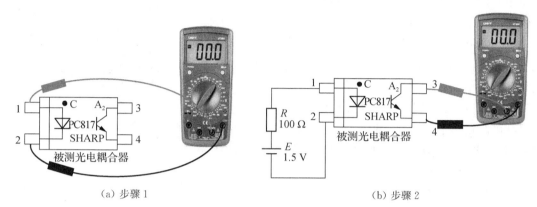

(a) 步骤 1   (b) 步骤 2

图 5.6.28 光电耦合器的检测

需要说明的是,光电耦合器中常用的红外发光二极管的正向导通电压比普通发光二极
管要低,一般在 1.3 V 以下,所以可以用电阻挡直接测量,并且图 5.6.28(a)中的电池电压 E
只取 1.5 V(一节 5 号电池即可)。

【实验 2】利用光电耦合器搭建逻辑门电路

利用光电耦合器,如图 5.6.5～图 5.6.8 所示,分别搭建与门、或门、与非门、或非门四种
逻辑门电路,并且验证电路功能。

【实验 3】晶闸管的检测

单向晶闸管的检测包括电极检测、好坏检测和触发能力的检测。

(1)电极检测

单向晶闸管有 A、G、K 三个电极,三者不能混用,在使用单向晶闸管前要先检测出各个
电极。单向晶闸管的 G、K 极之间有一个 PN 结,它具有单向导电性。而 A、K 极与 A、G 极
之间的正反向电阻都是很大的。根据这个原则,可采用下面的方法来判断单向晶闸管的
电极。

将万用表拨至电阻挡,测量任意两个电极之间的阻值,如图 5.6.29 所示。当测量出现
阻值小时,以这次测量为准,黑表笔接的电极为 K 极,红表笔接的电极为 G 极,剩下的一个
电极为 A 极。

(2)好坏检测

正常的单向晶闸管除了 G、K 极之间的正向电阻小、反向电阻大之外,其他各极之间的
正、反向电阻均接近无穷大。在检测单向晶闸管时,将万用表拨至电阻挡,测量晶闸管任意
两极之间的正反向电阻,并判断。

（3）触发能力检测

检测晶闸管的触发能力实际上就是检测 G 极控制 A、K 极之间导通能力。将万用表拨至电阻挡，测量 A、K 之间的正向电阻（红表笔接 A 极，黑表笔接 K 极）A、K 之间的阻值正常应为无穷大，然后用一根导线将 A、G 极短路，为 G 极提供触发电压。如果晶闸管良好，A、K 极应该导通，且 A、K 间的阻值立马变小。再将导线移开，让 G 极失去触发电压，此时单向晶闸管还应该处于导通状态，A、K 极之间的阻值依旧很小。

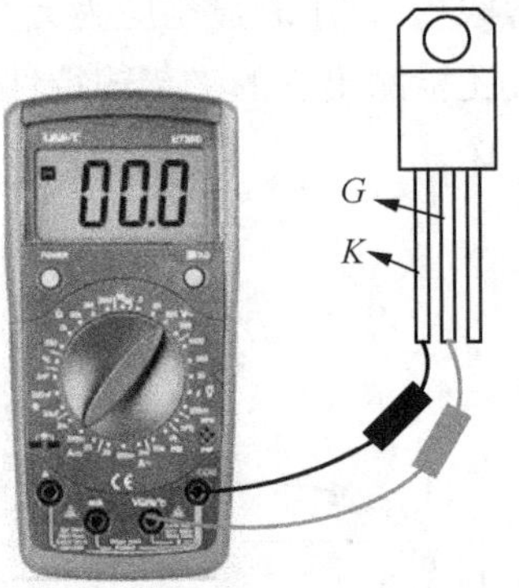

在上面的检测当中，如果导线短路，A、G 极前后，A、K 极之间的阻值变化不大，说明 G 极失去触发能力，单向晶闸管损坏；若移开导线之后，单向晶闸管 A、K 极之间阻值又变大，则晶闸管开路。

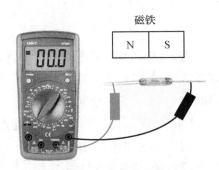

图 5.6.29　单向晶闸管的电极检测

【实验 4】干簧管的检测

干簧管的检测包括常态检测和施加磁场检测。

常态检测是指未施加磁场时对干簧管进行检测。在常态检测时，万用表选择电阻挡，测量干簧管两引脚之间的电阻。对于常开触点，正常阻值为∞。若阻值为 0，说明干簧管触点短路。

在施加磁场检测时，万用表选择电阻挡，测量干簧管两引脚之间的电阻，同时用一块磁铁靠近干簧管，如图5.6.30所示，正常阻值应由∞变为 0，若阻值始终为∞，说明干簧管触点无法再闭合。

图 5.6.30　干簧管的检测

5.7　贴片元件与集成电路

封装类型是元件的外观尺寸和形状的集合，它是元件的重要属性之一。相同电子参数的元件可能有不同的封装类型。厂家按照相应封装标准生产元件以保证元件的装配使用和特殊用途。由于封装技术日新月异，封装代码暂无唯一标准。

5.7.1　贴片元件

贴片元件封装形式是半导体器件的一种封装形式。SMT 所涉及的零件种类繁多，样式各异，有许多已经形成了业界通用的标准，这主要是一些芯片电容、电阻等等；有许多仍在经历着不断的变化，尤其是 IC 类零件，其封装形式的变化层出不穷，令人目不暇接，传统的引脚封装正在经受着新一代封装形式（BGA、FLIP、CHIP 等等）的冲击，在下面将分标准零件与 IC 类零件详细阐述。

通常封装材料为塑料、陶瓷。元件的散热部分可能由金属组成。元件的引脚分为有铅和无铅区别。表 5.7.1 罗列了常见 SMT 电子元器件类型及位号缩写,表 5.7.2 显示了各种封装形式。

表 5.7.1　常见 SMT 电子元件类型及位号缩写

常见 SMT 电子元件类型	位号缩写
电容	片式电容,缩写为 C
电感	片式电感,线圈,保险丝,缩写为 L
晶体管	电流控制器件,如三极管,缩写为 T
效应管	电压控制器件,缩写为 T
二极管	片式发光二极管(LED),玻璃二极管,缩写为 D
电源模块	ICP
晶振	OSC,VOC
变压器	TR
芯片	IC
开关	SW
连接器	ICH,TRX,XS,JP 等

表 5.7.2　各种封装形式

图		图	
	PDIP	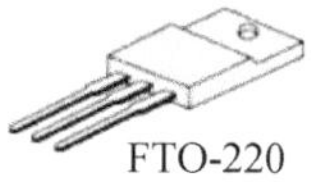 FTO-220	FTO - 220
	Flat Pack	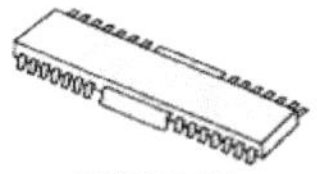 HSOP-28	HSOP - 28
	BGA Ball Grid Array		EBGA 680L
	LBGA 160L	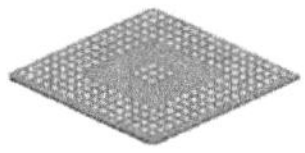	PBGA 217L Plastic Ball Grid Array
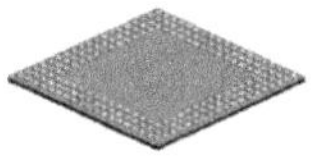	SBGA 192L		TSBGA 680L

（续表 5.7.2）

	CLCC		CNR Communication and Networking Riser Specification Revision 1. 2
	CPGA Ceramic Pin Grid Array		DIP Dual Inline Package
	DIP – tab Dual Inline Package with Metal Heatsink		FBGA
	ITO – 220		ITO – 3P
	JLCC		LCC
	LDCC		LGA
	LQFP		PCDIP
	PGA Plastic Pin Grid Array		PLCC
	PQFP		PSDIP
	LQFP 100L		METAL QUAD 100L

	PQFP 100L		QFP Quad Flat Package
SDT-143	SOT143	STO-220	SOT220
	SOT223	SOT-220	SOT223
SOT-23	SOT23		SOT23/SOT323
	SOT25/SOT353		SOT26/SOT363
	SOT343		SOT523
	SOT89	SOT-89	SOT89
	Socket 603 Foster		LAMINATE TCSP 20L Chip Scale Package
	TO252		TO263/TO268

1）贴片电阻器

（1）外形

贴片电阻器有矩形式和圆柱式，矩形式贴片电阻器的功率一般在 0.031 5～0.125 W，工作电压在 7.5～200 V，圆柱式图片电阻器的功率一般在 0.125～0.25 W，工作电压为 75～100 V。常见贴片电阻器如图 5.7.1 所示。

（2）阻值标注方法

贴片电阻器阻值表示有色环标注法，也有数字标注法。色环标注的贴片电阻，其阻值表示方法同普通的电阻器。数字标注的贴片电阻器有三位和四位之分，对于三位数字标注的贴片电阻器，前两位表示有效数字，第三位表示零的个数；对于四位数字标注的贴片电阻器，前三位表示有效数字，第四位表示零的个数。

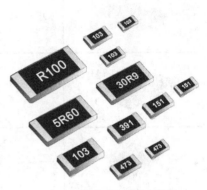

图 5.7.1　贴片电阻器实物图

贴片电阻器的常见标注形式如图 5.7.2 所示。

在生产电子产品时，贴片元件一般采用贴片机安装，为了便于机器高效安装，贴片元件通常装载在连续条带的凹坑内，凹坑由塑料带盖住并卷成盘状，图 5.7.3 就是一盘贴片元件（约几千个）。卷成盘状的贴片电阻器通常会在盘梯标签上标明元件型号和有关参数。

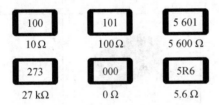

图 5.7.2　贴片电阻器的常见标注形式　　图 5.7.3　盘状包装的贴片电阻器

（3）贴片电位器

贴片电位器是一种阻值可调的元件，体积小巧不带手柄，贴片电位器的功率一般在 0.1～0.25 W，其阻值标注方法与贴片电阻器相同。常见的贴片电位器如图 5.7.4 所示。

图 5.7.4　贴片电位器外形

贴片电阻器各项标注的含义如表 5.7.3 所示。

表 5.7.3　贴片电阻器各项标注的意义

产品代号		型　　号		电阻温度系数		阻　　值		电阻值误差		包装方法
		代号	型号	代号	T.C.R	表示方式	阻值	代号	误差值	代号	包装方式
RC	片状电阻器	02	0402	K	$\leqslant \pm 100 \times 10^{-6} \, ℃^{-1}$	E-24	前两位表示有效数字;第三位表示零的个数	F	$\pm 1\%$	T	编带包装
		03	0603	L	$\leqslant \pm 250 \times 10^{-6} \, ℃^{-1}$			G	$\pm 2\%$		
		05	0805	U	$\leqslant \pm 400 \times 10^{-6} \, ℃^{-1}$	E-96	前三位表示有效数字;第四位表示零的个数	J	$\pm 5\%$	B	塑料袋包装
		06	1206	M	$\leqslant \pm 500 \times 10^{-6} \, ℃^{-1}$			0	跨接电阻		
示例	RC	05		K			103		J		
备注	小数点用 R 表示,例如:E-24,1R0=1.0 Ω,103=10 kΩ;E-96,1003=100 kΩ。跨接电阻用"0000"表示。										

2) 贴片电容器

(1) 外形

贴片电容器可分为无极性电容器和有极性电容器(电解电容器)。图 5.7.5 是一些常见的贴片电容器。

图 5.7.5　贴片电容器的外形

(2) 容量标注方法

贴片电容器的体积小,故有很多电容器不标注容量,对于这类电容器,可用万用表测量,或者查看包装上的标签来识别容量。也有些贴片电容器对容量进行标注,贴片电容器常见的方法有数字标注法、字母与数字标注法、颜色与字母标注法。

① 数字标注法

数字标注法的贴片电容器容量识别方法与贴片电阻器相同,对于无极性贴片电容器的单位为 pF,有极性贴片电容器的单位为 μF。

② 字母与数字标注法

字母与数字标注法是采用英文字母与数字组合的方式来表示容量的大小。这种标注法中的第一位用字母表示容量的有效数,第二位用数字表示有效数后面零的个数。字母与数字标注法的字母和数字含义见表 5.7.4。

表 5.7.4　字母与数字标注法的含义

第一位:字母				数　字	
A	1	N	3.3	0	$\times 10^0$
B	1.1	P	3.6	1	$\times 10^1$
C	1.2	Q	3.9	2	$\times 10^2$
D	1.3	R	4.3	3	$\times 10^3$
E	1.5	S	4.7	4	$\times 10^4$
F	1.6	T	5.1	5	$\times 10^5$
G	1.8	U	5.6	6	$\times 10^6$

（续表 5.7.4）

第一位:字母				数　字	
H	2.0	V	6.2	7	$\times 10^7$
I	2.2	W	6.8	8	$\times 10^8$
K	2.4	X	7.5	9	$\times 10^9$
L	2.7	Y	9.0		
M	3.0	Z	9.1		

如图 5.7.6 中的几个贴片电容器就是采用了字母和数字混合标注法,标注"B2"表示容量为 110 pF,标注"S3"表示容量为 4 700 pF。

110 pF　　4 700 pF

图 5.7.6　采用字母与数字混合标注的贴片电容器

③ 颜色与字母标注法

颜色与字母标注法是采用颜色和一位字母来标注容量的大小,采用这种方法标注的容量单位为 pF。例如蓝色与 J,表示容量为 220 pF,红色与 S,表示容量为 9 pF。颜色与字母标注法的颜色与字母组合代表的含义见表 5.7.5。

表 5.7.5　颜色与字母标注法的颜色与字母组合代表的含义

颜色	A	C	E	G	J	L	N	Q	S	U	W	Y
黄	0.1											
绿	0.01		0.015		0.022		0.033		0.047	0.056	0.068	0.082
白	0.001		0.0015		0.0022		0.0033		0.0047	0.0056	0.0068	
红	1	2	3	4	5	6	7	8	9			82
黑	10	12	15	18	22	27	33	39	47	56	68	820
蓝	100	120	150	180	220	270	330	390	470	560	680	

3）贴片电感器

① 外形

贴片电感器功能与普通电感器相同,图 5.7.7 是一些常见的贴片电感器。

图 5.7.7　贴片电感器的外形

②　电感量的标注方法

贴片电感器的电感量一般会标注出来,其标注方法与贴片电阻器基本相同,单位为 μH。常见贴片电感器标注形式如图 5.7.8 所示。

图 5.7.8　常见贴片电感器标注形式

4) 贴片二极管

(1) 外形

贴片二极管有矩形和圆柱形,矩形贴片二极管一般为黑色,其使用更为广泛,图 5.7.9 是一些常见的贴片二极管。

图 5.7.9　贴片二极管外形

(2) 结构

贴片二极管有单管和多管之分,单管式贴片二极管内部只有一个二极管,而对管式贴片二极管内部有两个二极管。

单管式贴片二极管一般有两个端极,标有白色横条的为负极,另一端为正极,也有些单管式贴片二极管有三个端极,其中一个端极为空,其内部结构如图 5.7.10 所示。

对管式贴片二极管根据内部两个二极管的连接方式不同,可分为共阳极对管(两个二极管正极共用)和串联对管,如图 5.7.11 所示。

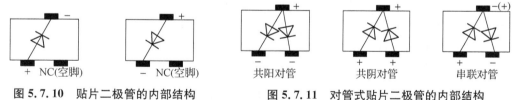

图 5.7.10　贴片二极管的内部结构　　**图 5.7.11　对管式贴片二极管的内部结构**

5) 贴片三极管

(1) 外形

图 5.7.12 是常见贴片三极管的实物外形。

(2) 结构

贴片三极管有 C、B、E 三个端极,对于图 5.7.13(a)所示单列贴片三极管,正面朝上,黏贴面朝下,从左到右依次为 B、C、E 极。

图 5.7.12　贴片三极管

对于图(b)所示的双列贴片三极管,正面朝上,黏贴面朝下,单端极为 C 极,双端极为 B 极,右为 E 极。

（a）单列贴片三极管　　　（b）双列贴片三极管　　　　NPN型　　　　PNP型

图 5.7.13　贴片三极管引脚排列顺序　　　图 5.7.14　贴片三极管内部结构

与普通三极管一样,贴片三极管也有 NPN 型和 PNP 型之分,这两种类型的贴片三极管内部结构如图 5.7.14 所示。

5.7.2　集成电路

1）集成电路简介

将许多电阻、二极管、三极管等元器件以电路的形式制作在半导体硅片上,然后接出引脚并封装起来,就构成了集成电路。集成电路简称为集成块,又称芯片 IC。

由于集成电路内部结构复杂,对于大多数人来说,可不用了解其内部电路结构,只需要知道集成电路的用途和各引脚的功能。

单独的集成电路是无法工作的,需要给它加接相应的外围元件并提供电源才能工作。

2）集成电路的特点

有的集成电路内部只有十几个元器件,而有些集成电路内部则有上千万个元器件(如电脑中的微处理器 CPU)。集成电路内部电路复杂,对于大多数电子技术人员可不用理会内部电路原理,除非是从事电路设计工作的。

集成电路主要有以下特点:

① 集成电路中多采用晶体管,少用电感、电容和电阻,特别是大容量的电容器,因为制作这些元器件需要占用大面积的硅片,导致成本增加。

② 集成电路内的各个电路之间多采用直接连接(即用导线直接将两个电路连接起来),少用电容连接,这样可以减少集成电路的面积,又能使它适用于各种频率的电路。

③ 集成电路内多采用对称电路(如差动电路)。这样可以纠正制作工艺上的偏差。

④ 集成电路一旦生产出来,内部的电路无法更改。不像分立元器件电路可以随时改动,所以当集成电路内部的某个元器件损坏时只能更换整个集成电路。

⑤ 集成电路一般不单独使用,需要与分立元器件组合时才能构成实用的电路。对于集成电路,大多数电子技术人员只要知道它内部电路具有什么样的功能,即了解内部结构方框图和各脚功能就行了。

3）集成电路种类

集成电路的种类很多,其分类方式也很多。

① 按功能不同,可分为模拟集成电路、数字集成电路、接口电路和特殊电路四类。

② 按有源器件类型不同,可分为双极型、单极型及双极—单极混合型三种。

双极型集成电路内部主要采用二极管和三极管;单极型集成电路内部主要采用 MOS 场效应管;双极—单极混合型集成电路内部采用 MOS 和双极兼容工艺制成,因而兼有两者的优点。

③ 按集成度来分,可分为小规模集成电路(SSI)、中规模集成电路(MSI)、大规模集成电路(LSI)和超大规模集成电路(VLSI)。

对于数字集成电路来说,小规模集成电路是指集成度为 $1\sim12$ 门/片或 $10\sim100$ 个元件/片的集成电路,它主要是逻辑单元电路,如各种逻辑门电路、集成触发器等。

中规模集成电路是指集成度为 $13\sim99$ 门/片或 $100\sim1\,000$ 个元件/片的集成电路,它是逻辑功能部件,例如编码器、译码器、数据选择器、数据分配器、计数器、寄存器、逻辑运算部件、A/D 和 D/A 转换器等。

大规模集成电路是指集成度为 $100\sim1\,000$ 门/片或 $1\,000\sim10\,000$ 个元件/片的集成电路,它是数字逻辑系统,如微型计算机使用的中央处理器(CPU)、存储器(ROM、RAM)和各种接口电路(PIO、CTC)等。

超大规模集成电路是指集成度大于 $1\,000$ 门/片或 $100\,000$ 个元件/片的集成电路,它是高集成度的数字逻辑系统,如各种型号的单片机,就是在一块硅片上集成了一个完整的微型计算机。

对于模拟集成电路来说,由于工艺要求高,电路又复杂,故通常将集成 50 个以下的元器件的集成电路称为小规模集成电路,集成 $50\sim100$ 个元器件的集成电路称为中规模集成电路,集成 100 个以上的就称作大规模集成电路。

4) 集成电路封装形式

封装就是指把硅片上的电路管脚用导线接引到外部引脚处,以便与其他器件连接。封装形式是指安装半导体集成电路芯片用的外壳。集成电路常见的封装形式见表 5.7.6。

表 5.7.6 集成电路常见的封装形式

名　称	外　形	说　明
SOP		Small Out-line Package 的缩写,即小外形封装,SOP 封装技术由 1968—1969 年飞利浦公司开发成功。
SIP		Single In-line Package 的缩写,即单列直插式封装。引脚从封装一个侧面引出,排列成一条直线。当装配到印刷板基板上时封装呈侧立状。引脚中心距通常为 2.54 mm,引脚数从 2 至 23,多数为定制产品。

（续表 5.7.6）

名　称	外　形	说　明
DIP		Double In—line Package 的缩写，即双列直插式封装。插装型封装之一，引脚从封装两侧引出，封装材料有塑料和陶瓷两种。DIP 是最普及的插装型封装，应用范围包括标准逻辑 IC、存储器 LSI 和微机电路等。
PLCC		Plastic Leaded Chip Carrier 的缩写，即塑封 J 引线芯片封装。外形呈正方形，32 引脚封装，四周都有管脚，外形尺寸比 DIP 封装小得多。PLCC 封装适合用 SMT 表面安装技术在 PCB 上安装布线，具有外形尺寸小、可靠性高的优点。
TQFP		Thin Quad Flat Package 的缩写，即薄塑封四角扁平封装。四边扁平封装能有效利用空间，从而降低对印刷电路板空间大小的要求。由于缩小了高度和体积，这种封装工艺非常适合对空间要求高的应用，如 PCMCIA 卡和网络器件。几乎所有 ALTERA 的 CPLD/FPGA 都有 TQFP 封装。
PQFP		Plastic Quad Flat Package 的缩写，即塑封四角扁平封装。芯片引脚之间距离很小，管脚很细，一般大规模或超大规模集成电路采用这种封装形式，其引脚数一般都在 100 以上。
TSOP		Thin Small Outline Package 的缩写，即薄型小尺寸封装。典型特征是封装芯片的周围做出引脚，适合用 SMT 技术（表面安装技术）在 PCB（印制电路板）上安装布线。采用 TSOP 封装时，寄生参数减小，适合高频应用，可靠性比较高。
BGA		Ball Grid Array Package 的缩写，即球珊阵列封装。20 世纪 90 年代随着技术的进步，芯片集成度不断增大，对集成电路封装的要求也更加严格。为了满足发展需要，BGA 封装开始应用于生产。

5）集成电路引脚识别

集成电路的引脚很多，少则几个，多则几百个，各个引脚功能又不一样，所以在使用时一定要对号入座，否则集成电路不工作甚至烧坏。因此一定要知道集成电路引脚的识别方法。

不管什么集成电路，它们都有一个标记指出第一脚，常见的标记有小圆点、小突起、缺口、缺角，找到该脚后，逆时针依次为 2、3、4…如图 5.7.15(a)所示。对于单列或双列引脚的集成电路，若表面标有文字，识别引脚时正对标注文字，识别时引脚正对标注文字，文字左下角第 1 引脚，然后逆时针依次为 2、3、4…如图 5.7.15(b)所示。

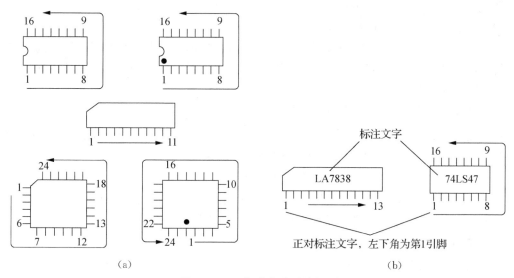

（a）   （b）

图 5.7.15 集成电路引脚识别

6）集成电路信号命名方法

我国国家标准（国标）规定的半导体集成电路型号命名法由五部分组成，具体见表5.7.7。

表 5.7.7 半导体集成电路型号命名法

第一部分		第二部分		第三部分	第四部分		第五部分	
用字母表示器件符合国家标准		用字母表示器件类型		用阿拉伯数字表示器件的系列和品种代号	用字母表示器件的工作温度范围		用字母表示器件的封装	
符号	意义	符号	意义		符号	意义	符号	意义
C	中国制造	T H E C F D W J B M S AD DA	TTL HTL ECL CMOS 线性放大器 音响、电视电路 稳压器 接口电路 非线性电路 存储器 特殊电路 模数转换器 数模转换器	TTL 分为： 54/74××× 54/74H××× 54/74L××× 54/74LS××× 54/74AS××× 54/74ALS××× 54/74F××× CMOS 分为： 4000 系列 54/74HC××× 54/74HCT×××	C E R M G L	0～70℃ −40～85℃ −55～85℃ −55～125℃ −25～70℃ −25～85℃	W B F D P J L T H	陶瓷扁平 塑料扁平 全密封扁平 陶瓷直插 塑料直插 黑陶瓷直插 金属菱形 金属圆形 黑瓷低熔点玻璃

例如：

$$\underset{(1)}{\underline{C}}\quad\underset{(2)}{\underline{T}}\quad\underset{(3)}{\underline{4}}\quad\underset{(4)}{\underline{020}}\quad\underset{(5)}{\underline{M}}\quad\underset{(6)}{\underline{D}}$$

第一部分(1):表示国家标准。

第二部分(2):表示 TTl 电路。

第三部分(3):表示系列品种代号。其中,1:标准系列,同国标 54/74 系列;2:高速系列,同国标 54H/74H 系列;3.肖特基系列,同国标 54S/74S 系列;4:低功耗肖特基系列,同国标 54LS/74LS 系列。

第四部分(4):表示品种代号,同国标一致。

第五部分(5):表示工作温度范围。C:(0~70) ℃,同国标 74 系列电路的工作温度范围;M:(-55~+125) ℃,同国标 54 系列电路的工作温度范围。

第六部分(6):表示封装形式为陶瓷双列直插。

国家标准型号的集成电路与国际通用或流行的系列品种相仿,其型号主干、功能、电特性及引出脚排列等均与国外同类品种相同,因而品种代号相同的产品可以互相利用。

7) 集成电路的应用

(1) 运算放大器的应用

运算放大器是一种通用集成电路。其应用范围甚广,可以应用在放大、振荡、电压比较、阻抗变换、有源滤波等电路中。根据工作特性,运算放大器构成的电路主要有线性放大器(Linear Amplifier)与非线性放大器(Nonlinear Amplifier)。

① 反相放大器/同相放大器

将输入信号经过电阻器后,加入运算放大器的反相输入端,用一个电阻器连接输出端与反相端(负反馈),便可构成反相放大器(Inverting Amplifier),如图 5.7.16(a)所示。

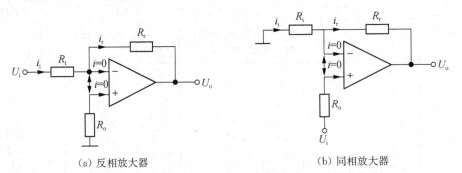

(a) 反相放大器   (b) 同相放大器

图 5.7.16   运算放大器

反相放大器电路的闭合回路电压增益 $A_V = \dfrac{U_o}{U_i} = -\dfrac{R_f}{R_i}$。反相放大器的增益仅与外加电阻的大小有关,且其增益值为负值,即代表输出电压极性与输入信号相反。

反相放大器的输入电阻 $r_i = R_i$。为保证一定的输入电阻,当放大倍数大的时候,需增大 R_f 的阻值,大电阻的精度差,因此在放大倍数较大时,该电路结构已不再适用。

在反相放大器电路中,电阻器 R_c 为平衡电阻,用来使输入端对地的静态电阻相等,保证静态时输入级的对称性。

反相放大器输出电阻小,因此带负载能力强。但是因输入电阻小,因此对输入电流有一定的要求。

　　将输入信号由运算放大器的同相端加入,接着用一个电阻连接输出端与反相端,便可构成同相放大器(Noninverting Amplifier),如图 5.7.16(b)所示。

　　同相放大器的电压增益 $A_U=\dfrac{U_o}{U_i}=\dfrac{R_i+R_f}{R_i}=1+\dfrac{R_f}{R_i}$。同相放大器的增益仅与外加电阻的大小有关,且其增益值为正值,即代表输出电压的极性与输入信号相同。

　　同相放大器的输出电阻小,因此带负载能力强。由于串联负反馈的作用,因此输入电阻大。

　　使用运算放大器来设计线性放大器相对简单,但是电路设计上有几点必须注意:输入信号与增益的乘积(输出电压)不要超过饱和电压,否则将会使输出产生失真现象。对一般电路而言,最大输出电压应略小于饱和电压,以保证运算放大器能维持线性操作。虽然增益值为外加电阻的比例,但所选择的电阻值应适当。若选用的电阻值太低,则会使接于放大器的负载变得太大,如此可能会工作在非线性状态;反之,若选用的电阻值太大,将会导致电阻的热噪声增加,如此可能会使直流偏补电压的补偿产生困难。虽然无法达到所有情况都处于最佳值,但对大部分电路而言,合理的电阻值范围应为 1～100 kΩ。运算放大器的增益与频宽的乘积为一个常数,故所设计的线性放大器的闭合回路电压增益值,必须考虑到频宽与闭合回路增益的精确值。

　　② 电压跟随器

　　电压增益为 1 且不反相,输出信号全部接到输入端作为百分之百的负反馈,即 U_o 跟随着 U_i,这样的放大器被称为电压跟随器,如图 5.7.17 所示。

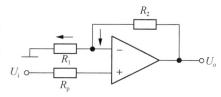

图 5.7.17　电压跟随器

　　电压跟随器的输出电压全部引到反相输入端,信号从同相端输入。电压跟随器是同相比例运算放大器的特例。

　　电压跟随器是电压串联负反馈电路,输入电阻大,输出电阻小,与电路中的作用于分立元件的射极输出器相同,但是电压跟随性能更好一些。

　　③ 差动放大器

　　若将反相与同相加法电路结合起来,便可得到一种相当实用的组合电路,这种电路被称为差动放大器(Differential Amplifier),如图 5.7.18 所示。

　　若输入信号 U_1 和 U_2 分别加入运算放大器的同相端和反相端,则输出端可得到一个输出电压 U_o。若适当选择 $R_1=R_3=R_a$,$R_2=R_4=R_b$,则 $U_o=\dfrac{R_b}{R_a}(U_1-U_2)$。

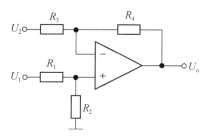

图 5.7.18　差动放大器

　　④ 电压比较器

　　电压比较器(Voltage Comparator)是用来比较输入电压和参考电压的,将二者的相对大小在输出端以数字信号(高/低电平)表示。电压比较器可用作模拟电路和数字电路的接口,还可以用作波形产生和变换电路等。

　　把参考电压和输入信号分别接至集成运放的同相和反相输入端,就组成了简单的电压比较器。

　　将比较器的输出电压从一个电平跳变到另一个电平时对应的输入电压的值称为门值电压,简称"阈值",用符号 U_{th} 表示。

　　比较器的输入端进行的是模拟信号大小的比较,而在输出端则以高电平或低电平来反映其比较的结果。当参考电压 $U_R = 0$ 时,即输入电压 U_i 与零电平比较,称为过零比较器。比较器是运算放大器的非线性运用,由于它的输入为模拟量,输出为数字量,是模拟电路与数字电路之间的过渡电路,所以在自动控制、数字仪表、波行变换、模/数转换等方面都广泛地使用电压比较器。目前,已有专门的单片集成电路。

5.7.3　集成电路运用与实践

【实验1】74LS00 逻辑门电路的应用(见图 5.7.19)

搭建电路,验证使用 74LS00 四个 2 输入与非门的功能。

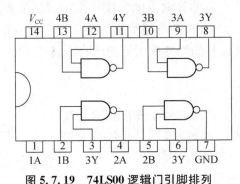

图 5.7.19　74LS00 逻辑门引脚排列

【实验2】集成运放 μA741 的应用(见图 5.7.20)

　　使用集成运放芯片 μA741 来实现一个反相放大电路,用示波器检测输入输出信号波形,计算实际放大倍数,并且和理论放大倍数进行比较。

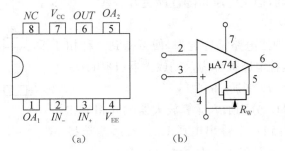

图 5.7.20　μA741 集成运算放大器外引脚排列及序号

参 考 文 献

[1] 曲雪基,曲敬铠,于明扬.电力电子元器件应用手册[M].北京:电子工业出版社,2017
[2] 赵广林.常用电子元器件识别/检测/选用一读通(3 版)[M].北京:电子工业出版社,2017
[3] 蔡杏山.电子元器件从入门到精通[M].北京:化学工业出版社,2017
[4] 陈军,孙梯全.电子技术基础实验[M].南京:东南大学出版社,2013
[5] 泰克智能实验室(TekSmartLab™)演示指南.www.tek.com
[6] TekSmartLab™ TBX3000A and TSL3000B User Manual.www.tek.com
[7] DICE 系列模拟电路实验指导书.启东计算机总厂有限公司.www.dice.com.cn
[8] 陈万米.机器人控制技术[M].北京:机械工业出版社,2017
[9] 刘金坤.机器人控制系统的设计与 MATLAB 仿真[M].北京:清华大学出版社,2008
[10] 周珂.小型智能机器人制作[M].北京:清华大学出版社,2019
[11] 中国电子学会.智能硬件项目教程[M].北京:北京航空航天大学出版社,2018
[12] Tim Williams. The Circuit Designer's Companion (Second Edition)[M].北京:电子工业出版社,2006
[13] 邓三鹏.移动机器人技术应用[M].北京:机械工业出版社,2018